高等院校艺术设计类“十四五”规划教材

ENGINEERING WING
OF ENVIRONMENT DESIGN

第2版

环境设计工程制图

主编 薛春艳

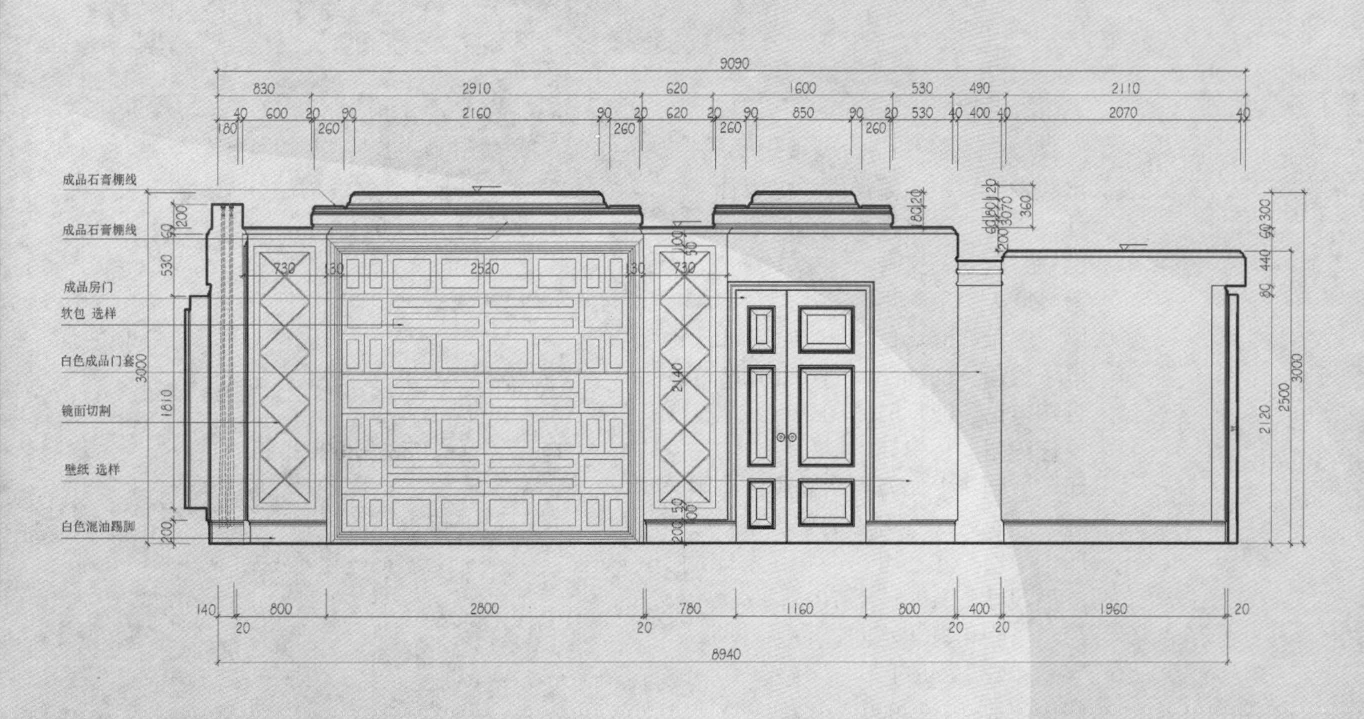

中国海洋大学出版社
·青岛·

图书在版编目（CIP）数据

环境设计工程制图 / 薛春艳主编. — 2版. — 青岛：中国海洋大学出版社，2023.8

ISBN 978-7-5670-3605-5

Ⅰ. ①环… Ⅱ. ①薛… Ⅲ. ①环境设计－建筑制图 Ⅳ. ①TU204

中国国家版本馆CIP数据核字（2023）第170107号

出版发行 中国海洋大学出版社
社　　址 青岛市香港东路23号　　邮政编码 266071
出 版 人 刘文菁
策 划 人 王　炬
网　　址 http://pub.ouc.edu.cn
电子信箱 tushubianjibu@126.com
订购电话 021-51085016
责任编辑 矫恒鹏　　电　　话 0532-85902349
印　　制 上海万卷印刷股份有限公司
版　　次 2023年8月第2版
印　　次 2023年8月第1次印刷
成品尺寸 210 mm×270 mm
印　　张 11
字　　数 248千
印　　数 1～3000
定　　价 59.00元

前 言

PREFACE

近年来，随着建筑行业的快速发展、经济水平的不断提高，人们对环境设计的要求越来越高，对环境设计及相关人才的需求越来越大，环境设计无论是作为一个专业，还是一个行业，都得到了快速发展。行业实务中设计方案的评审及招投标都要求使用图纸来表现设计意图。无论运用绘图软件制图还是进行手绘设计制图，掌握制图的规范和技法都是十分重要的前提和基础。

环境设计制图是环境设计专业的重要基础课之一，既是学习环境设计的基础，也是进行技术交流的载体，更是环境设计最终实施的重要依据。但在实际的设计教学工作和设计实践中，我们发现很多学生因忽视严格的基本功训练，到了高年级仍无法完整、规范地把自己的设计意图通过图纸表达出来。一些设计公司，尤其是家装公司的室内设计施工图纸也很不规范。这些情况严重影响了设计意图的表达，也给环境设计的教学和在职人员的培训带来极大的不便。

鉴于上述情况，笔者根据专业特点及多年的教学经验，编写了本书。本书在编写过程中除注重内容的实用性和可读性外，还主要有以下几个特点。

首先，本书的编写依据的是《房屋建筑制图统一标准》(GB/T 50001—2017)、《总图制图标准》(GB/T 50103—2010)、《建筑制图标准》(GB/T 50104—2010)等与环境设计相关的国家制图标准，特别注重制图的规范性。

其次，在编写过程中本着“实用够用”的原则，运用实际案例阐述制图规范，将图示方法、制图标准和文字叙述三者较好地结合起来，做到资料翔实，可读性强，突出专业特征和职业化特点，使初学者能够较轻松地掌握基本图示方法，熟悉制图标准，掌握制图基本技能。

最后，书中对施工图的规范设计、绘制方法和图纸编制的问题提出了一些建议，丰富了本书的内容，增强了本书的实用性。

本书内容系统、完整，适合环境设计相关专业教学使用，同时对从事建筑装饰设计、室内设计、景观设计等相关专业的设计和施工管理人员也具有一定的参考和借鉴作用。

本书在编写过程中，得到了同济大学陈健、河南城建学院汤喜辉等专家的指导及环境设计界同仁的大力支持，在此一并表示感谢。

由于编者水平有限，书中不足之处在所难免，恳请广大读者和专家同仁批评指正。

编 者

2023年2月

教学导引

一、教材适用范围

环境设计工程制图是环境设计专业重要的专业基础课程之一，是学生掌握设计表达的有效途径。课程以培养学生空间思维能力为主导，以国家制图规范为依据，通过对实际案例图纸的解读与相关理论系统的梳理，激发学生学习制图的兴趣，加深学生对制图理论规范的理解。本书适用于高等院校环境设计相关专业师生，是相关课程的教学参考用书，也是社会相关设计师培训的针对性教材。

二、教材学习目标

1. 了解建筑设计工程图制图规范与方法，能读懂建筑工程图纸。
2. 掌握正投影法的基本理论和作图方法，掌握室内设计与景观设计的制图方法。
3. 熟悉相关技术规范，使学生在设计或绘图过程中有据可查、有的放矢。
4. 培养学生的空间想象力和图解空间几何形体的能力，养成严谨负责的工作态度。

三、教学过程参考

1. 大量阅读图纸，加深对制图规范的理解。
2. 施工现场考察，了解材料与结构构造。
3. 实地测绘，掌握与人体相关的设施与家具尺度。
4. 制作草模，辅助培养空间思维能力。
5. 课后作业由简至难，循序渐进。

四、教材建议实施方法

1. 课堂演示。
2. 实地考察。
3. 实地测绘。
4. 案例讲解。
5. 分组互动。
6. 作业评判。

建议课时数

总课时：72

章　节	内　容	课　时
1	制图基础	6
2	图样的形成与表达	6
3	建筑设计工程图	24
4	室内设计施工图	24
5	景观设计工程图	12

目　录

CONTENTS

1 制图基础

教学导引

教学目标

通过本章的学习，使学生了解环境设计制图的内容；掌握徒手线条的基本要求和画法；了解国家建筑和装饰行业的基本制图标准，掌握制图的规范与要求；熟练掌握图纸中线型的使用原则和不同线型所代表的意义；熟练掌握尺寸标注的规范与要求；掌握各种制图符号的意义。

教学手段

通过图文并茂的形式，说明常用绘图工具的正确使用方法和基本制图标准中的相关内容。

教学重点

1. 徒手线条的基本要求和画法。
2. 图纸中线型的使用原则和不同线型所代表的意义。
3. 尺寸标注的规范与要求。
4. 各种制图符号的意义。

能力培养

通过本章的学习，使学生掌握常用绘图工具的正确使用方法，培养其熟练使用工具的能力；熟悉基本制图标准中的相关内容及规定，为后续课程中识图和绘图能力的培养打下良好基础。

工程图样是工程项目的重要技术资料，是工程项目实施的依据。工程设计图纸的表达应统一，清晰明了，便于识读。为了保证图纸的质量、满足施工的要求，工程设计制图的图幅大小，图样的内容、格式、画法、尺寸标注、技术要求、图例符号等，都有统一的国家标准。

随着计算机信息技术的不断发展，计算机辅助制图已经基本取代了烦琐的尺规制图，但在方案设计的前期，还会需要徒手快速表达工程图样。绘图软件是绘图的工具和手段，与传统的纸、笔、图板相比，只是介质不同，并无本质的差别。无论使用什么样的绘图工具，施工图都必须严格按照制图规范来绘制，因此了解和掌握制图规范与要求是今后学习徒手绘图和计算机辅助制图的必要前提。

1.1 徒手线条的画法

徒手作图是指不用绘图仪器，采用目估比例的方法徒手绘出来的图。在实际工作中，如选择视图、布置幅面、实物测绘、参观记录、方案设计和技术交流等常常需要徒手画图。因此，徒手画图是每个工程技术人员必须掌握的技能。徒手画出的图，通称草图，但绝非潦草、杂乱无章的图。作为工程设计的表达手段，徒手草图也秉承工程设计的表达原则，强调要明确反映空间物体（设计对象）的真实面目及内在结构，重在“写实”，在第一印象中被人们理解和接受。因此，草图也要力求达到视图表达正确，图形大致符合比例，线型符合规定，线条光滑、美观，字体端正和图面整洁等要求。

1.1.1 徒手线条的一般画法

1.1.1.1 姿势

坐姿对于练习手绘来说至关重要，保持一个良好的坐姿和握笔习惯，有助于提高手绘的效率（图1–1–1、图1–1–2）。一般来说，人的视线应该尽量与台面保持一个垂直的状态，以手臂带动手腕用力。

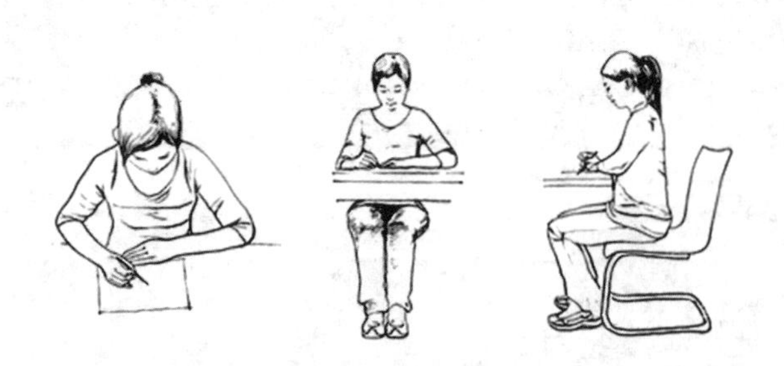

图1–1–1 坐姿

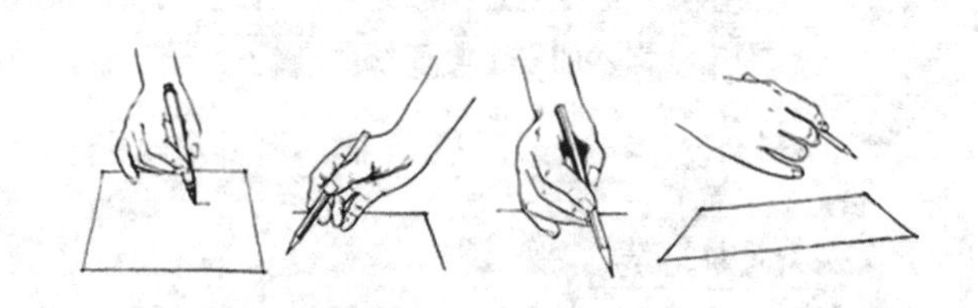

图1–1–2 握笔姿势

身体支撑点的变化会画出不同的效果，如表1–1–1所示。

表1–1–1 身体支撑点的变化与绘制线型效果

序号	方法	效果	支撑点	适合绘制
1	手腕转动	不直	整个小臂	曲线
2	肘部转动	一般直	肘关节	短直线
3	肩部转动	直	肩胛骨	直线
4	腰部转动	非常直	双腿	长直线

1.1.1.2 运笔的基本方法

在徒手线条图的训练过程中，主要应注意运笔的速度、支撑点和力量等问题。一般来说，徒手线条图的运笔速度应保持均匀，不宜过快，中间停顿应干脆利落，力量也应适度，保持平稳。

① 画水平线由左向右，画垂直线则自上而下。

② 画垂直短线时，以手的虎口为支撑点运笔；画水平短线时，以腕关节为支撑点运笔；而画垂直长线和水平长线时，则以小指指尖在纸上轻轻滑动运笔，大臂带动小臂，此时手腕关节不宜转动（图1–1–3）。

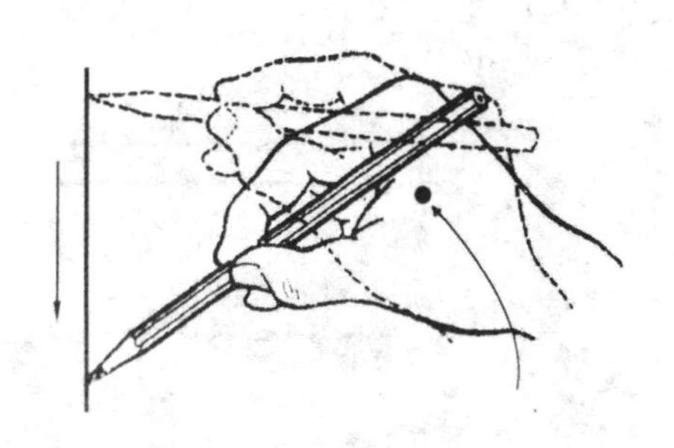

图1–1–3 运笔姿势

1.1.1.3 徒手作图的工具

徒手作图的工具主要有铅笔和钢笔两大类。不同的笔画草图有着不同的效果。

（1）铅笔

徒手作图一般选择较软的铅笔，如HB、B或2B铅笔；更软的铅笔，如4B～6B铅笔更适合画设计方案构思的草图。

铅笔最大的特点在于：使用同一支笔就能画出线条的深浅及粗细，尤其是在作方案设计草图时，能及时捕捉设计灵感，使之跃然纸上，实现脑—眼—手—图的联动。在绘制方案时也可以用铅笔绘制立面、平面或透视图的形式来表现，或者用来讨论方案。

（2）钢笔

徒手作图中的“钢笔”是普通钢笔、针管笔、墨水笔、速写笔、蘸水笔等一类笔的统称。

相对铅笔所作的徒手线条来说，钢笔所作线条粗细一致。但不同类型的笔所作线条各有特点，如速写笔可以用不同的接触角度和方向作出一系列粗细不同的线条，蘸水笔线条丰富且具有情趣，针管笔和墨水笔便于携带，使用十分便利。现在主要用签字笔作方案草图和方案图。

1.1.1.4 常见徒手线条的画法

（1）直线的徒手画法

短直线一般一次完成，较长的直线可以分段完成并在相接处留出少许空隙，同时在画直线时应避免来回反复拖画，用笔应干脆利落，一气呵成（图1–1–4）。

垂直线及水平线均可以以纸边作为基线，与之平行来作相应的徒手线条。在画徒手线条时，视点应与图面保持一定的距离，以保证视点控制整个画面，以便随时纠正垂直线或水平线的垂直度或水平度。垂直线运笔自上而下，水平线运笔自左向右。

对于初学者而言，应多练习等距的长水平线和垂直线，这样可以锻炼对线的控制力。对线的控制力是设计师徒手画图应具备的非常重要的一个能力，具备了这种能力在画图时对线的把握就会控制自如，想画到哪儿就能画到哪儿，想画多长就能画多长（图1–1–5）。

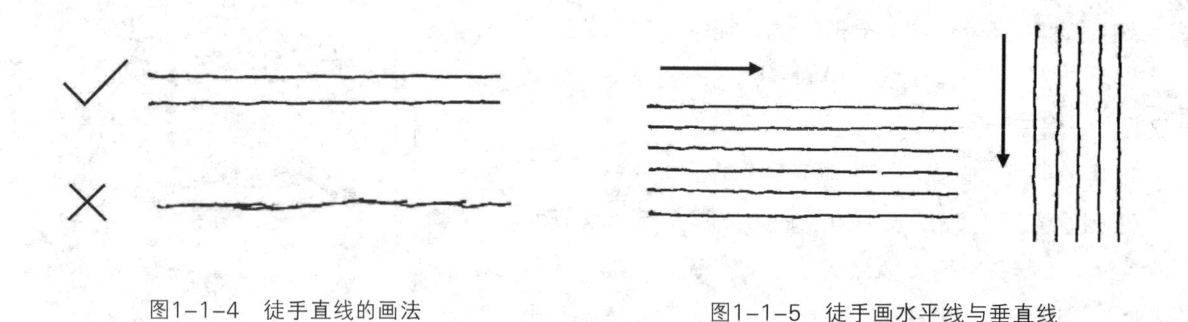

图1–1–4　徒手直线的画法

图1–1–5　徒手画水平线与垂直线

（2）徒手等分直线段

徒手等分直线段主要是通过目测来进行的。根据等分数的不同，先分成相等或成定比例的两（或几）大段，然后，再逐步分成符合要求的多个相等小段。如八等分线段，先目测取得中点4，再取分点2、6，最后取其余分点1、3、5、7，如图1–1–6（a）所示。又如五等分线段，先目测将线段分成2：3，取得分点2，再取得分点3，最后取得分点1和4，如图1–1–6（b）所示。

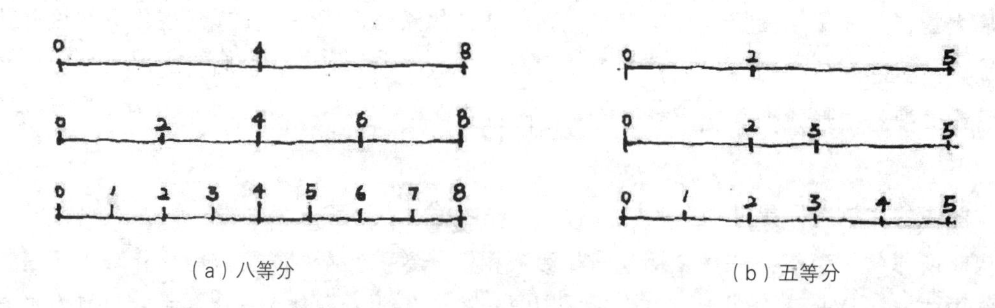

（a）八等分

（b）五等分

图1–1–6　徒手等分线段的画法

（3）特殊角度斜线的徒手画法

画与水平线成30°、45°、60°等特殊角度的斜线，如图1–1–7所示，可利用两直角边的近似比例关系画出，定出两端点后连接成直线。在具体作图时，作图的辅助线应画得淡一些。

（4）圆的徒手画法

画直径较小的圆时，先作出十字中心线，按半径的大小在十字中心线上目测，定出四点后，徒手按一定的方向连接而成。画直径较大的圆时，除作出十字中心线外，还需通过圆心增加45°的斜线，然后分别在十字中心线和这些斜线上，采用目测的方法定出其相应的半径位置和一些点后，再作短弧线，然后连接各短弧线成为一个完整的圆（图1–1–8）。

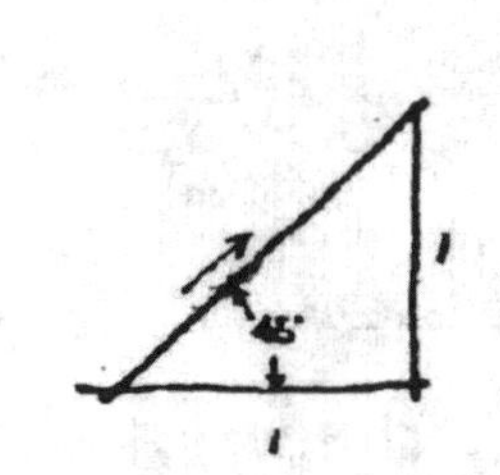

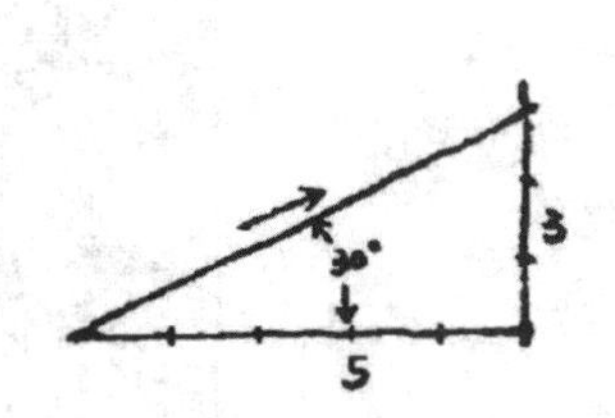

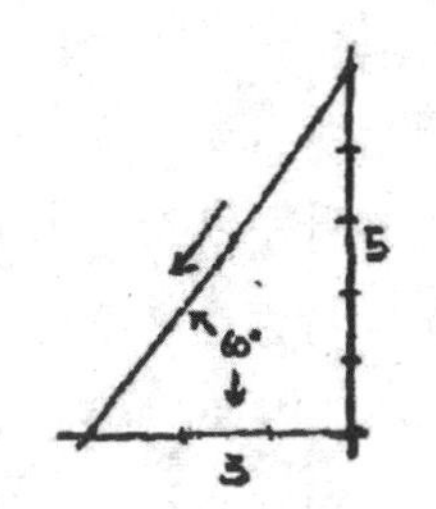

图1–1–7　特殊角度斜线的徒手画法

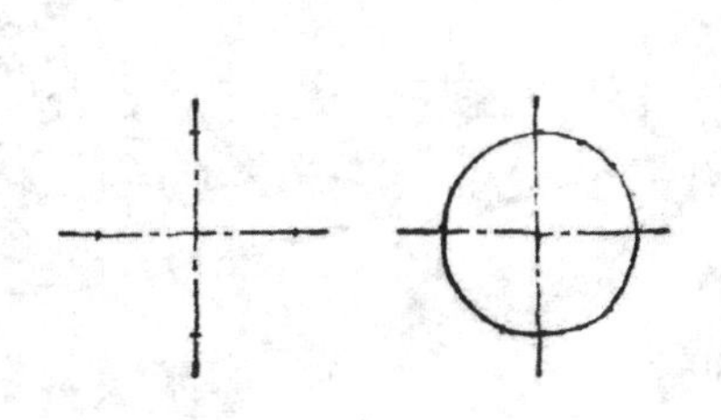
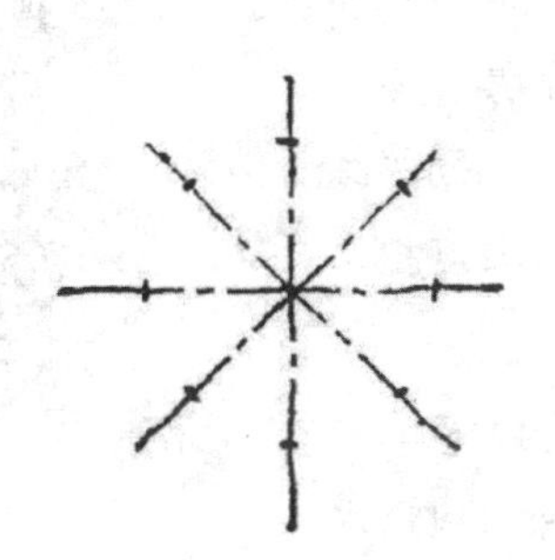
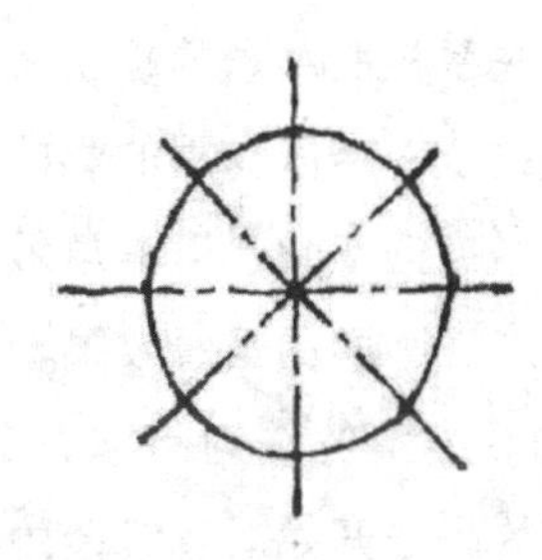

图1–1–8　圆的徒手画法

（5）椭圆的徒手画法

方法和画圆差不多，也是先画十字，标记出长短轴的记号。不同的是需要先通过这4个记号作出一个矩形后再画出相切的椭圆来（图1–1–9、图1–1–10）。

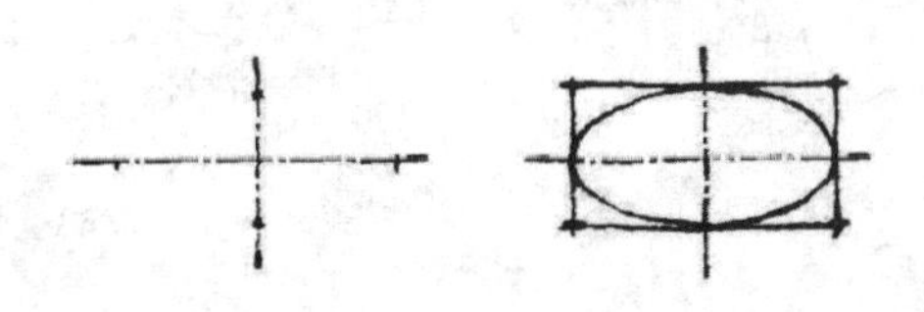
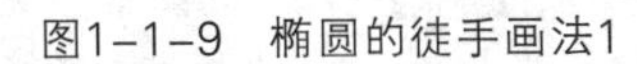

图1–1–9　椭圆的徒手画法1

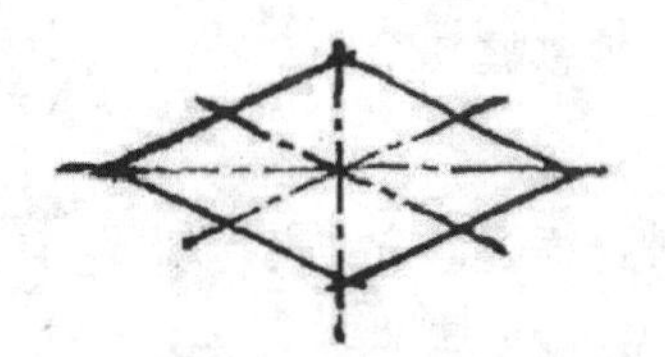
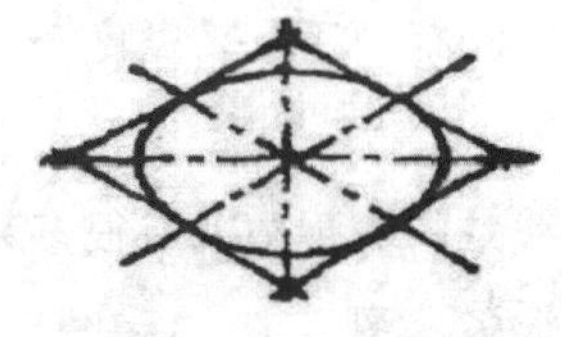

图1–1–10　椭圆的徒手画法2

1.1.2 徒手线条的训练

1.1.2.1 徒手线条的练习

在表达过程中，绘制出来的线条能够展现轻重、密度和表面质感等；在表达空间时，线条能够揭示界限与尺度；在表现光影时，线条能反映亮度与发散方式。徒手线条的练习是初学者快速提高手绘设计表现水平的第一步。

要想快速提升手绘设计水平，系统练习并掌握线条的特性是必不可少的。线条是有生命力的，要想画出线的美感，需要做大量的练习，包括快线、慢线、直线、折线、弧线、圆、短线、长线、连续线等。也可以直接在空间中练习，通过画面的空间关系控制线条的疏密、节奏。体会不同的线条对空间氛围的影响，不同的线条组合、方向变化、运笔急缓、力度把握等都会产生不同的画面效果。

徒手线条的练习可以从较为简单的直线段的画法开始。直线段的练习包括水平线、垂直线和斜线以及等分直线段的训练，然后练习直线段的整体排列和不同方向的叠加，在此基础上，练习徒手曲线线条及其排列组合、不规则折线或曲线以及不同类型的圆，最后是以上各种类型线条的组合练习。在徒手线条的练习中，要注意脑—眼—手—线，四位一体，加强练“眼”和练“手”，循序渐进地掌握其绘制要领。

线条的表现方式有很多种，练习的方式也很多，图1-1-11和图1-1-12所示的空间就是由许多线条组织而成的。

图1-1-11　空间线条的练习　蔡雨婷

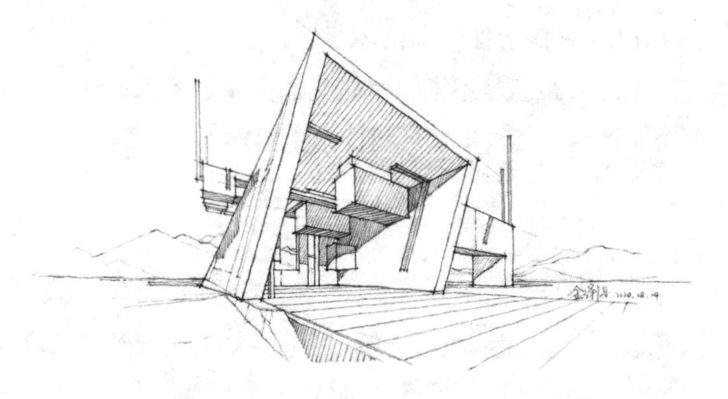

图1-1-12　空间线条的练习　金泽阳

1.1.2.2 徒手线条的质感表现与特定徒手线条的视图意义

在实际的设计绘图中，当视图中部分内容的表达无法借助常规的绘图工具来完成时，常常需要凭借徒手线条的特点以及具有特定意义的徒手图形来完善和充实图纸。

（1）徒手线条的质感表现

徒手线条可通过不同类型的线条组合来反映视图中设计内容的不同质感，如石块、砖等在平面图中的材质表面特征（图1-1-13）。

（2）代表特定意义的徒手图形

在视图中，有时需要某些徒手图形来深化图纸，如常需要将不同类型的对象抽象概括为人们所熟悉的简单图形，表达一些特定的象征意义（图1-1-14、图1-1-15）。

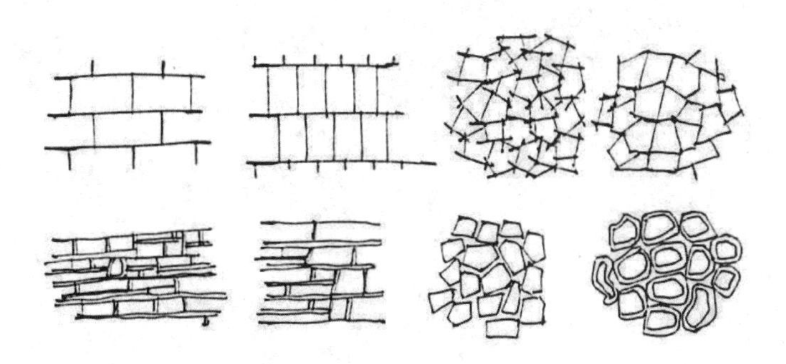

图1-1-13　徒手线条的质感表现

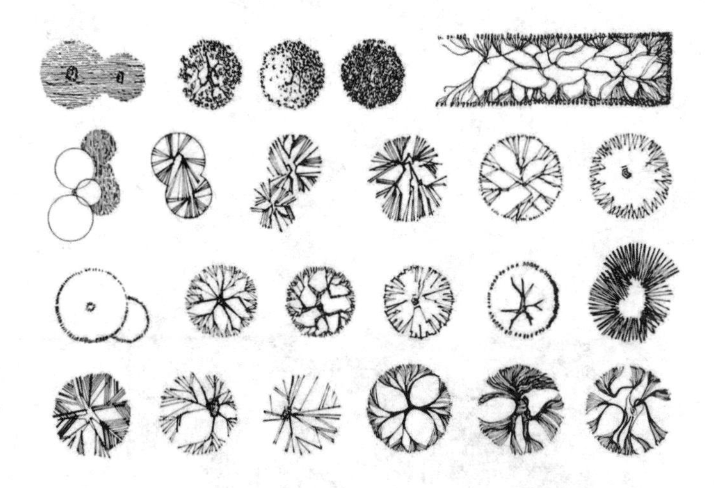

图1-1-14　平面图上表示不同类型绿化的徒手图形

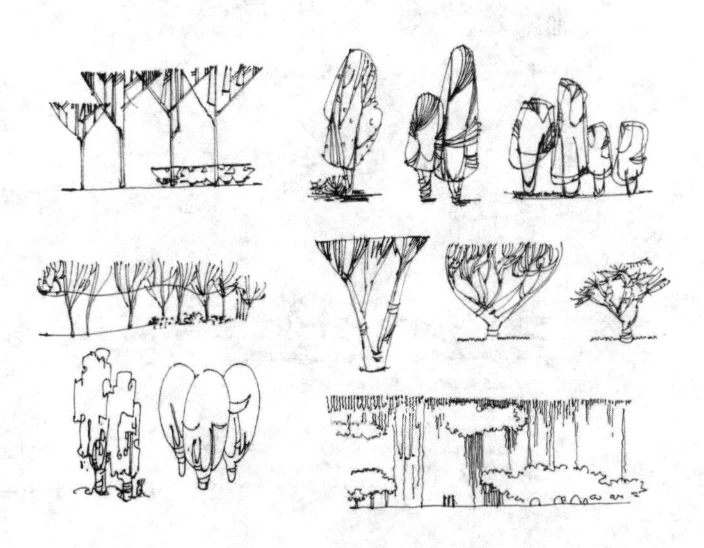

图1-1-15　立面图上表示不同类型绿化的徒手图形

1.1.3 徒手线条图实例

图1-1-16至图1-1-19为徒手线条图的几种实例，供读者参考学习。

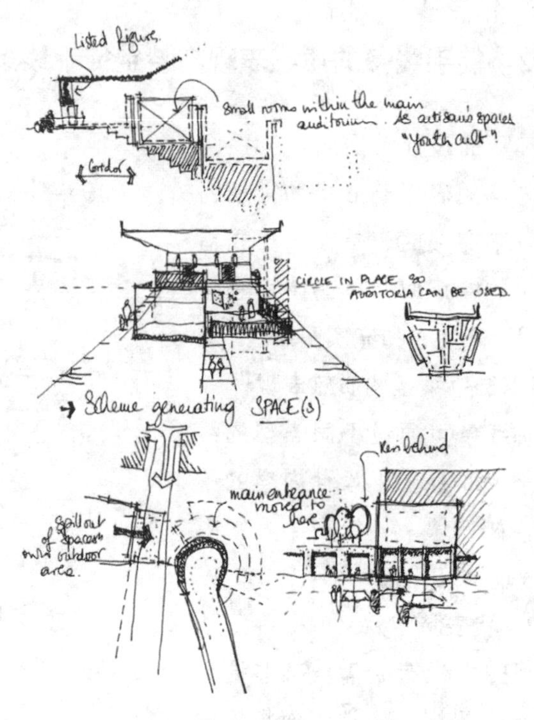

图1-1-16 建筑师构思设计草图1

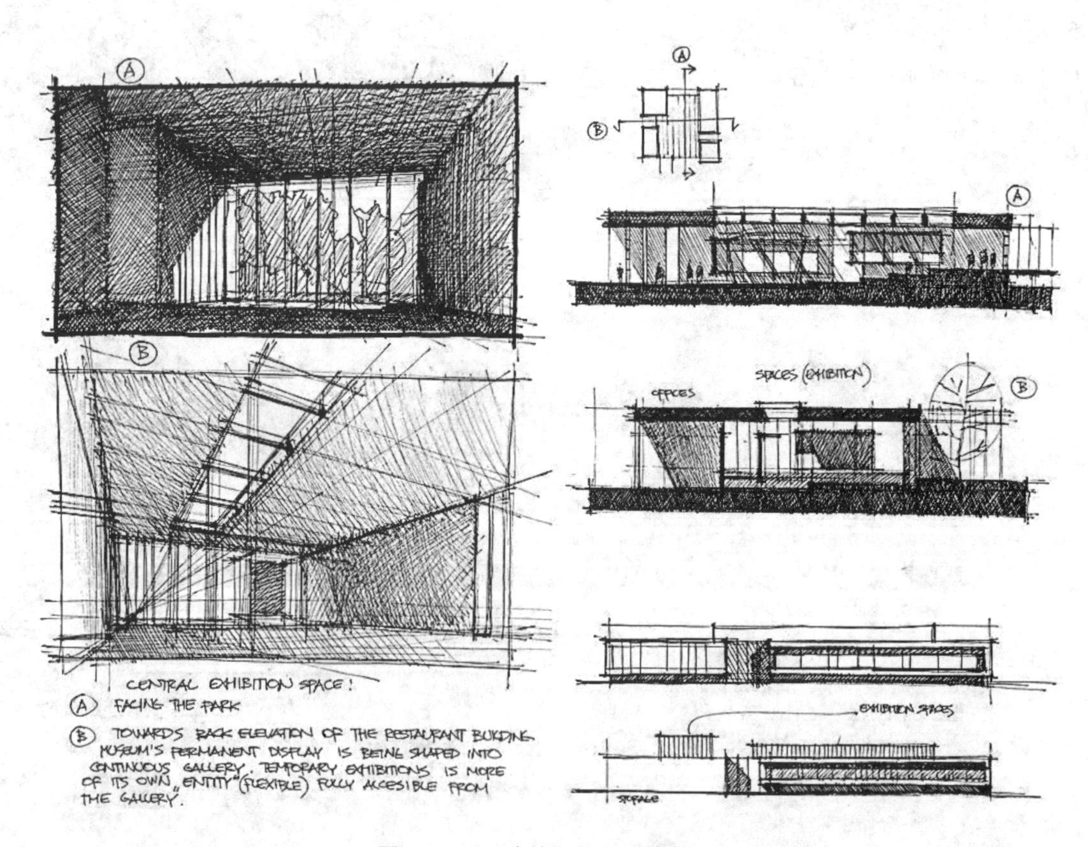

图1-1-17 建筑师构思设计草图2

图1-1-18 城市建筑写生 王浩宇

图1-1-19 城市街道写生 王浩宇

1.2 制图的规范与要求

1.2.1 绘图工具的使用

了解各种制图工具和仪器的特点，并掌握其使用方法，可以保证绘图质量，提高绘图效率。熟练掌握制图工具的使用方法是正确制图的基础。下面介绍一些主要传统工具及其使用方法。传统的绘图工具主要有图板、丁字尺、三角板、比例尺、圆规、分规、针管笔、绘图铅笔、橡皮、图纸、各种模板等。

1.2.1.1 图板

（1）图板的规格及选择

图板是制图时用于固定图纸的长方形木板，作为制图的垫板来使用，因此要求图板板面平整，板边平直。

图板一般用平整的胶合板制作，四边镶有木制边框。图板的规格一般有0号（900 mm×1200 mm）、1号（600 mm×900 mm）和2号（400 mm×600 mm）三种规格，可根据需要选定。0号图板用于绘制A0图纸，1号图板用于绘制A1图纸。

（2）图板的使用要领

图板放在桌面上，板身宜与水平桌面成10°～15°倾角，以保证绘图员眼睛与图纸中心垂直，以免绘图时产生透视。图板不能用水刷洗，也不要在阳光下曝晒，以免产生变形。制图作业通常选用1号图板。丁字尺尺头所卡图板的一边要求平直，这样才能使丁字尺上下滑动时保持水平。

图板、图纸与丁字尺、三角板形成如图1-2-1所示的位置关系。

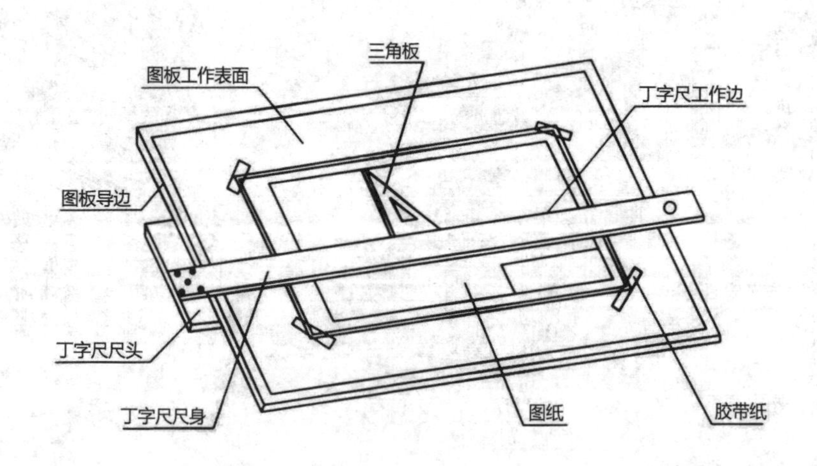

图1-2-1　图板、图纸与丁字尺、三角板的位置关系

1.2.1.2 尺

（1）丁字尺的使用要领

丁字尺由尺头和尺身两部分组成，主要用于画水平线。

使用时左手握住尺头，使尺头内侧紧靠图板的左侧边，上下移动到位后，用左手按住尺身，即可沿丁字尺的工作边自左向右画出一系列水平线。当需画较长的水平线时，可移动左手按住尺身，以防尺尾翘起和尺身摆动（图1–2–2）。注意：在画同一张图纸时，尺头不可紧靠图板的其他边缘滑动，避免图板各边不成直角时画出的线不准确。

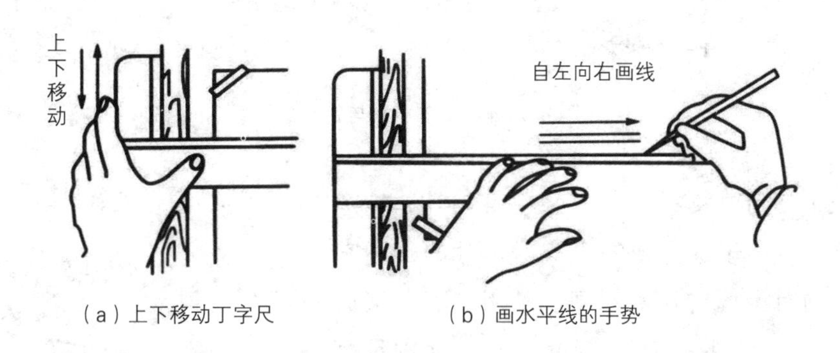

（a）上下移动丁字尺　（b）画水平线的手势

图1–2–2　丁字尺的使用要领

（2）三角板的使用要领

一副三角板由两块组成，其中一块是两锐角都等于45° 的直角三角形，另一块是两锐角分别为30° 和60° 的直角三角形。三角板除了直接用来画直线外，还可和丁字尺配合使用，可以画出竖直线及15° 、30° 、45° 、60° 、75° 等倾斜直线以及它们的平行线，如图1–2–3所示。

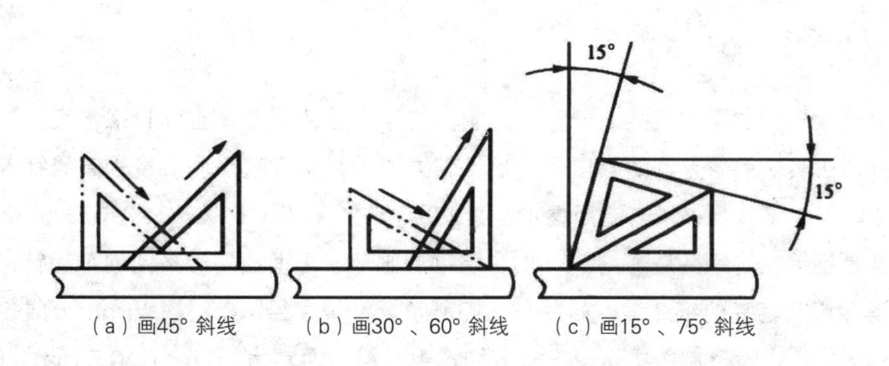

（a）画45° 斜线　（b）画30° 、60° 斜线　（c）画15° 、75° 斜线

图1–2–3　用三角板与丁字尺配合画斜线

画铅垂线时，先将丁字尺移动到所绘图线的下方，尺头紧靠图板导边，把三角板放在应画线的右方，并使一直角边紧靠丁字尺的工作边，然后移动三角板，直到另一直角边对准要画线的地方，再用左手按住丁字尺和三角板，自下而上画线，如图1–2–4所示。在画线时应时刻注意丁字尺是否水平，这将直接关系到所画铅垂线是否垂直。

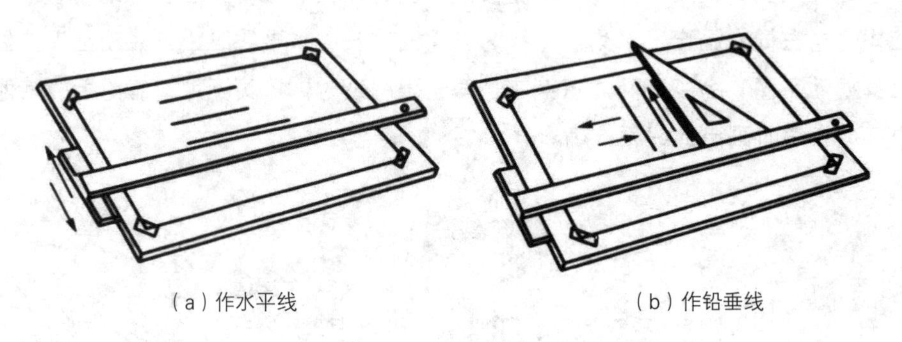

（a）作水平线　　（b）作铅垂线

图1–2–4　画水平线与铅垂线

（3）比例尺的使用要领

比例尺是绘图时用于放大或缩小实际尺寸的一种常用尺子，尺身上刻有不同的比例刻度。常用的百分比例尺有1：100、1：200、1：500；常用的千分比例尺有1：1000、1：2000、1：5000。

比例尺的使用方法如下：首先，在比例尺上找到画图时所需的比例；然后，看清尺端每单位长度所表示的相应长度，就可以根据所需要的长度，在比例尺上找出相应的长度作图。例如，要以1：100的比例画实际长度为2.7 m的线段，如图1–2–5所示，只要找到比例尺上1：100的刻度边，并量取从0到2.7 m刻度点的长度（刻度长度1 m仅为10 mm），就可用这段长度绘图了。

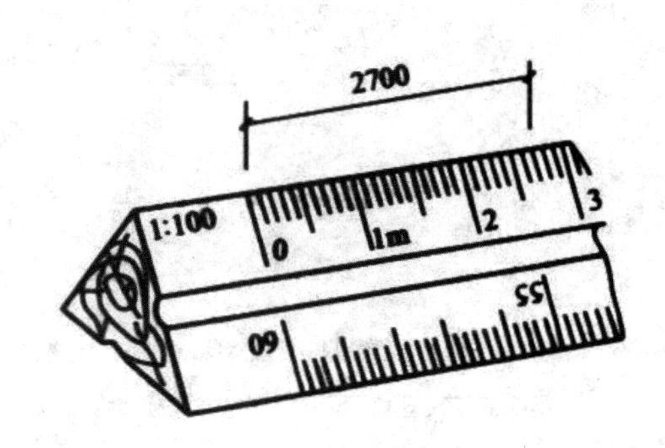

图1–2–5　比例尺量取线段

1.2.1.3　针管笔

针管笔是上墨、描图的基本工具之一，能绘制出均匀一致的线条，也称自来水直线笔，是目前广泛使用的一种描图工具。针管笔用碳素墨水，使用较方便，线条色较淡。质量较高的针管笔，线条基本上可达到直线笔的水平，但必须与专用墨水配套使用。

针管笔笔身是钢笔状，笔头是长约2 cm的中空钢制圆环，里面藏着一条活动细钢针，上下摆动针管笔，能及时清除堵塞笔头的纸纤维，如图1–2–6所示。针管直径从0.1～1.2 mm分成多种型号，可画出不同线宽的墨线。在设计制图中至少应备有细、中、粗（通常为0.3 mm、0.6 mm、0.9 mm）三种不同粗细的针管笔。

针管笔的使用要领如下。

① 绘制线条时，针管笔身应尽量保持与纸面垂直，以保证画出粗细均匀一致的线条。

② 针管笔作图顺序应依照先上后下，丁字尺一次平移而下；先左后右，三角板一次平移而右；先曲后直，用直线准确地连接曲线；先细后粗，粗墨线不易干，要先画细线才不影响制图进度，运笔速度及用力应均匀、平稳。

③ 用较粗的针管笔作图时，落笔及收笔均不应有停顿。

④ 针管笔除用来作直线段外，还可以借助圆规的附件和圆规连接起来作圆周线或圆弧线。

⑤ 平时应正确使用和保养针管笔，必须使用碳素墨水或专用绘图墨水，以保证使用时墨水流畅，这样才能使针管笔保持良好的工作状态及较长的使用寿命。

⑥ 针管笔在不使用时应随时套上笔帽，以免针尖墨水干结，并应定时清洗针管笔，以保持用笔流畅。

另外，近年来出现了一次性针管笔，又称草图笔，如图1–2–7所示，笔尖端处是尼龙棒而不是钢针，晃动里面没有重锤做响，使用较为方便。

图1–2–6　不同型号的针管笔

图1–2–7　一次性针管笔

1.2.2　图纸的幅面与规格

1.2.2.1　图纸幅面及图框尺寸

所有图纸的幅面，均以整张纸对裁所得。整张纸为0号图幅。1号图幅是0号图幅的对裁，2号图幅是1号图幅的对裁，其余以此类推（图1–2–8）。

为使图纸整齐划一，同一项设计图纸应选定以一种图幅为主，尽量避免大小图幅掺杂混用。以图纸的短边作为垂直边称为横式，以短边作为水平边称为立式。一般A0～A3图纸宜横式，必要时也可立式使用，A4只能立式使用（图1–2–9）。图纸长边可以加长，短边不得加长（表1–2–1）。单项工程中每一个专业所用的图纸，不宜多于两种幅面。

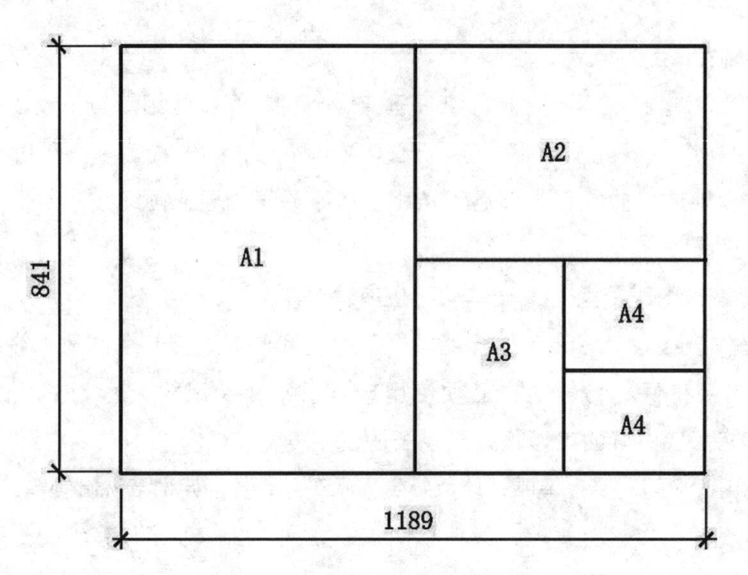

图1-2-8　由A0图幅对裁其他图幅示意

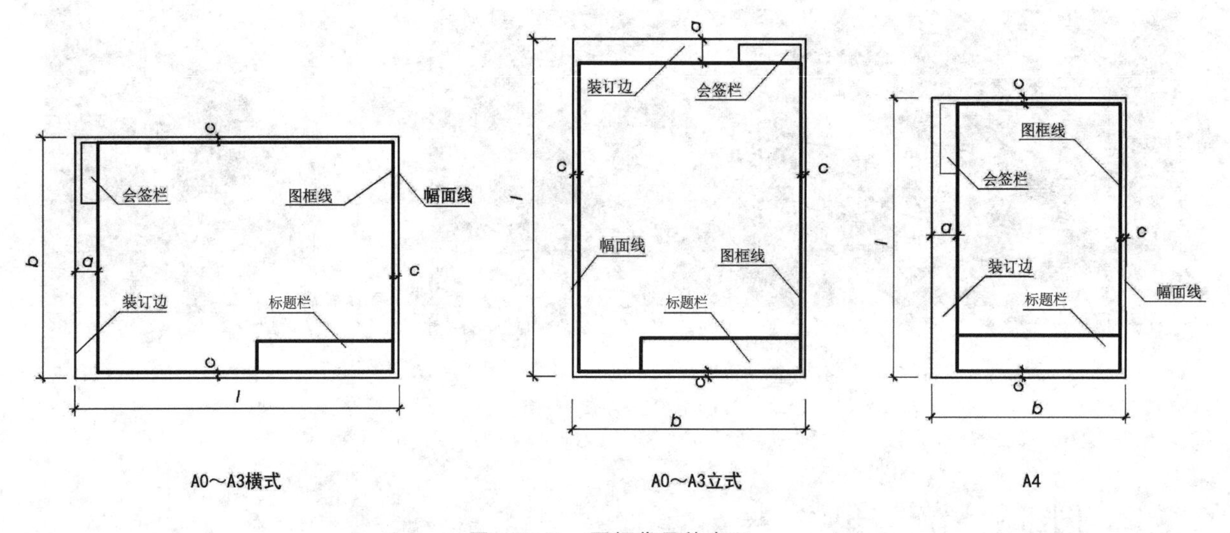

图1-2-9　图幅代号的意义

1.2.2.2　标题栏与会签栏

每张图纸都应有标题栏（图1-2-10）。会签栏是大型工程施工图中设计师、监理人员与工程主持人会审图纸签字用的栏目（图1-2-11），通常放在图纸的左上角。小型工程的施工图纸通常将会签栏的内容合并放在标题栏中。标题栏中一般应注明图纸名称、设计单位名称、工程或项目名称、设计人及工程或项目负责人名称、比例、图纸设计的日期及图号。标题栏的设计常常以一个设计单位的标志性面貌出现，所以，它的风格和格式越来越受到重视（图1-2-12）。

表1-2-1 图纸图框与图纸长边加长尺寸

单位：mm

幅面代号		A0	A1	A2	A3	A4
尺寸代号	$b \times l$	841×1189	594×841	420×594	297×420	210×297
	c	10			5	
	a	25				
	加长图					
	加长后的长边尺寸	1486（A0+1/4 l）	1051（A1+1/4 l）	743（A2+1/4 l）	630（A3+1/2 l）	
		1635（A0+3/8 l）	1261（A1+1/2 l）	891（A2+1/2 l）	841（A3+ l）	
		1783（A0+1/2 l）	1471（A1+3/4 l）	1041（A2+3/4 l）	1051（A3+3/2 l）	
		1932（A0+5/8 l）	1682（A1+ l）	1189（A2+ l）	1261（A3+2 l）	
		2080（A0+3/4 l）	1892（A1+5/4 l）	1338（A2+5/4 l）	1471（A3+5/2 l）	
		2230（A0+7/8 l）	2102（A1+3/2 l）	…	1682（A3+3 l）	
		2378（A0+ l）		2080（A2+5/2 l）	1892（A3+7/2 l）	

图1-2-10 标题栏

图1-2-11 会签栏

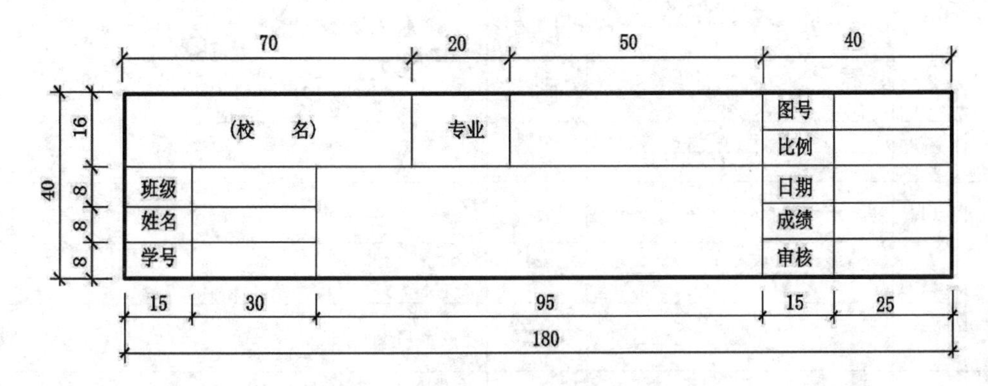

图1-2-12 学生作业用图标题栏

1.2.3 图线的种类与画法要求

图线的宽度b，应根据图样的复杂程度和比例，并按现行国家标准《房屋建筑制图统一标准》（GB/T 50001—2017）中的有关规定选用。

1.2.3.1 图线分类

图纸上所画的图形是由各种不同的图线组成的。国标对各种图线的名称、线型、线宽和用途作了明确的规定，不同线型代表了不同的意义和侧重点（表1-2-2、图1-2-13）。

表1-2-2 线型和宽度

<table>
<tr><th colspan="2">名称</th><th>线型</th><th>线宽</th><th>用途</th></tr>
<tr><td rowspan="4">实线</td><td>粗</td><td></td><td>b</td><td>① 平、剖面图中被剖切的主要建筑构造（包括构配件）的轮廓线
② 建筑立面图或室内立面图的外轮廓线
③ 建筑构造详图中被剖切的主要部分的轮廓线
④ 平、立、剖面的剖切符号
⑤ 建筑构配件详图中的外轮廓线</td></tr>
<tr><td>中粗</td><td></td><td>$0.7b$</td><td>① 平、剖面图中被剖切的次要建筑构造（包括构配件）的轮廓线
② 建筑平、立、剖面图中建筑构配件的轮廓线
③ 建筑构造详图及建筑构配件详图中的一般轮廓线</td></tr>
<tr><td>中</td><td></td><td>$0.5b$</td><td>小于$0.7b$的图形线，尺寸线，尺寸界线，索引符号，标高符号，详图材料做法引出线，粉刷线，保温层线，地面、墙面的高差分界线等</td></tr>
<tr><td>细</td><td></td><td>$0.25b$</td><td>图例填充线、家具线、纹样线等</td></tr>
<tr><td rowspan="4">虚线</td><td>粗</td><td></td><td>b</td><td rowspan="2">① 建筑构造详图及建筑构配件不可见的轮廓线
② 平面图中的梁式起重机（吊车）轮廓线
③ 拟建、扩建建筑物轮廓线</td></tr>
<tr><td>中粗</td><td></td><td>$0.7b$</td></tr>
<tr><td>中</td><td></td><td>$0.5b$</td><td>投影线、小于$0.5b$的不可见轮廓线</td></tr>
<tr><td>细</td><td></td><td>$0.25b$</td><td>图例填充线、家具线等</td></tr>
<tr><td rowspan="2">单点长画线</td><td>粗</td><td></td><td>b</td><td>起重机（吊车）轨道线</td></tr>
<tr><td>细</td><td></td><td>$0.25b$</td><td>中心线、对称线、轴线等</td></tr>
<tr><td>折断线</td><td>细</td><td></td><td>$0.25b$</td><td>部分省略表示时的断开界线</td></tr>
<tr><td>波浪线</td><td>细</td><td></td><td>$0.25b$</td><td>部分省略表示时的断开界线，曲线型构件断开界线，构造层次的断开界线</td></tr>
</table>

注：地平线宽可用$1.4b$。

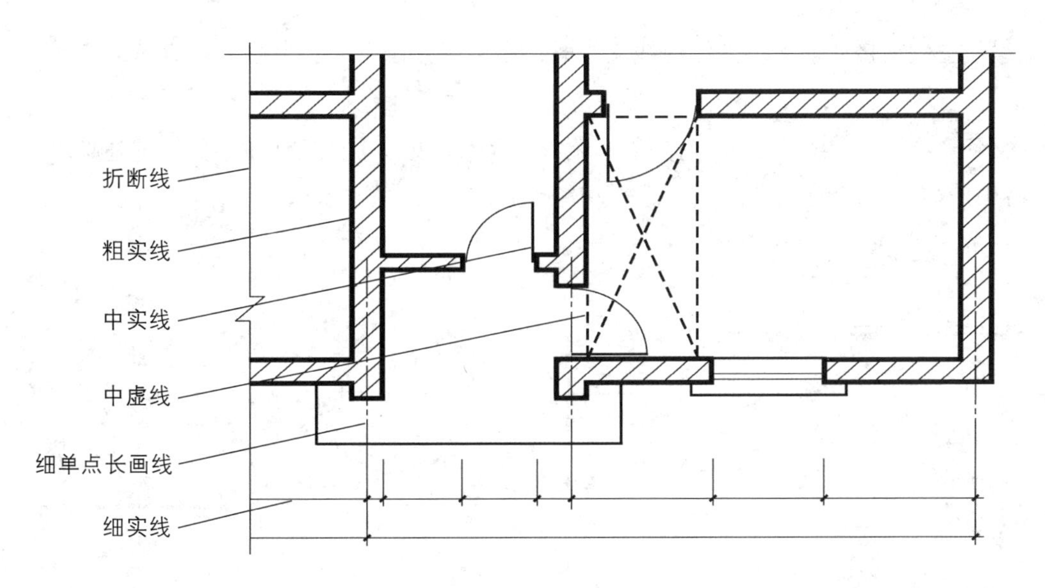

图1-2-13 图线的应用

1.2.3.2 图线的画法要求

① 画图时，每个图样应根据复杂程度与比例大小，先确定基本线宽*b*、中线0.5 *b*和细实线0.25 *b*。

② 在同一张图纸内，相同比例的图样，应选用相同的线宽组，同类线应粗细一致（表1-2-3、表1-2-4）。

③ 相互平行的图线，其间隔不宜小于其中的粗线宽度。

④ 虚线、单点长画线或双点长画线的线段长度和间隔，宜各自相等。

⑤ 单点长画线或双点长画线，当在较小图形中绘制有困难时，可用实线代替。

⑥ 单点长画线或双点长画线的两端，不应是点。点画线与点画线交接或点画线与其他图线交接时，应采用线段交接。

表1-2-3 线宽组

单位：mm

线宽比	线宽组			
b	1.4	1.0	0.7	0.5
0.7 *b*	1.0	0.7	0.5	0.35
0.5 *b*	0.7	0.5	0.35	0.25
0.25 *b*	0.35	0.25	0.18	0.13

注：① 需要缩微的图纸，不宜采用0.18 mm及更细的线宽。

② 同一张图纸内，各不同线宽中的细线，可统一采用较细的线宽组的细线。

表1-2-4 图框和标题栏线的宽度

单位：mm

幅面代号	图框线	标题栏外框线、对中标志	标题栏分格线、幅面线
A0、A1	1.4（*b*）	0.7（0.5 *b*）	0.35（0.25 *b*）
A2、A3、A4	1.0（*b*）	0.7（0.7 *b*）	0.35（0.35 *b*）

⑦ 虚线与虚线交接或虚线与其他图线交接时，应采用线段交接。虚线为实线的延长线时，不得与实线相接。

⑧ 图线不得与文字、数字或符号等重叠、混淆，不可避免时，应首先保证文字的清晰。

以上各画法如图1–2–14所示。

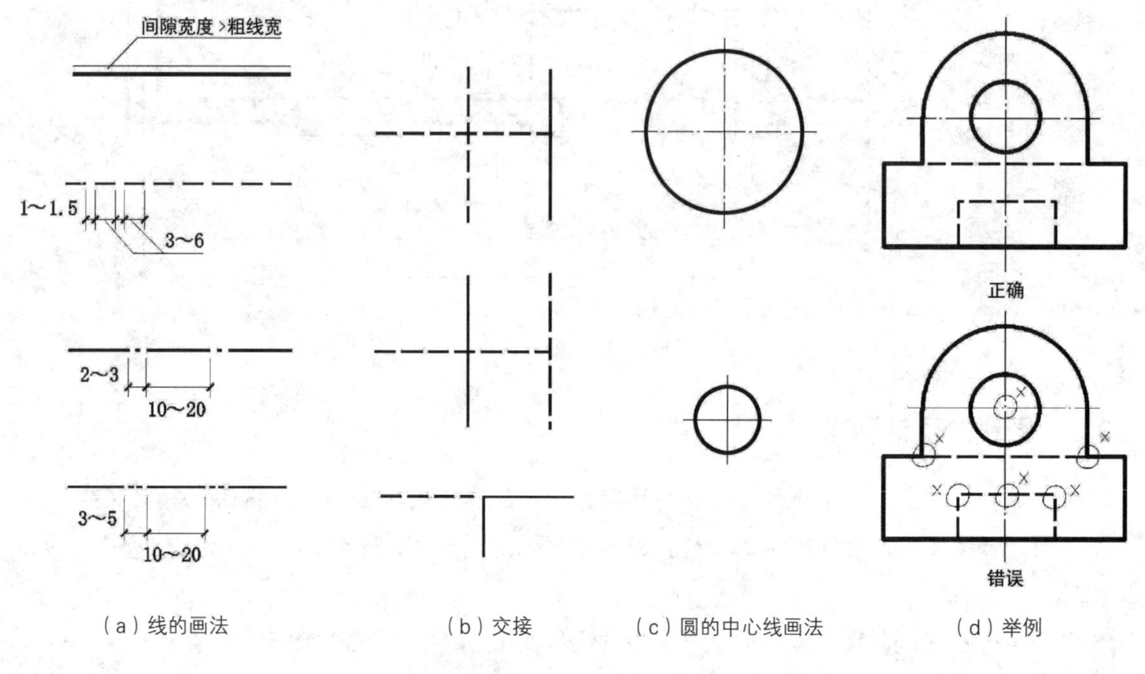

（a）线的画法　（b）交接　（c）圆的中心线画法　（d）举例

图1–2–14　图线的有关画法

1.2.4　字体的要求

用图线绘成图样，须用文字加以注释，表明其大小尺寸、有关材料、构造做法、施工要点及标题。在图样上所书写的文字、数字或符号等，必须做到：笔画清晰、字体端正、排列整齐；标点、符号清晰正确，不可写连笔字，也不得随意涂改，否则，不仅影响图画质量，而且容易引起误解或读数错误，乃至造成工程事故。

1.2.4.1　汉字

图样及说明中的汉字，宜优先采用True type字体中的宋体字型，采用矢量字体时应为长仿宋体字型。同一图纸字体种类不应超过两种。矢量字体的宽高比宜为0.7，且应符合表1–2–5的规定，打印线宽宜为0.25～0.35 mm；True type字体宽高比宜为1。大标题、图册封面、地形图等的汉字，也可书写成其他字体，但应易于辨认，其宽高比宜为1。

长仿宋字（图1–2–15）的特点是笔画挺直、粗细一致、结构匀称、便于书写。长仿宋字的字高（即字号）应从下列字高系列中选用：3.5 mm、5 mm、7 mm、10 mm、14 mm、20 mm。字高与字宽之比为3∶2，字距约为字高的1/4，行距约为字高的1/3。

长仿宋字的书写要领：横平竖直，注意起落，结构匀称，填满方格。横平竖直，横笔基本要平，可顺运笔方向向上稍倾斜2° ~ 5° 。注意起落，横、竖的起笔和收笔，撇、钩的起笔，钩折的转角等，都要顿一下笔，形成小三角和出现字肩。几种基本笔画的写法如图1-2-16所示。要求结构匀称，笔画布局均匀，字体构架中正疏朗、疏密有致（图1-2-17）。

表1-2-5　长仿宋字高宽关系

单位：mm

字高	20	14	10	7	5	3.5
字宽	14	10	7	5	3.5	2.5

工业民用建筑厂房屋平立剖面详图
结构施说明比例尺寸长宽高厚砖瓦
木石土砂浆水泥钢筋混凝截校核梯
门窗基础地层楼板梁柱墙厕浴标号
制审定日期一二三四五六七八九十

图1-2-15　长仿宋字示例

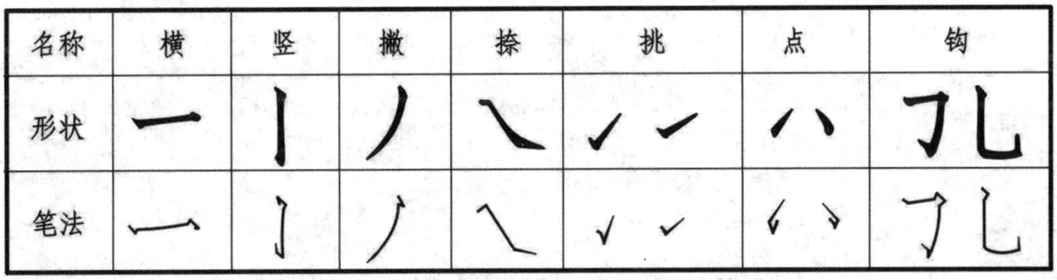

名称	横	竖	撇	捺	挑	点	钩
形状							
笔法							

图1-2-16　仿宋字基本笔画的写法

平面基土木　术审市正水　直垂四非里
柜轴孔抹粉　棚械缝混凝　砂以设纵沉

图1-2-17　长仿宋字的布局

1.2.4.2 字母、数字

图样及说明中的字母、数字，宜优先采用True type字体中的Roman字型。当需写成斜体字时，其斜度应是从字的底线逆时针向上倾斜75°。斜体字的高度和宽度应与相应的直体字相等（图1-2-18）。字母及数字的字高不应小于2.5 mm。

图1-2-18 字母、数字的书写方法

1.2.5 比例标注

图样的比例应为图形与实物相对应的线性尺寸之比（表1-2-6、表1-2-7）。例如，1∶1表示图形的大小与实物大小相等；1∶100表示100 m在图形中只画成1 m。图样比例分为缩小比例、原值比例、放大比例三种（图1-2-19）。比例应用阿拉伯数字来表示。

表1-2-6 绘图所用的比例

常用比例	1∶1、1∶2、1∶5、1∶10、1∶20、1∶30、1∶50、1∶100、1∶150、1∶200、1∶500、1∶1000、1∶2000
可用比例	1∶3、1∶4、1∶6、1∶15、1∶25、1∶40、1∶60、1∶80、1∶250、1∶300、1∶400、1∶600、1∶5000、1∶10000、1∶20000、1∶50000、1∶100000、1∶200000

表1-2-7 建筑专业、室内设计专业制图选用的比例

图名	比例
建筑物或构筑物的平面图、立面图、剖面图	1∶50、1∶100、1∶150、1∶200、1∶300
建筑物或构筑物的局部放大图	1∶10、1∶20、1∶25、1∶30、1∶50
配件及构造详图	1∶1、1∶2、1∶5、1∶10、1∶15、1∶20、1∶25、1∶30、1∶50

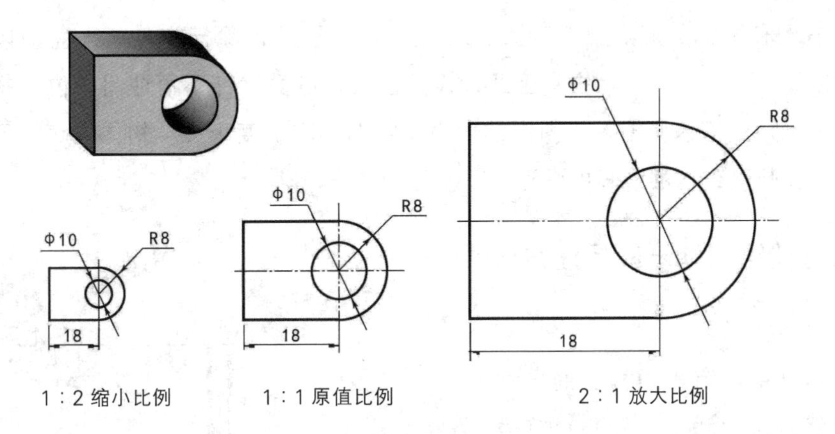

图1-2-19 用不同的比例画出的图形

图纸上比例的书写位置规定如下。

① 当整张图纸只用一种比例时，可注写在标题栏的比例一项中。

② 当整张图纸中有几个图形各自选用不同比例时，要注写在图名的右侧，字的基准线应取平；比例的字高，应比图名的字高小一号或两号，如图1-2-20所示。

③ 为使画图快捷准确，可利用比例尺确定图线长度，如图1-2-21所示。

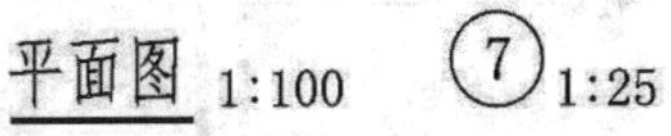

平面图 1:100 ⑦ 1:25

图1-2-20 比例的注写

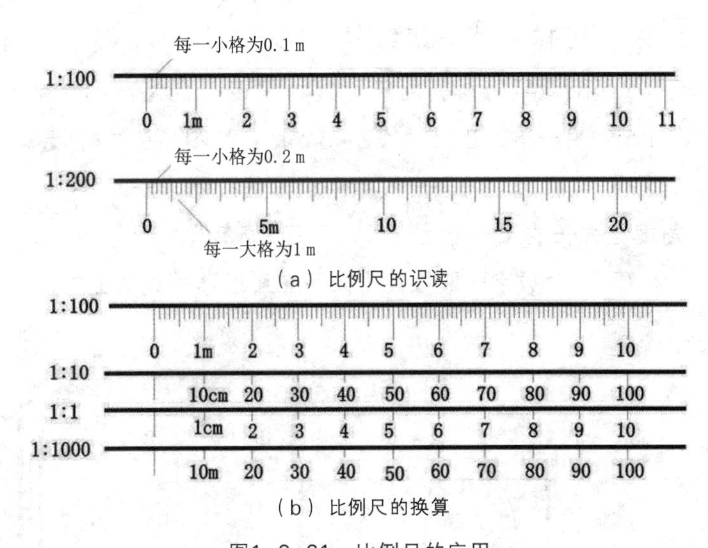

图1-2-21 比例尺的应用

1.2.6 尺寸标注

图形只能表示物体的形状，各部分的实际大小及相对位置，必须用尺寸标明。尺寸数字是图样的组成部分，必须按规定注写清楚，力求完整、合理、清晰，否则会直接影响施工，给工程生产造成损失。

根据国际惯例和国标的规定，各种设计图上标注的尺寸，除标高及总平面图以米（m）为单位外，其余一律以毫米（mm）为单位。因此，设计图上尺寸数字都不再注写单位。物体的真实大小，应以图样上所注尺寸数值为依据，与图形的大小及绘图的准确度无关。物体的每一尺寸一般只标注一次，并应标注在反映该结构最清晰的图形上。

1.2.6.1 尺寸的组成和一般标注方法

（1）尺寸组成

工程制图标准中规定，图样上的尺寸应包括尺寸界线、尺寸线、尺寸起止符号和尺寸数字（图1-2-22）。

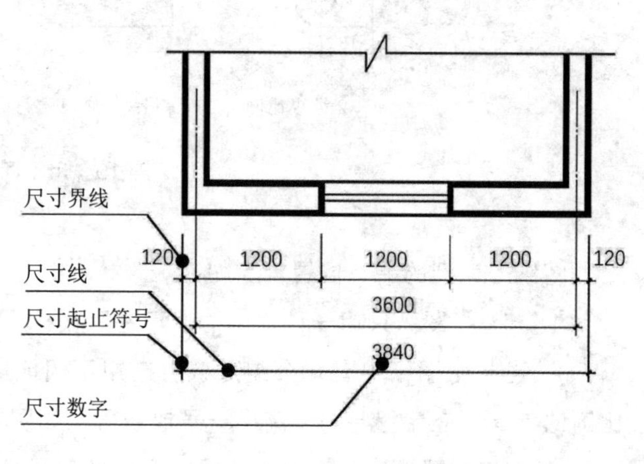

图1-2-22 尺寸的组成

（2）一般标注方法

① 在尺寸标注中，尺寸界线、尺寸线采用细实线绘制。

② 线性尺寸界线一般应与尺寸线垂直；图样轮廓线可用作尺寸界线，如图1-2-23所示。

③ 尺寸线应与被注长度平行。尺寸线与图样最外轮廓线的间距不宜小于10 mm，平行排列的尺寸线的间距，宜为7～10 mm。尺寸界线一端离开图样轮廓线不应小于2 mm，另一端超出尺寸线2～3 mm，如图1-2-24所示。

④ 尺寸起止符号一般用中粗短线绘制，长2～3 mm，与尺寸界线成顺时针45° 。半径、直径、角度与弧长的尺寸起止符号，用箭头表示。

⑤ 尺寸数字一般依其方向写在靠近尺寸线的上方、左方中部。

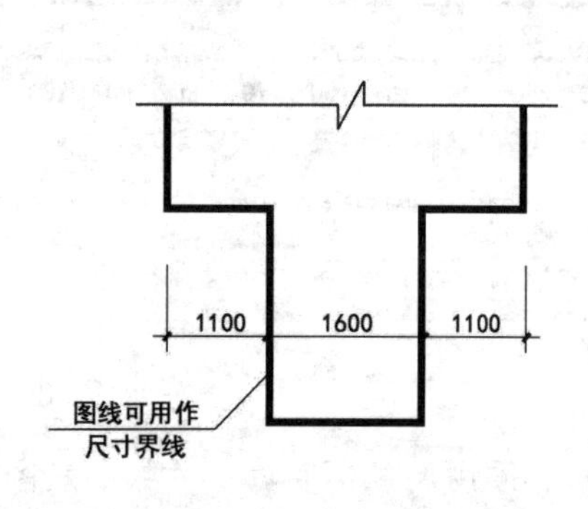

图1-2-23 尺寸界线

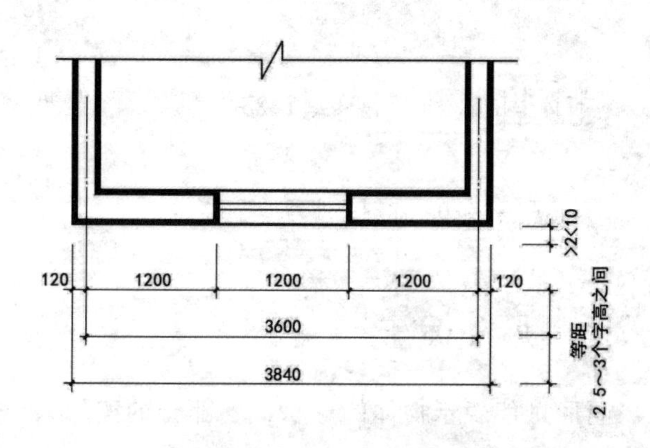

图1-2-24 一般尺寸标注

1.2.6.2 其他尺寸标注示例和方法（表1-2-8）

表1-2-8 其他尺寸标注示例

标注内容	示例	说明
圆及圆弧	ϕ900 ϕ900 R450	① 半径的尺寸线应一端从圆心开始，另一端画箭头指向圆弧，半径数字前应加注半径符号“*R*”。 ② 标注圆的直径尺寸时，在圆内标注的尺寸线应通过圆心，两端画箭头指至圆弧，直径数字前应加直径符号“ϕ”
大圆弧	R300 R320	当在图样范围内标注圆心有困难（或无法注出）时，较大圆弧的尺寸线可画成折断线，按左图形式标注
小尺寸圆及圆弧	ϕ48 ϕ48 ϕ16 ϕ24 ϕ24 ϕ6 R32 R32 R20 R6	小尺寸的圆及圆弧，可标注在圆外，按左图形式标注小尺寸的圆及圆弧的半径尺寸
球	Sϕ900 Sϕ900 SR450	标注球的半径、直径时，应在尺寸前加注符号“*S*”，即“*SR*”“*S*ϕ”，注写方法同圆的半径和直径
角度	136° 75° 47° 5° 6° 90° 60°	角度的尺寸线应以圆弧表示。该圆弧的圆心应是该角的顶点，角的两条边为尺寸界线。起止符号应以箭头表示，如没有足够位置画箭头，可用圆点代替，角度数字应按水平方向注写

续表

标注内容	示例	说明
弧长与弦长	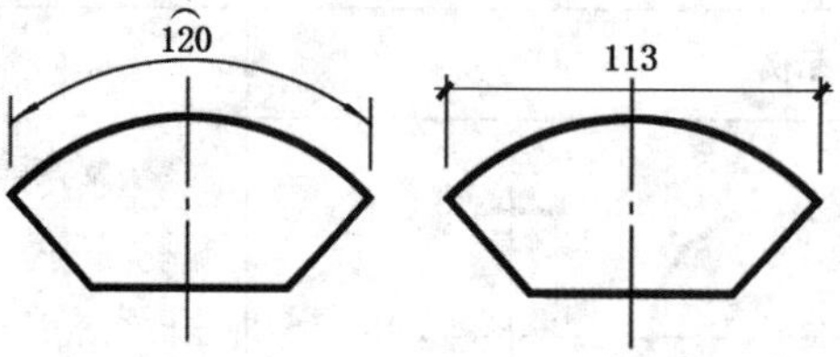 120 113	① 标注圆弧的弧长时，尺寸线为与该圆弧同心的圆弧线，尺寸界线垂直于该圆弧的弦，起止符号用箭头表示。弧长数字上方应加圆弧符号“⌒”。 ② 标注圆弧的弦长时，尺寸线为平行于该弦的直线，尺寸界线垂直于该弦，起止符号用中粗斜短线表示
坡度	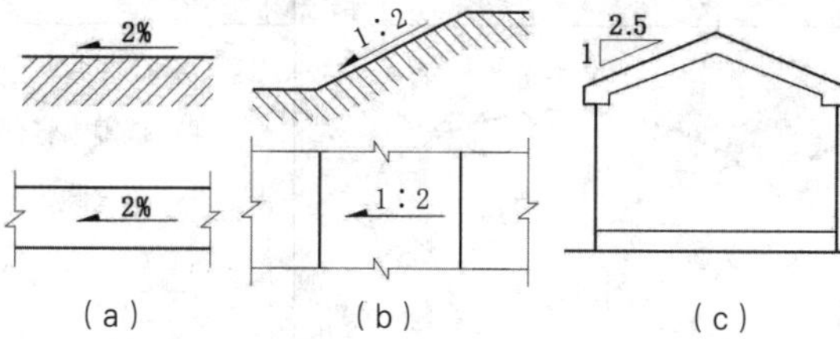 2% 2% (a) 1:2 1:2 (b) 2.5 1 (c)	① 标注坡度（也称斜度）时，在坡度数字下，应加注坡度符号“⇀”，如图（a）、（b）所示，该符号为单面箭头，箭头应指向下坡方向。 ② 坡度也可用由斜边构成的直角三角形的对边与底边之比的形式标注，如图（c）所示
正方形	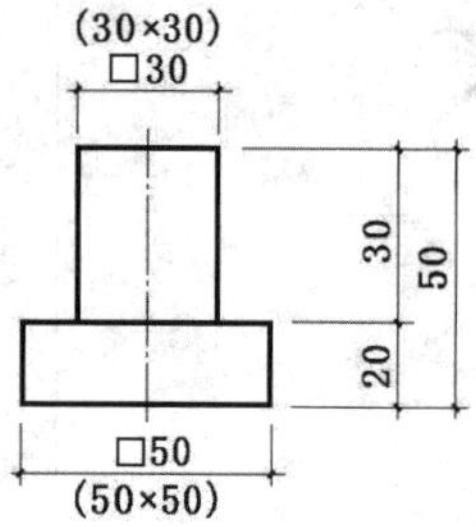 (30×30) □30 30 50 20 □50 (50×50)	标注正方形的尺寸，可用“边长×边长”的形式，也可在边长数字前加正方形符号“□”
连续排列的等长尺寸	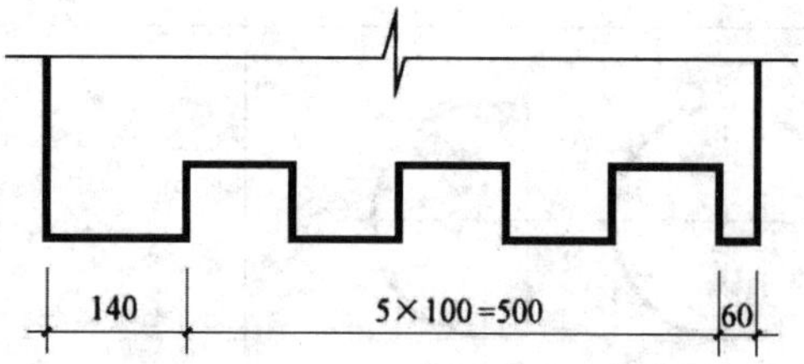 140 5×100=500 60	对于连续排列的等长尺寸，可用“个数×等长尺寸=总长”的形式标注
单线图	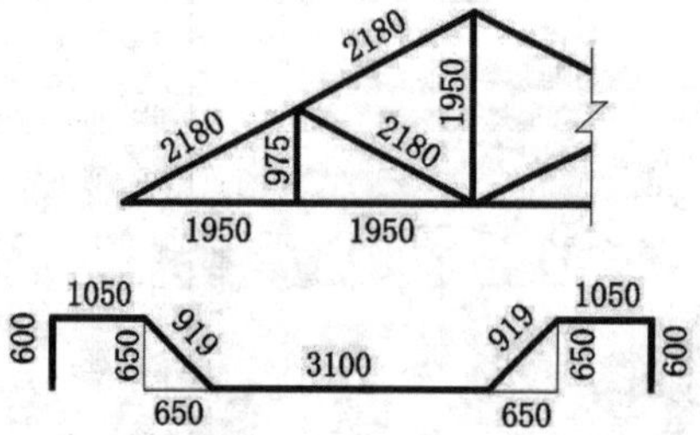 2180 2180 1950 975 2180 1950 1950 1050 919 919 1050 600 650 3100 650 600 650 650	对于桁架简图、钢筋简图、管线图等单线图，标注其长度时，可直接将尺寸数字注写在杆件或管线的一侧

续表

标注内容	示例	说明
相同要素	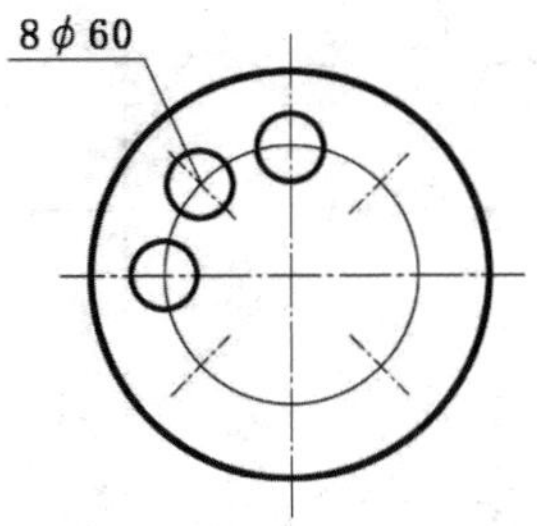	当形体内的构造要素（如孔、槽等）相同时，可仅标注其中一个要素的尺寸，并在尺寸数字前注明个数
对称构配件	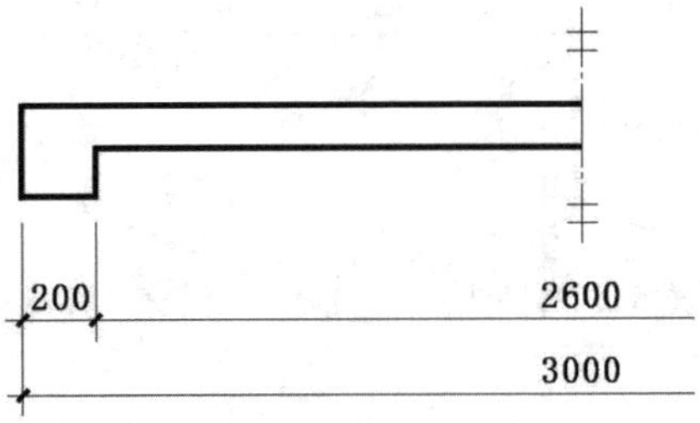	① 对称构配件采用对称画法时，对称符号由对称线（细单点长画线）和两端的两对平行线（细实线，长度宜为6～10 mm，每对平行线的间距宜为2～3 mm）组成。对称线垂直平分两对平行线，两端超出平行线宜为2～3 mm。 ② 对称构配件的尺寸线略超过对称符号，只在另一端画尺寸起止符号，标注整体全尺寸，注写位置宜与对称符号对齐
相似构配件	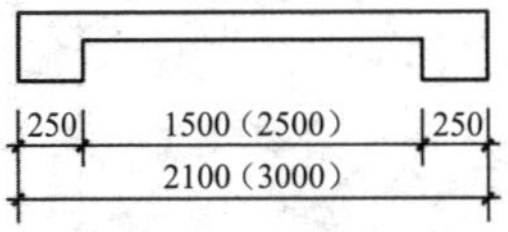 相似构件尺寸数字标注方法 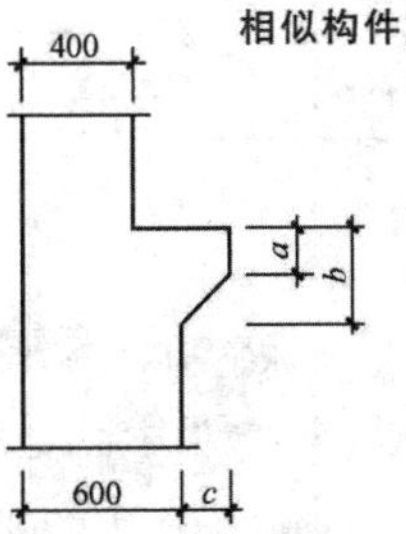 相似构配件尺寸表格式标注方法	① 两个构配件，如仅个别尺寸数字不同，可在同一图样中将其中一个构配件的不同尺寸数字注写在括号内，同时，该构配件的名称也应注写在相应的括号内。 ② 数个构配件，如仅某些尺寸不同，这些有变化的尺寸数字，可用拉丁字母注写在同一个图样中，并另列表格写明其具体尺寸
非圆曲线	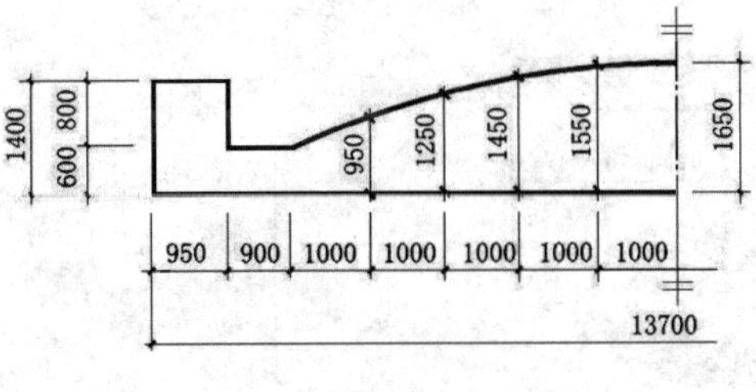	外形为非圆曲线的构件，可用坐标形式标注尺寸

构件编号	a	b	c
Z-1	200	200	200
Z-2	250	450	200
Z-3	200	450	250

1.2.6.3 尺寸标注的注意事项（表1-2-9）

表1-2-9 尺寸标注的注意事项

示例	说明
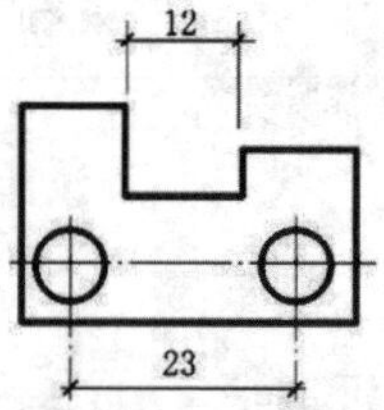 12 23 （a）正确 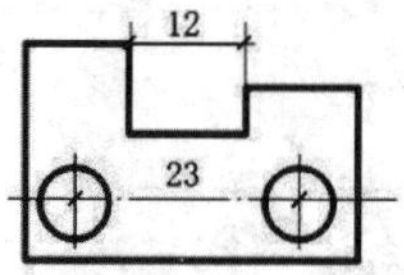 12 23 （b）错误	轮廓线、中心线可用作尺寸界线，但不能用作尺寸线
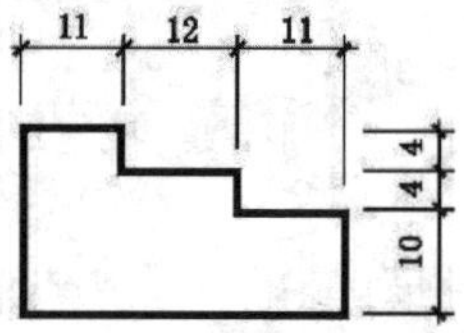 11 12 11 4 4 10 （a）正确 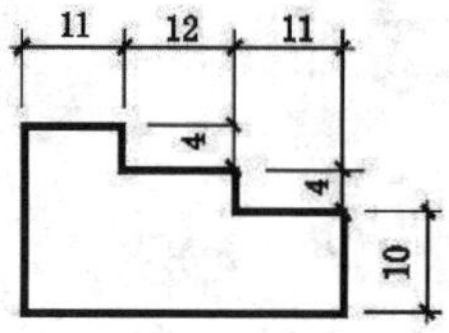 11 12 11 4 4 10 （b）错误	不能用尺寸界线作尺寸线
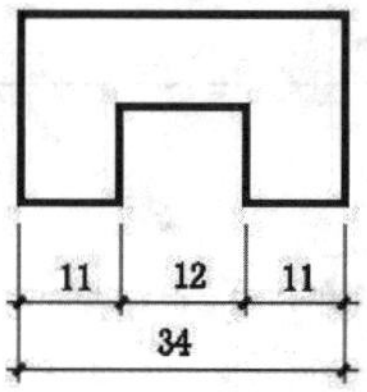 11 12 11 34 （a）正确 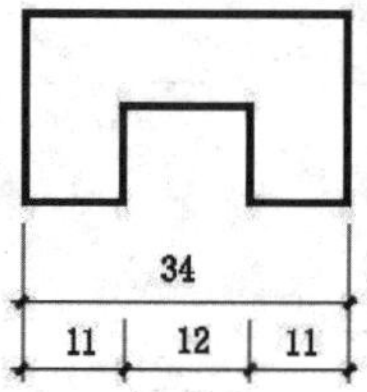 34 11 12 11 （b）错误	应将大尺寸标在外侧，小尺寸标在内侧
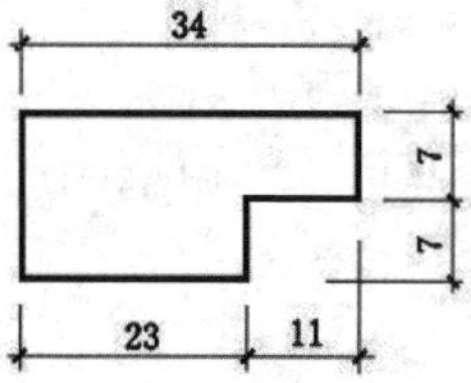 34 7 7 23 11 （a）正确 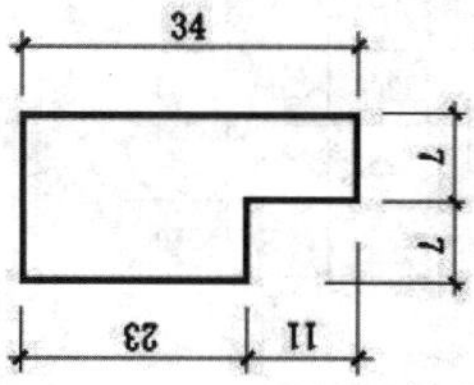 34 7 7 23 11 （b）错误	水平方向和竖直方向的尺寸注写，尺寸数字依其方向写在靠近尺寸线的上方、左方中部，也就是字头朝上方或者左方
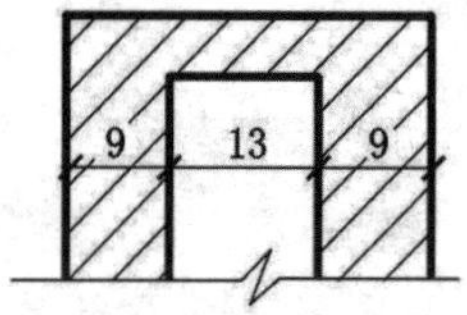 9 13 9 （a）正确 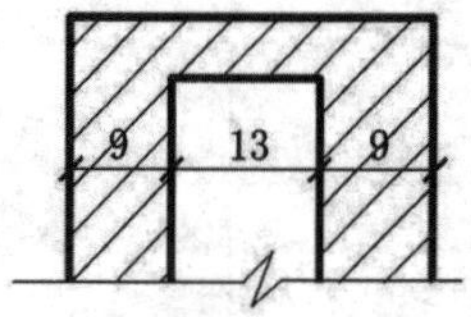 9 13 9 （b）错误	任何图线不能穿交尺寸数字。无法避免时，需将图线断开

续表

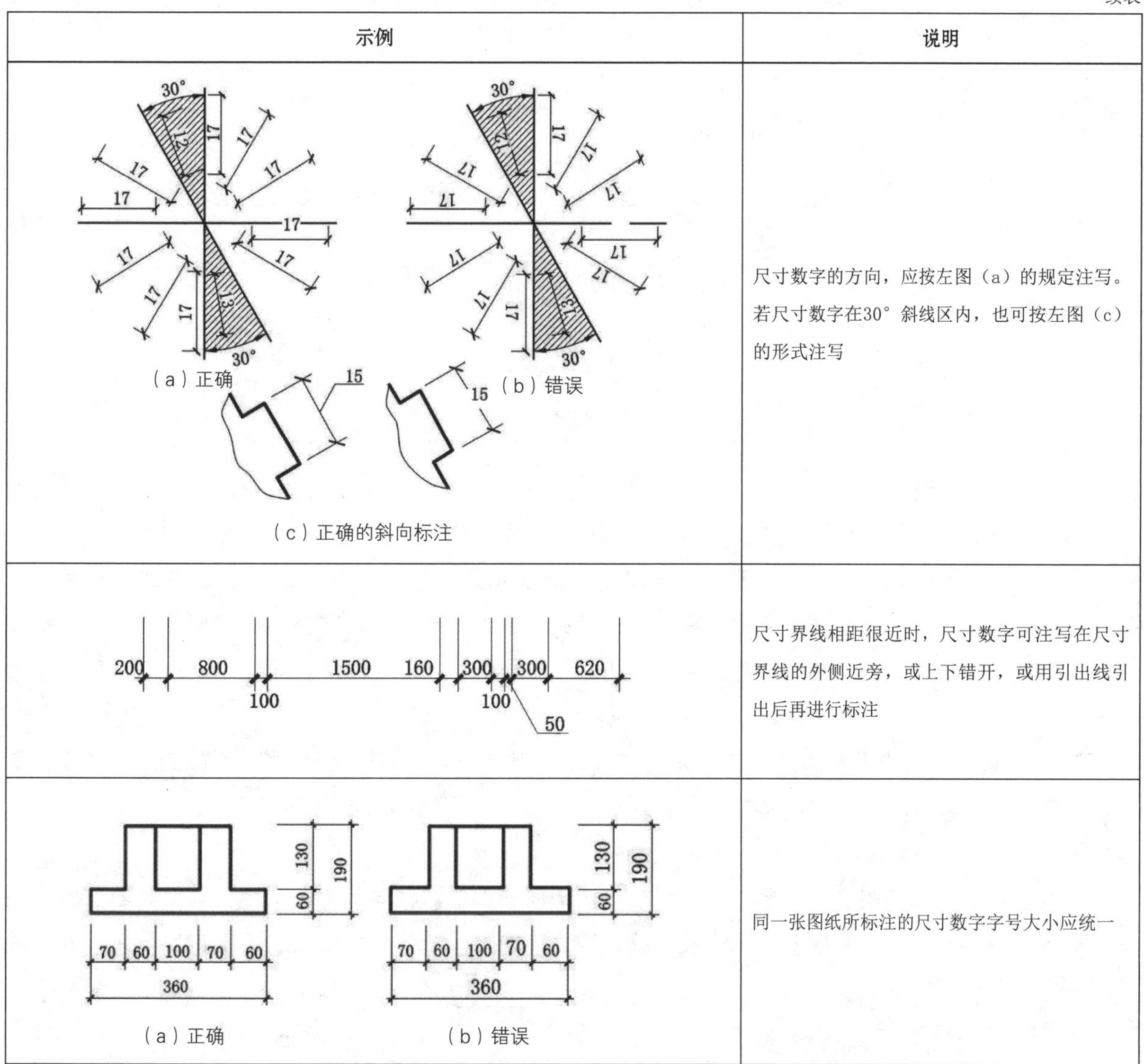

示例	说明
（a）正确　（b）错误　（c）正确的斜向标注	尺寸数字的方向，应按左图（a）的规定注写。若尺寸数字在30°斜线区内，也可按左图（c）的形式注写
200 800 100 1500 160 300 100 300 620 50	尺寸界线相距很近时，尺寸数字可注写在尺寸界线的外侧近旁，或上下错开，或用引出线引出后再进行标注
（a）正确　（b）错误	同一张图纸所标注的尺寸数字字号大小应统一

1.2.7 常用符号

1.2.7.1 引出线

引出线是用来标注文字和数字说明的。这些文字和数字用以说明引出线所指部位的名称、尺寸、材料和作法等。

引出线有4种，即局部引出线、共同引出线、串联式引出线和多层构造引出线。

引出线用细实线绘制，宜采用水平方向的直线，或与水平方向成30°、45°、60°、90°的直线，并经上述角度再折成水平线。

文字说明宜注写在水平线的上方，也可注写在水平线的端部。索引详图的引出线应与水平直径线相连接，如图1-2-25所示。

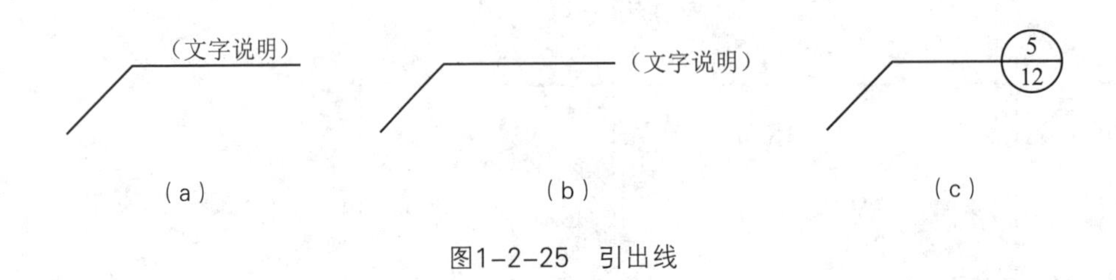

图1-2-25 引出线

（1）局部引出线

局部引出线指某个局部附加的文字和数字，只用来说明这个局部的名称、尺寸、材料及作法。用细实线绘制，常常采用水平方向的直线或与水平方向成30°、45°、60°、90°的直线，并经上述角度再折成水平线。附加的文字和数字宜注写在横线的上方，也可注写在横线的端部。为使图面整齐清楚，用斜线或折线作引出线时，其斜线或斜线部分与水平方向形成的角度最好一致，如均为45°或均为60°等。

在流行的室内设计工程图中，常常见到波浪线型引出线。这种引出线画起来方便，但数量过多时，会使图面显得杂乱，因此，最好只用于方案图，而不宜用于工程图，如图1-2-26所示。

（2）共同引出线

共同引出线用来指引名称、尺寸、材料或作法相同的部位。同时引出的几个相同部分的引出线，宜互相平行，也可以画成集中于一点的放射线，因为，如果一个一个地引出，不仅工作量大，还会影响图面的清晰度，如图1-2-27所示。

（3）串联式引出线

当图样有多个名称、尺寸、材料和作法相同的部分时，可将这些部分用一条引出线“串联”起来，统一附加说明。为使被指引的部分确切无误，可在被指示的部位画一个小圆点，如图1-2-28所示。

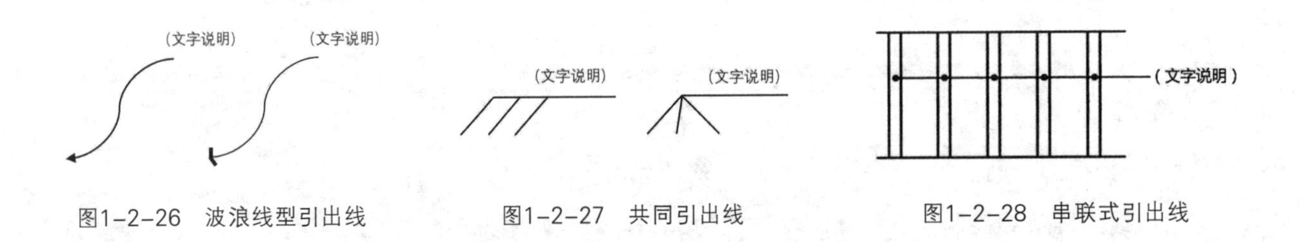

图1-2-26 波浪线型引出线　　图1-2-27 共同引出线　　图1-2-28 串联式引出线

（4）多层构造引出线

多层构造引出线用于指引多层构造物，如由若干构造层次形成的墙面、地面、池底、池壁等，应通过被引出的各层，并保持垂直方向。当构造层次为水平方向时，文字与数字说明的顺序应由上至下地标注，即与构造层次的顺序相一致。当构造层次为垂直方向时，文字与数字说明的顺序也应由上至下地标注，其顺序应与构造层次由左至右的顺序相一致，如图1-2-29所示。

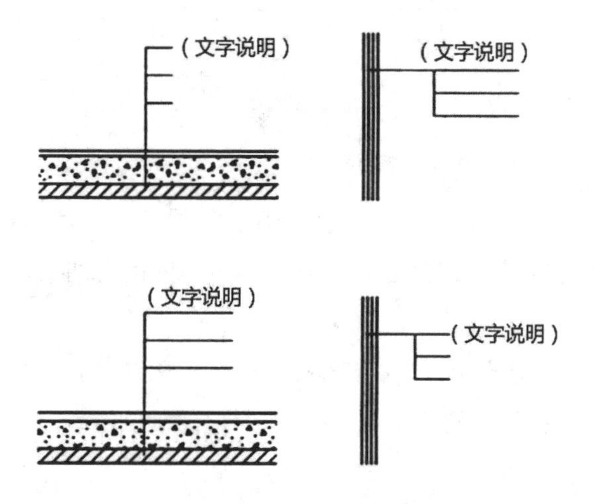

图1-2-29　多层构造引出线

1.2.7.2　索引符号

图样中的某一局部或构件，如需另见详图，应以索引符号索引。索引符号由直径为8～10 mm的圆和水平直径组成，圆及水平直径应以细实线绘制，索引详图的引出线应对准圆心。水平直径上半部的数字是详图的编号，下半部分的数字是详图所在图纸的编号，如图1-2-30所示。图1-2-31所示为大样索引符号。索引的图也可以是某一断面、某一建筑的节点（节点图）。为了在图面中清楚地对这些详图编号，需要在图纸中清晰、有条理地标识出详图的索引符号和详图符号。

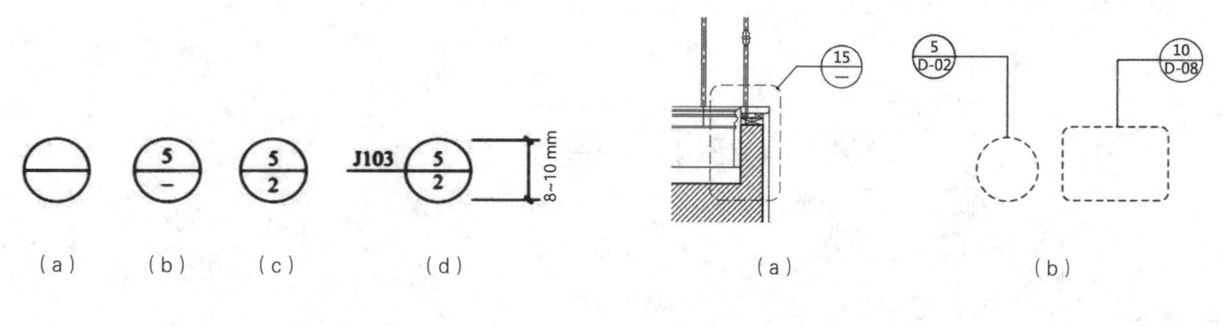

图1-2-30　详图索引符号

图1-2-31　大样索引符号

索引符号的应用要符合下列规定。

① 索引出的详图，如与被索引的详图同在一张图纸内，应在索引符号的上半圆内用阿拉伯数字注明该详图的编号，并在下半圆中间画一段水平细实线，如图1–2–32所示。

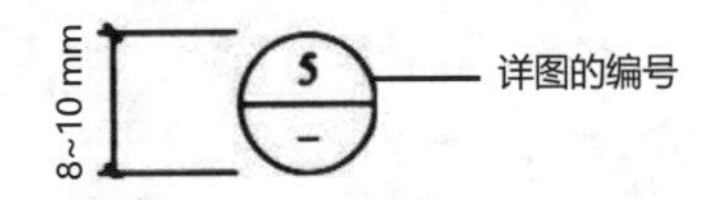

图1–2–32　详图在本张图纸上的索引符号

② 索引出的详图，如与被索引的详图不在同一张图纸内，应在索引符号的上半圆中用阿拉伯数字注明该详图的编号，并在下半圆中用阿拉伯数字注明该详图所在图纸的编号，如图1–2–33所示。数字较多时可加文字标注。

③ 索引出的详图，如采用标准图，应在索引符号水平直径的延长线上加注该标准图册的编号。需要标注比例时，文字在索引符号右侧或延长线下方，与符号下对齐，如图1–2–34所示。

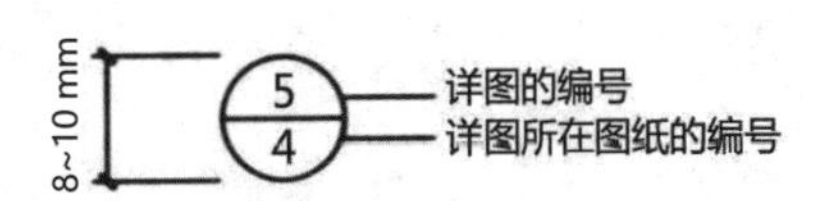

图1–2–33　详图在其他图纸上的索引符号

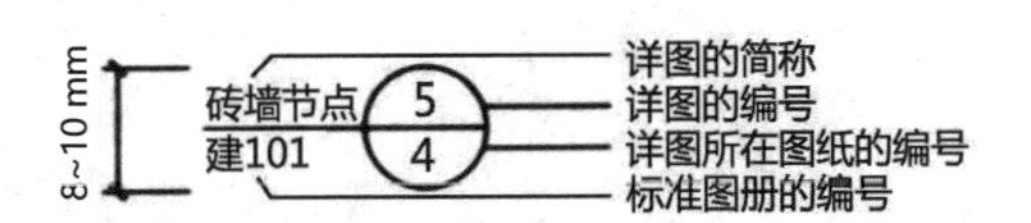

图1–2–34　标准详图的索引符号

④ 索引符号如用于索引剖视详图，应在被剖切的部位绘制剖切位置线，并以引出线引出索引符号，引出线所在的一侧应为剖视方向。剖切位置线为10 mm。索引符号的编写应符合上述规定，在室内装饰施工图中也会使用到扩展形式，如图1–2–35所示。

⑤ 零件、钢筋、杆件及消火栓、配电箱、管井等设备的编号，宜以直径为4～6 mm的细实线圆表示，同一图样应保持一致，其编号应用阿拉伯数字按顺序编写，如图1–2–36所示。

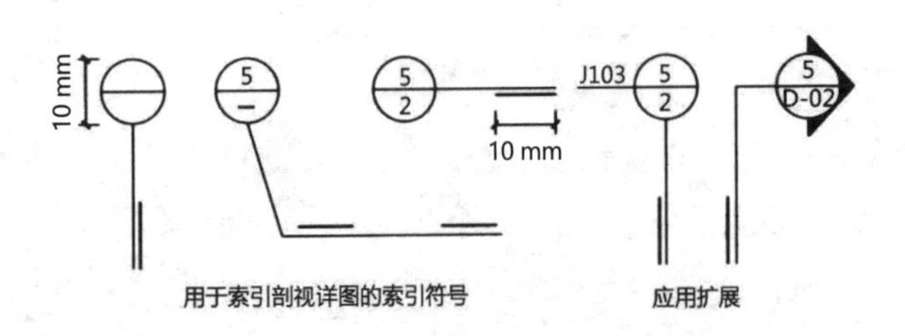

图1–2–35　用于索引剖视详图的索引符号

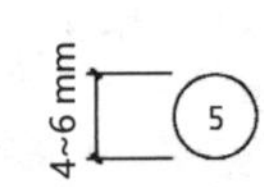

图1–2–36　零件、钢筋等的编号

1.2.7.3　详图符号

被索引详图的位置和编号，应以详图符号表示。详图符号的圆应以粗实线绘制，直径为14 mm，圆内横线用细实线绘制。详图应按下列规定编号。

① 详图与被索引的图样同在一张图纸内时，应在详图符号内用阿拉伯数字注明详图的编号，如图1–2–37（a）所示。

② 详图与被索引的图样不在一张图纸内时，应用细实线在详图符号内画一水平直径，在上半圆中注明详图编号，在下半圆中注明被索引的图纸的编号，如图1–2–37（b）所示。

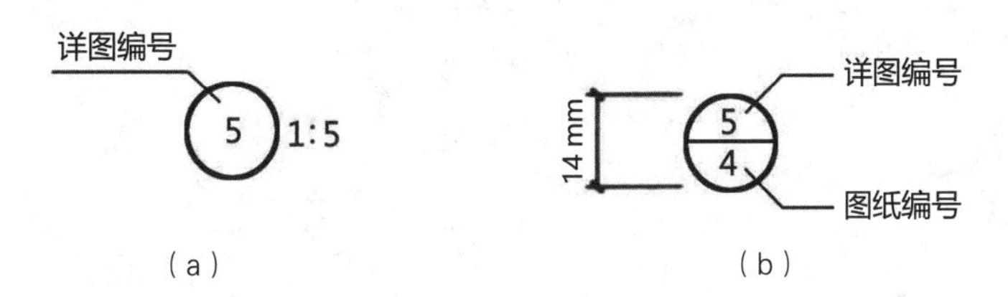

图1–2–37　详图符号

1.2.7.4　剖切符号

（1）剖面图剖切符号

剖面图是假设用剖切平面将物体的某处切断，将处在观察者和剖切平面之间的部分移去，而将其余部分向投影面透射所得到的图形。

剖视的剖切符号应由剖切位置线和剖视方向线组成，均为粗实线绘制。剖切位置线的长度宜为6～10 mm；剖视方向线应垂直于剖切位置线，长度应短于剖切位置线，宜为4～6 mm，也可采用国际统一和常用的剖视方法。绘制时，剖视剖切符号不应与其他图线相接触。

剖视剖切符号的编号应用粗阿拉伯数字表示。当有多个剖面时，最好按由左向右、由下至上的顺序排列。编号应注写在剖视方向线的端部，如图1–2–38所示。

剖切线需要转折时以一次为限，如转折线易与其他图线相混淆，还应在转角的外侧加注与该符号相同的编号，如图1–2–39所示。在平面图中标识好剖面符号后，要在绘制的剖面图下方标明相对应的剖面图名称。

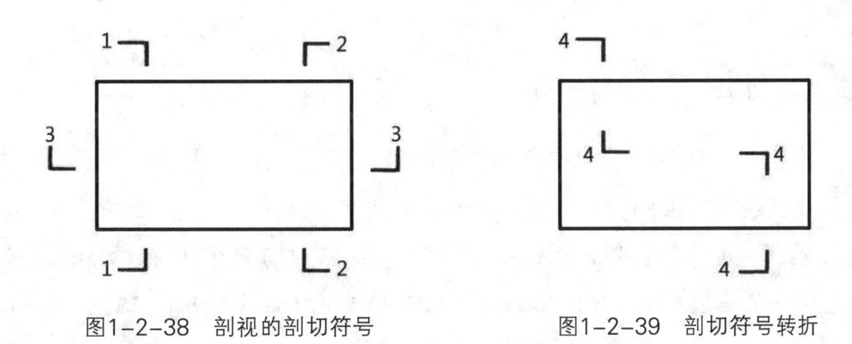

图1–2–38　剖视的剖切符号　　图1–2–39　剖切符号转折

当同一张图纸上有很多剖切符号时，单用阿拉伯数字注写编号有可能使不同图样中的剖面相混淆，为此，不妨用A、B、C等英文字母及Ⅰ、Ⅱ、Ⅲ等罗马数字分别编写。

例如，平面图上的剖切符号用1、2、3等编排注写，立面图上的剖切符号可改用A、B、C等编排注写，如图1-2-40所示。

在一些工程图纸中，常见以下问题：一是用甲、乙、丙等文字编号；二是未将编号注写在剖视方向线的端部，而是注写在其他地方，甚至是相反的方向。

（2）断面剖切符号

断面的剖切符号应只用剖切位置线表示，而不画剖视方向线，并应以粗实线绘制，长度宜为6～10 mm。断面剖切符号的编号宜采用阿拉伯数字，按顺序连续编排，并应注写在剖切位置线的一侧；编号所在的一侧应为该断面的剖视方向，如图1-2-41所示。

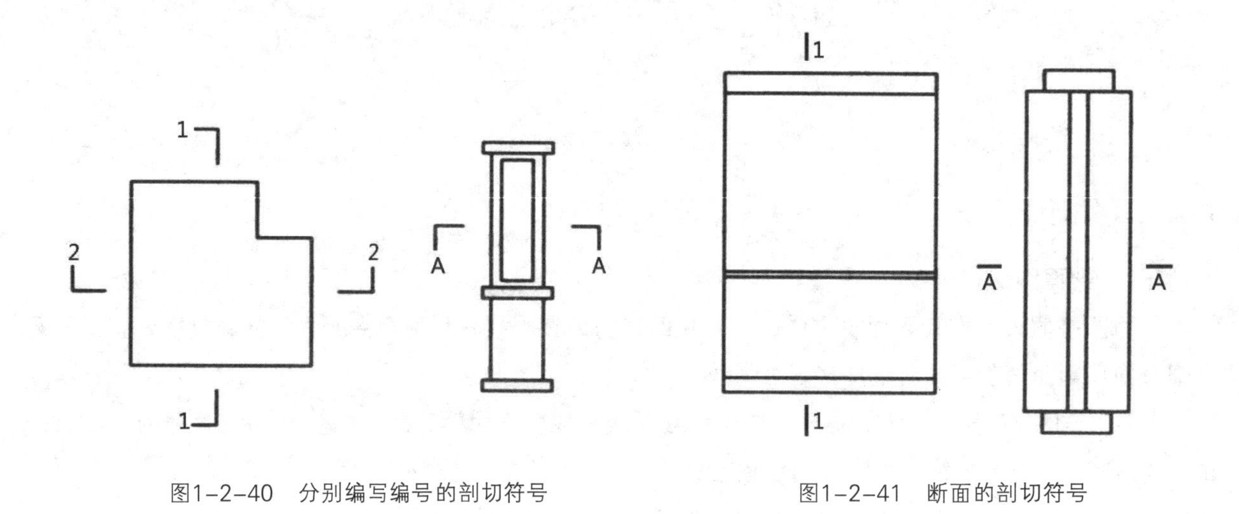

图1-2-40　分别编写编号的剖切符号　　图1-2-41　断面的剖切符号

常见的问题是编号注写位置不规范，往往与剖视方向不一致。

断面图与剖面图的区别：断面图仅画出物体被切断的那部分截面的图形；剖面图则要画出剖切平面以后的所有可见部分的投影。

剖面图或断面图，如果与被剖切图样不在同一张图内，应在剖切位置线的另一侧注明其所在图纸的编号，也可以在图上集中说明。

1.2.7.5　立面内视符号

立面内视符号是室内设计工程图中独有的符号。当工程图中用立面图表示垂直界面时，就要使用立面内视符号，以便能确定立面图究竟是指哪个垂直界面的立面图。

为表示室内立面在平面上的位置，应在平面图中用立面内视符号注明视点位置、方向及立面的编号。立面内视符号由一个等边直角三角形和细实线圆圈（直径为8～12 mm）组成，如图1-2-42所示。

等边直角三角形中，直角所指的垂直界面就是立面图所要表示的界面。圆圈上半部的数字为立面图的编号，下半部的数字为该立面图所在图纸的编号。如立面图就在本张图纸上，下半部便画一段短横线。应该特别注意：不管立面内视符号内视何方，用来编号的数字始终正写，即字头要朝上。当所画厅、室等空间较小，又有很多家具，而难以放下内视符号时，可用引出线将内视符号引到空间的外部，在实际应用中也可扩展灵活使用。内视符号的应用如图1-2-43、图1-2-44所示。

图1-2-42　立面内视符号

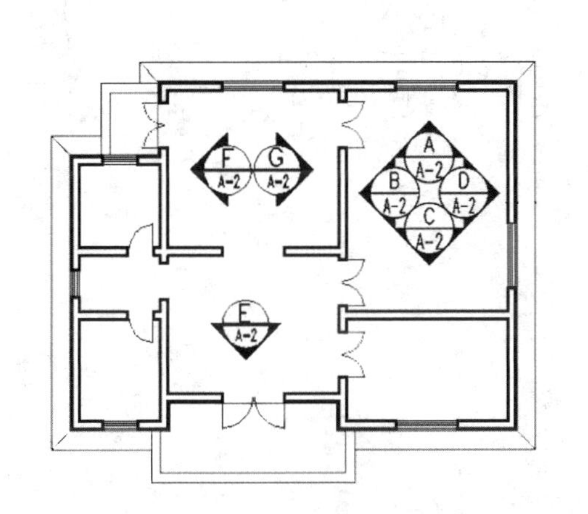

图1-2-43　立面内视符号在平面中的应用1

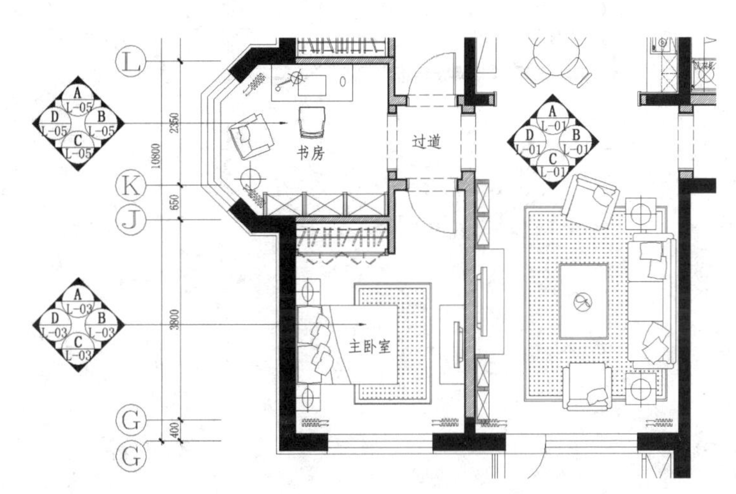

图1-2-44　立面内视符号在平面中的应用2

1.2.7.6　定位轴线

定位轴线应用细单点长画线绘制。定位轴线是确定房屋中的墙、柱、梁和屋架等主要承重构件位置的基准线。它使房屋的平面划分统一并趋于简单，是测量定位的依据，如图1-2-45所示。

在施工图中定位轴线的标识要符合下列规定。

① 定位轴线编号的圆应用细实线绘制，直径宜为8～10 mm。定位轴线圆的圆心应在定位轴线的延长线或延长线的折线上。

② 定位轴线的编号应注写在轴线端部的圆内。在水平方向从左至右用阿拉伯数字编写，从下至上用大写拉丁字母编写，其中I、O、Z不得用作轴线编号，以免与数字1、0、2混淆。如字母数量不够，可用A1、B1…

③ 组合较复杂的平面图中定位轴线也可采用分区编号，编号的注写形式应为“分区号—该分区编号”。“分区号—该分区编号”采用阿拉伯数字或大写拉丁字母表示，如图1-2-46所示。

④ 若房屋平面形状为折线，定位轴线也可以从左到右、自下而上依次编写，如图1-2-47所示。

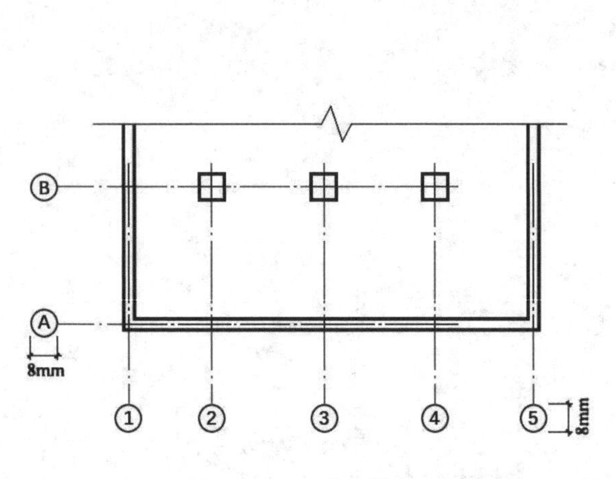

图1-2-45　定位轴线1

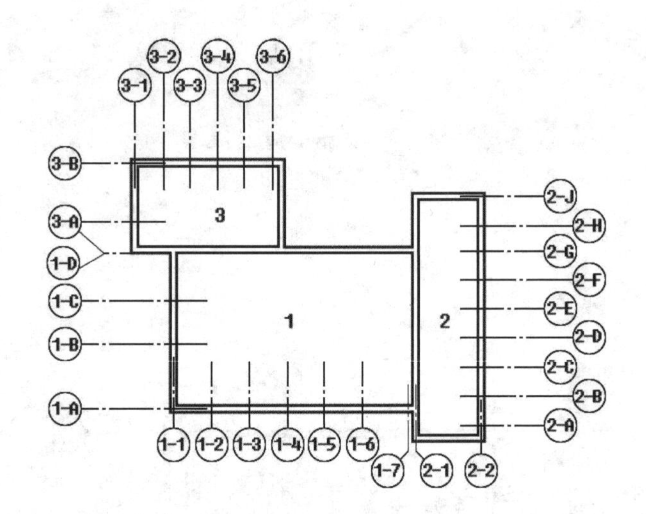

图1-2-46　分区编号

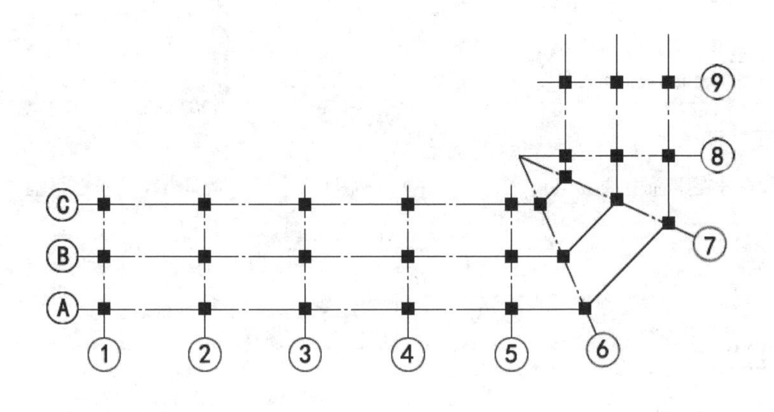

图1-2-47　定位轴线2

⑤ 圆形平面图中定位轴线的编号，其径向轴线宜用阿拉伯数字表示，从左下角或－90°（若径向轴线很密，角度间隔很小）开始，按逆时针方向编写，如图1-2-48所示。

⑥ 对某些非承重构件和次要的局部承重构件等，其定位轴线一般作为附加轴线，如图1–2–49所示。附加定位轴线编号应用分数形式表示。分母表示前一轴线的编号，分子表示附加轴线的编号，用阿拉伯数字顺序编写。1号轴线或A号轴线之前的附加轴线的分母应以01或0A表示。

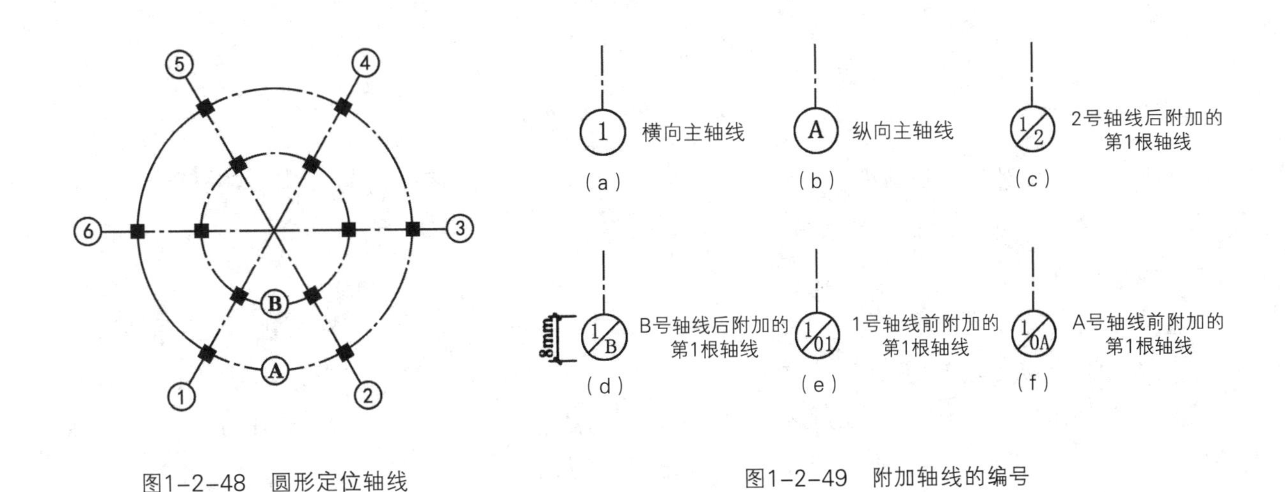

图1–2–48 圆形定位轴线

图1–2–49 附加轴线的编号

⑦ 一个详图适用于几根轴线时，应同时注明各有关轴线的编号，如图1–2–50所示。

图1–2–50 详图轴线的编号

1.2.7.7 标高符号

（1）标高注写方法

① 标高符号应以直角等腰三角形表示，按图1–2–51（a）所示形式用细实线绘制。标高符号的具体画法如图1–2–51（b）、图1–2–51（c）所示。

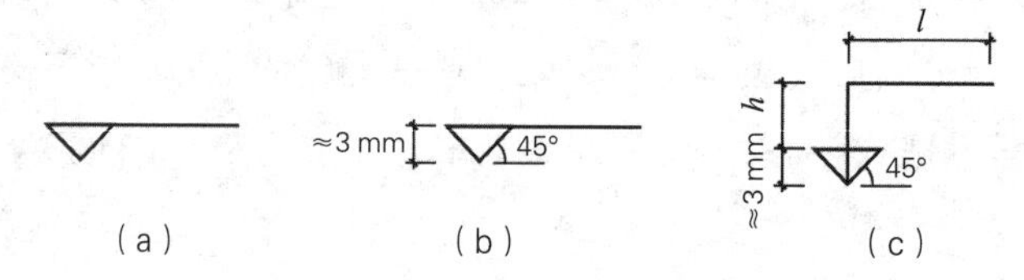

l—取适当长度注写标高数字；h—根据需要取适当高度

图1-2-51 标高符号

② 总平面图室外地坪标高符号，宜用涂黑的三角形表示，具体画法如图1-2-52所示。

③ 标高符号的尖端应指至被注高度的位置。尖端宜向下，也可向上。标高数字应注写在标高符号的上侧或下侧，如图1-2-53所示。

④ 标高数字应以米为单位，注写到小数点后第三位。在总平面图中，可注写到小数点后第二位。

⑤ 零点标高应注写成±0.000，正数标高不注"+"，负数标高应注"-"，如3.000、-0.600。

⑥ 在图样的同一位置需表示几个不同标高时，标高数字可按图1-2-54的形式注写。

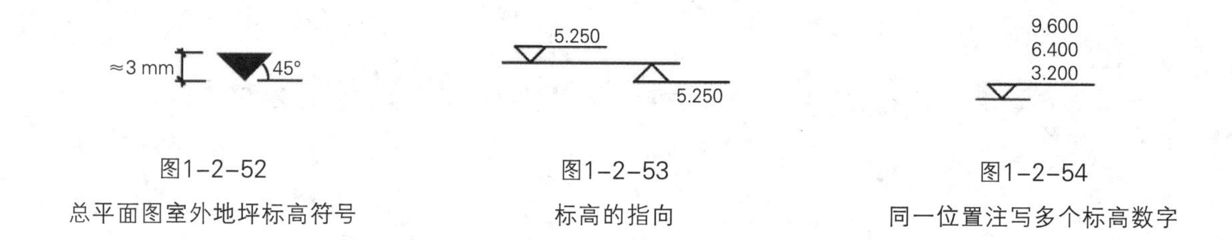

图1-2-52
总平面图室外地坪标高符号

图1-2-53
标高的指向

图1-2-54
同一位置注写多个标高数字

(2)标高分类

房屋建筑图中的标高应分为绝对标高和相对标高两种。所谓绝对标高是以青岛附近黄海平均海平面的高度为零点参照点时所得到的高差值；而相对标高则是以每一幢房屋的室内底层（一层）地面的高度为零点参照点，故书写时后者应写±0.000。

另外，标高符号还可分为建筑标高和结构标高两类。建筑标高是指装修完成后的尺寸，它已将构件粉饰层的厚度包括在内；而结构标高应该剔除外装修的厚度，它又称为构件的毛面标高。如图1-2-55所示，a表示的是建筑标高；b表示的则是楼面的结构标高。

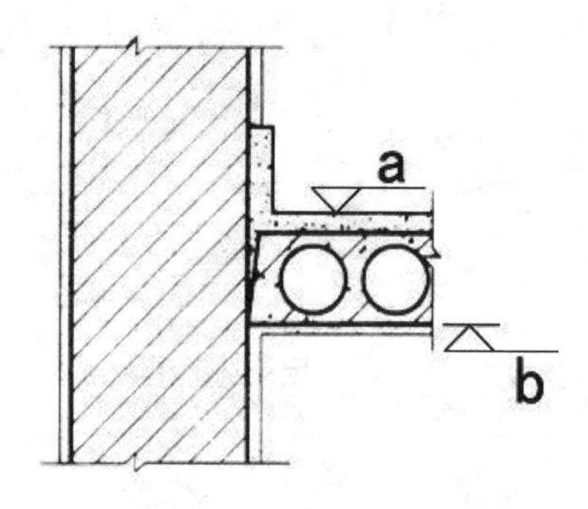

图1-2-55 建筑标高与结构标高

（3）室内设计中对于标高的要求

在室内设计中，标高符号用于平面图，即用来表示楼地面的标高时，标高符号的尖端下不画短线，如图1-2-56（a）所示；用于剖、立面图，即用来表示门、窗、梁的标高时，则应在标高符号的尖端下面画一短线，短线应与标高所指的位置相平齐，如图1-2-56（b）所示。

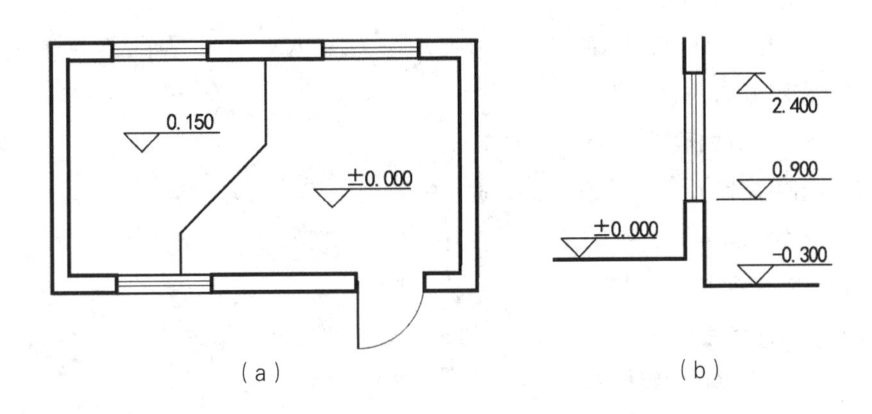

图1-2-56　标高符号在室内设计中的应用

在建筑设计工程图中，常以底层（一层）地面作为零点标高，其上下楼层的标高分别按正、负累计计算。例如，层高为3.6 m的楼房，第二层的楼板表面标高注写3.600，第三层的楼板表面标高注写7.200，第四层的楼板表面标高注写10.800，以此类推。但在室内设计中如果只对某层的某个房间（如四层会议室）进行设计，就产生了如何注写该空间各个标高的问题。按建筑设计的规定，楼地面是10.800，其顶棚的标高就可能是更加复杂的数字，给设计师的图纸绘制和施工人员操作带来麻烦。所以在室内设计中以所设计的空间的楼地面作为零点（±0.000）标高，再以此为基准，注写各处标高。

图幅规格、图线的线型与线宽、字体、比例、尺寸标注及常用符号的用法与绘图规范是本章学习的重点。

（1）图幅的规格、图标的位置

图纸幅面，简称图幅，图幅有5种规格尺寸：A0、A1、A2、A3、A4。每张图纸中必须标有图标，其位置应布置在图框内的右下角。

（2）图线线型、线宽的要求

建筑和装饰制图中规定，不同的线型、线宽用来绘制不同的内容。常用的线型有实线、虚线、点画线等，线宽通常分为粗（b）、中（1/2 b）、细（1/4 b）3种。

（3）字体的组成及要求

工程图中的文字通常包括汉字、数字、字母。汉字宜采用长仿宋体字型书写，其宽高比宜为0.7。数字和字母有正体和斜体两种，其字高与字宽也有相应的比例要求。

（4）比例的定义及规定

比例为图形与实物相对应的线性尺寸之比，有常用比例与可用比例，应优先选择常用比例。原则上不建议采用不在常用比例与可用比例范围内的比例。

（5）尺寸标注的组成及要求

图样中的尺寸由尺寸界线、尺寸线、尺寸起止符号和尺寸数字4部分组成，所标注的尺寸必须完整、清楚、准确。

（6）常用符号的用法与绘图规范

引出线、索引符号、详图符号、剖切符号、立面内视符号、定位轴线等的用法与绘图规范。

思考题

1. 图幅有哪几种规格尺寸？
2. 线型的规格有哪些？各有什么用途？
3. 图样的尺寸由哪几部分组成？标注时应注意哪些内容？
4. 图样中的常用符号有哪些？各有什么用途？绘制时有哪些要求？

2 图样的形成与表达

教学导引

教学目标

本章为绘制工程图样的理论基础。通过课程教学，使学生了解投影的形成和规律、投影的分类及应用；掌握点、线、面正投影的基本规律；了解三面投影体系的建立；学习基本几何体的投影特征及画法，初步建立空间思维概念。

教学手段

借助立体模型以及图例分析的方式，帮助学生理解投影的形成和规律，培养空间想象能力。

教学重点

平行投影的特点和规律、三视图的对等关系和空间关系，以及三视图的绘图方法和其他图样的画法。

能力培养

1. 能根据组合体的投影想象出立体形状。
2. 能熟练识读并绘制建筑构配件的投影图。
3. 能够正确、完整地阅读组合体投影图样，并掌握其视图的画法。

学习建议

1. 从认真观察模型入手，建立基本体、组合体的概念。
2. 以基本体、组合体的投影为基础，逐步熟练掌握相关知识。
3. 将工程和日常生活中接触的物体的投影与本章内容结合起来进行学习，加深理解记忆。
4. 观察建筑物的构配件，练习绘制其投影图。

2.1 正投影法基础

通常人们所见的图纸多为立体图，但这种图不能把空间物体的真实形状和大小准确地表达出来，不能全面表达设计内容，也无法满足工程设计及施工要求。因此，工程设计图纸所通用的绘制方法是使用正投影原理的画法（图2–1–1）。通过几个不同方向的正投影图可以准确、完整地反映该空间物体的真实形状和大小。

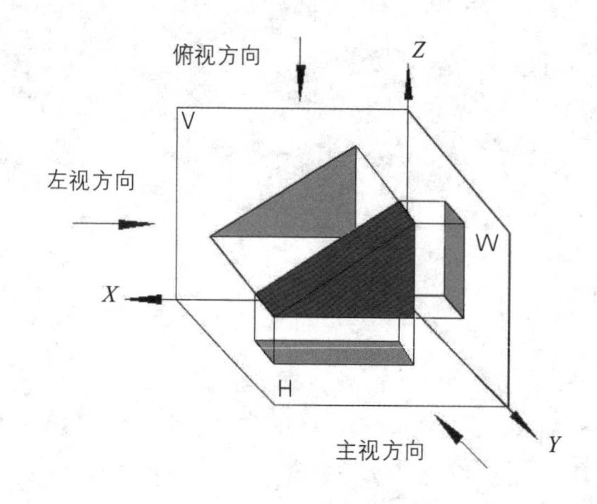

图2–1–1 正投影原理

2.1.1 投影的概念

为了利用平面的形式来表示空间形体，人们从日常生活中所见的现象——光线照射到物体会在墙面或地面上产生影子；当光线照射的角度或距离改变时，其影子的位置、形状也会随之变化——总结出了一些规律，形成了几何投影法的概念，并以此作为制图的理论依据。

物体在光线的照射下所得到的影子是一片黑影，只能反映物体底部的轮廓，而上部的轮廓则被黑影所代替，不能表达物体的真面目（图2–1–2（a））。人们对这种自然现象做出科学的总结与抽象：假设光线能透过物体而将物体上的各个点和线都在承接影子的平面上投落下它们的影子，从而使这些点、线的影子组成能反映物体的图形（图2–1–2（b）），并把这样形成的图形称为投影图。通常也可将投影图称为投影，将能够产生光线的光源称为投影中心，而将光线称为投影线，将承接影子的平面称为投影面。

由此可知，要产生投影必须具备三个条件：投影线、物体、投影面，这三个条件又被称为投影的三要素。

工程图样就是按照投影原理和投影作图的基本规则而形成的。

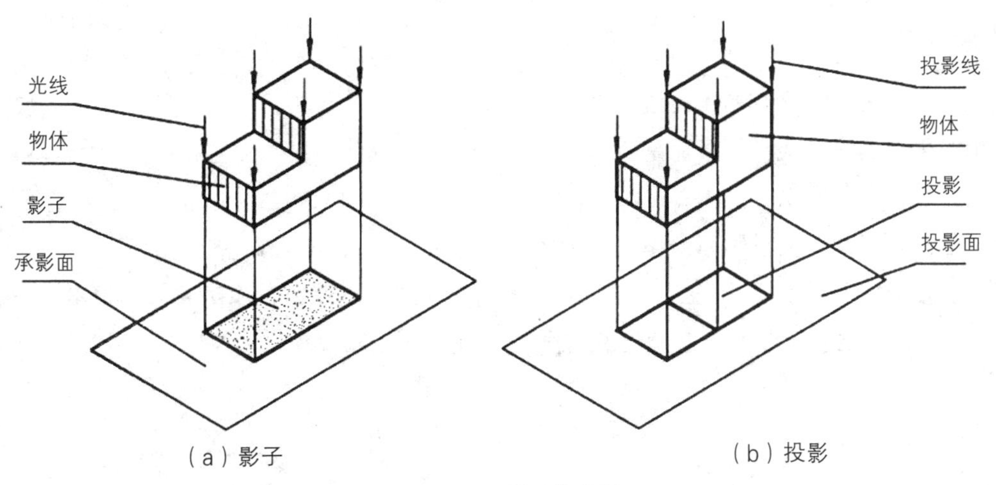

(a)影子　　(b)投影

图2-1-2　影子与投影

2.1.2　投影的分类

根据投影线平行与否，可将投影分为中心投影和平行投影两大类。

2.1.2.1　中心投影

中心投影是指由一点发射出的投射线所产生的投影（图2-1-3）。

用中心投影法绘制物体的投影图称为透视图，此法所作的图直观性很强、形象逼真，常用作建筑与室内设计方案图和效果图（图2-1-4），但绘制比较烦琐，而且建筑物、室内家具的真实形状和大小不能直接在图中度量，不能作为施工图使用。

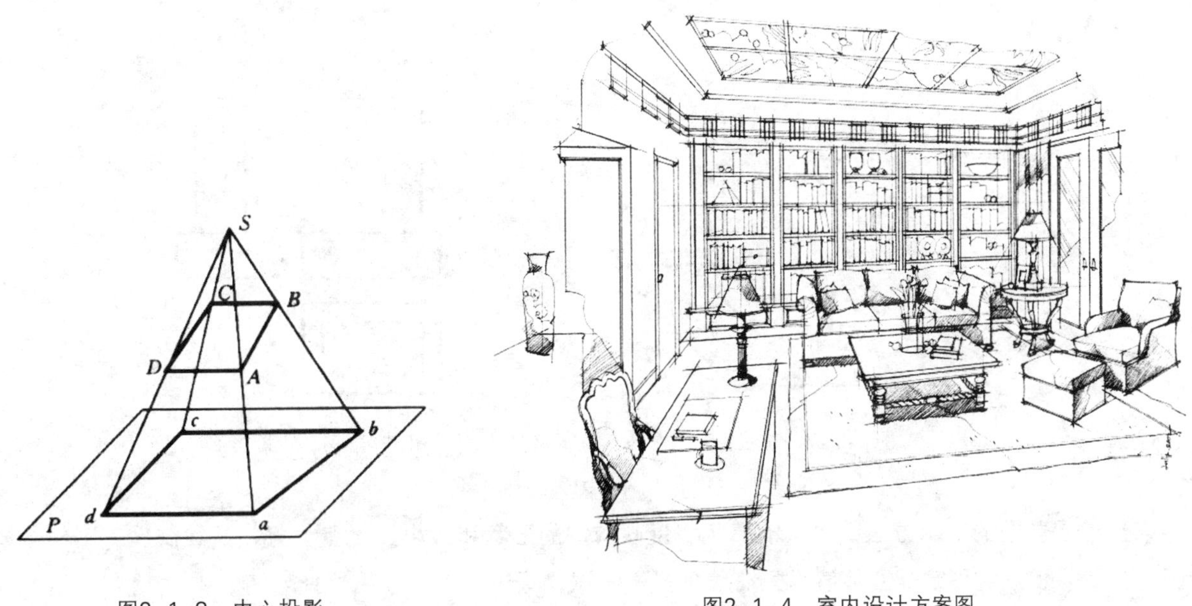

图2-1-3　中心投影　　图2-1-4　室内设计方案图

2.1.2.2 平行投影

平行投影是指由相互平行的投射线所产生的投影。

根据相互平行的投射线与投影面是否垂直，平行投影又分为斜投影和正投影。

（1）斜投影

斜投影是指投影线斜交投影面所作出的物体的平行投影（图2-1-5）。

用斜投影法可绘制轴测图（图2-1-6），投影图有一定的立体感，作图简单，但不能准确地反映物体的形状，视觉上会出现变形和失真，只能作为工程的辅助图样。

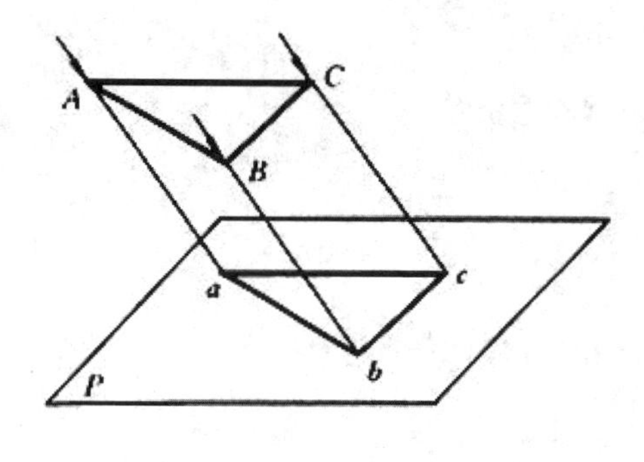

图2-1-5　斜投影

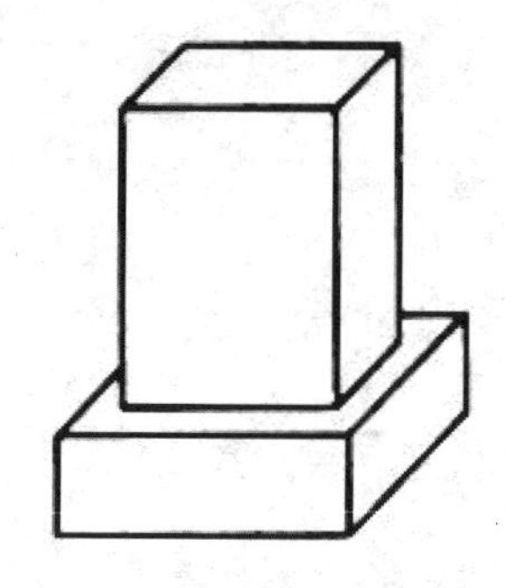

图2-1-6　轴测图

（2）正投影

正投影是指投影线与投影面垂直所作出的平行投影（图2-1-7）。

正投影法是在三个互相垂直相交，并平行于物体主要侧面的投影上作出物体的多面正投影图，按一定规则展平在一个平面上（图2-1-8），用以确定物体。

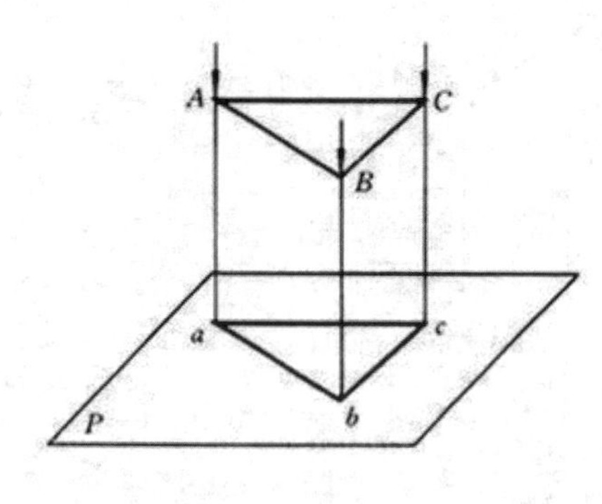

图2-1-7　正投影

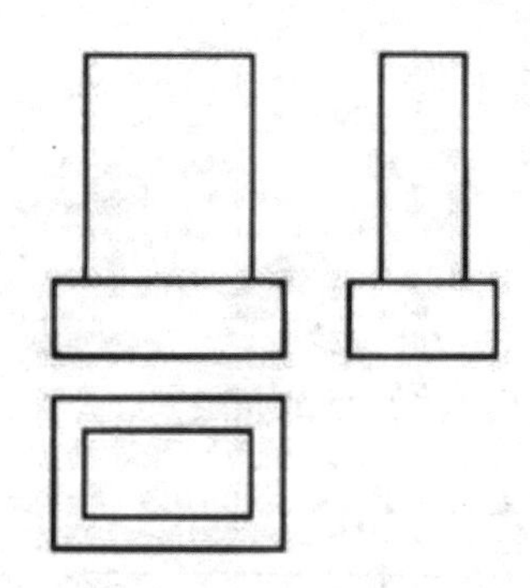

图2-1-8　正投影图

这种投影图的图示方法简单，能真实地反映物体的形状和大小，度量性好，是绘制施工图的主要图示方法。但这种图缺乏立体感，只有熟悉投影知识，经过一定的训练才能看懂。

2.1.3 正投影的特性

如前所述，当投影线相互平行并垂直于投影面时，此投影称为正投影。通过几个方向的正投影图，能够准确地表现空间物体的真实形状和大小。图2-1-9和图2-1-10为一般工程图纸，都是按照正投影的概念来绘制的，即假设投影线相互平行，且垂直于投影面。同时，为了把空间物体各面和内部形状变化都能反映在投影图中，还假设投射线是可以透过空间物体的。

利用正投影的方法可以绘制建筑的平面图、立面图、剖面图，室内设计的平面图、天花图、立面图，家具的三视图等。

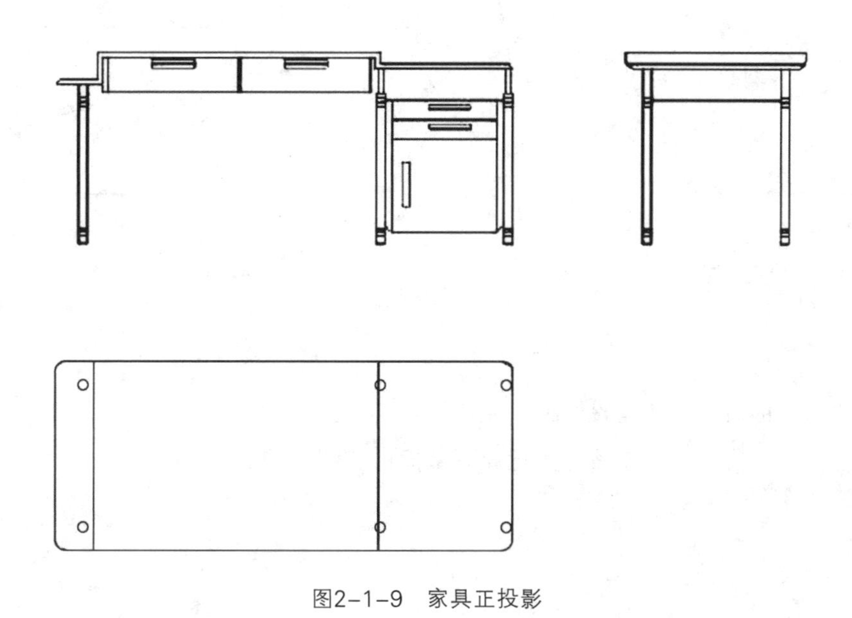

图2-1-9　家具正投影

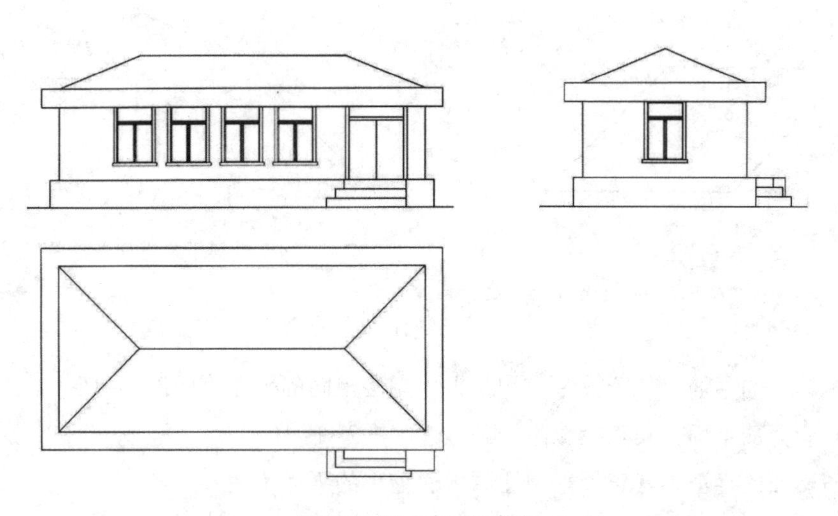

图2-1-10　房屋正投影

2.1.3.1 基本规律

室内物体是由点、线、面等基本元素构成的，了解点、线、面的正投影基本规律，有助于正确表达不同类型空间物体的正投影。

① 点的正投影仍然是点（图2-1-11）。

② 平行于投影面的直线，其正投影为直线，且与原直线平行等长（图2-1-12）。

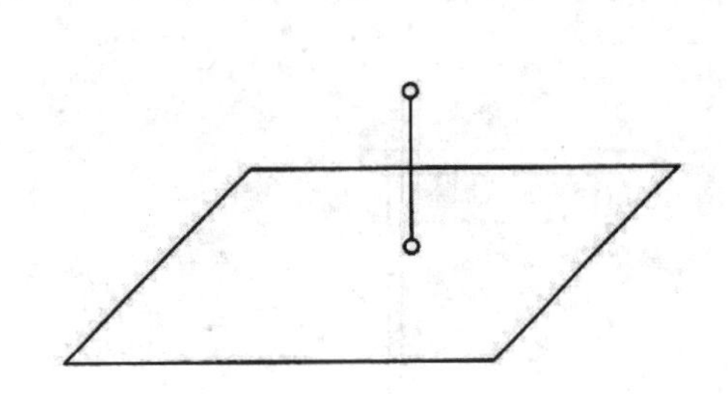

图2-1-11 点的正投影

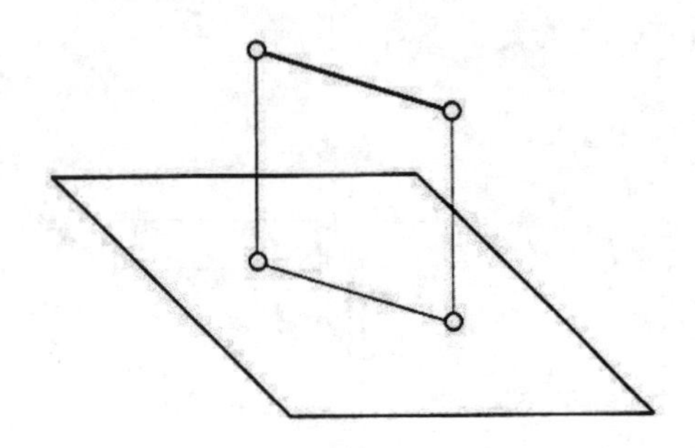

图2-1-12 平行于投影面的线的正投影

③ 垂直于投影面的直线，其正投影为一点（图2-1-13）。

④ 倾斜于投影面的直线，其正投影为比原长缩短的直线（图2-1-14）。

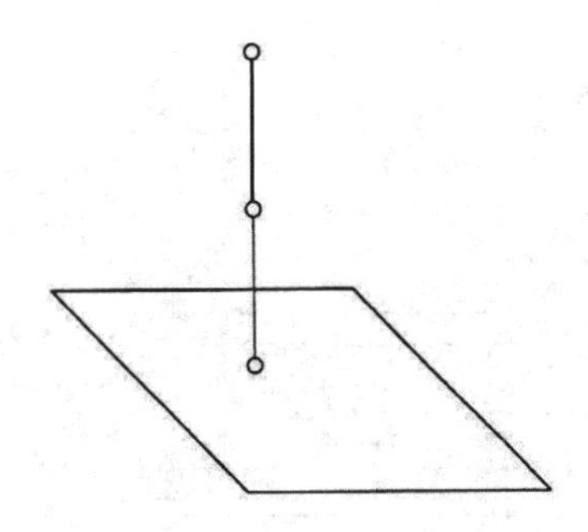

图2-1-13 垂直于投影面的线的正投影

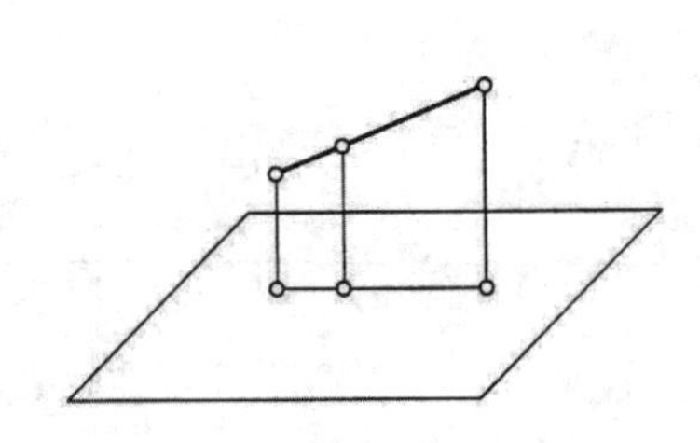

图2-1-14 倾斜于投影面的线的正投影

⑤ 平行于投影面的平面，其正投影为和原平面完全相同的平面（图2-1-15）。

⑥ 垂直于投影面的平面，其正投影为一条直线（图2-1-16）。

⑦ 倾斜于投影面的平面，其正投影为比原平面缩小的平面（图2-1-17）。

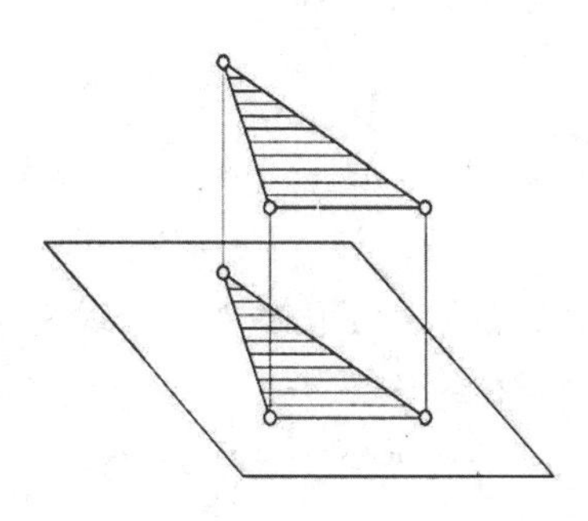

图2-1-15 平行于投影面的平面的正投影

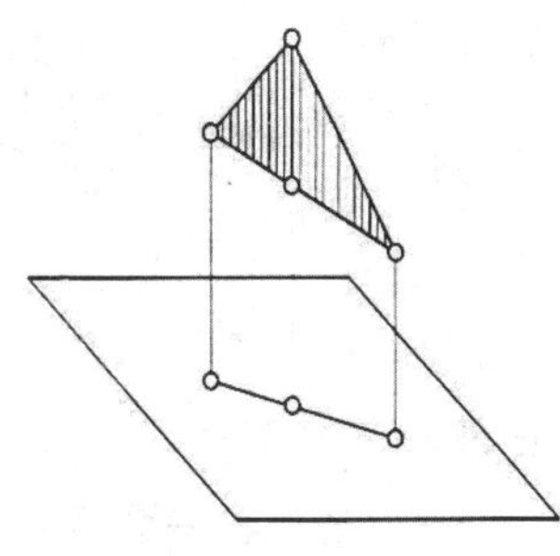

图2-1-16 垂直于投影面的平面的正投影

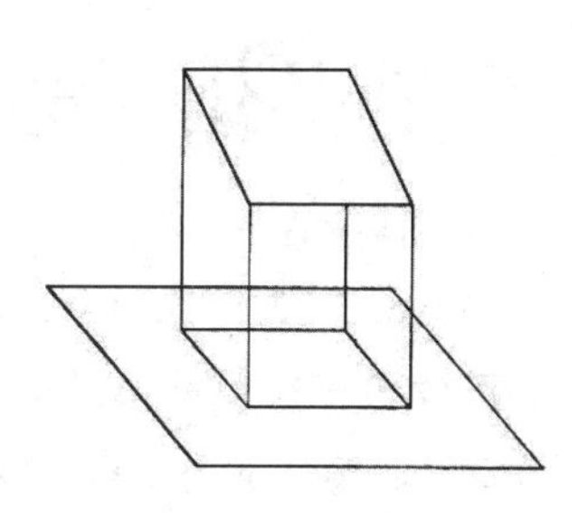

图2-1-17 倾斜于投影面的平面的正投影

2.1.3.2 投影特征

（1）实形性

当物体上的平面图形（或棱线）与投影面平行时，其投影反映实形（或实长），如图2-1-18（a）所示。

（2）积聚性

当物体上的平面图形（或棱线）与投影面垂直时，其投影积聚为一条直线（或一个点），如图2-1-18（b）所示。

（3）类似性

当物体上的平面图形（或棱线）与投影面倾斜时，其投影与原形状类似，即凹凸性、直曲性和边数类似，但平面图形变小了，线段变短了，如图2-1-18（c）所示。

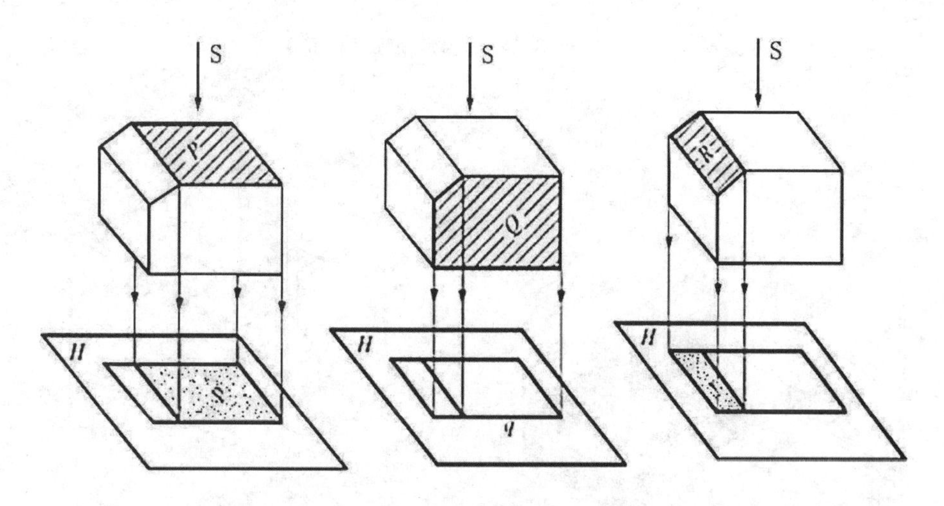

（a）实形性（P面//H面） （b）积聚性（Q面⊥H面） （c）类似性（R面∠H面）

图2-1-18 正投影特性

2.2 三视图的投影规律及画法

工程设计制图主要是将立体空间及其附属实物的形状和尺寸准确地以平面的形式表现在图纸上。一个方向的正投影图只能反映出物体一部分的真实形状和尺寸，不同形状物体的两个视图或某一视图可能会相同，如图2-2-1、图2-2-2所示，可见，一个视图不能准确地表达物体的形状。因此，为表现出物体的全部形状，假想把物体放入一个相互垂直的透明箱内（该物体的主要平面平行于投影面），从三个相互垂直的投影面上得到的物体的三个方向的正投影图，就能反映该物体的全部形状和大小（图2-2-3）。分别在三个相互垂直的投影面上所绘出的该物体的三个正投影图，称为三视图。

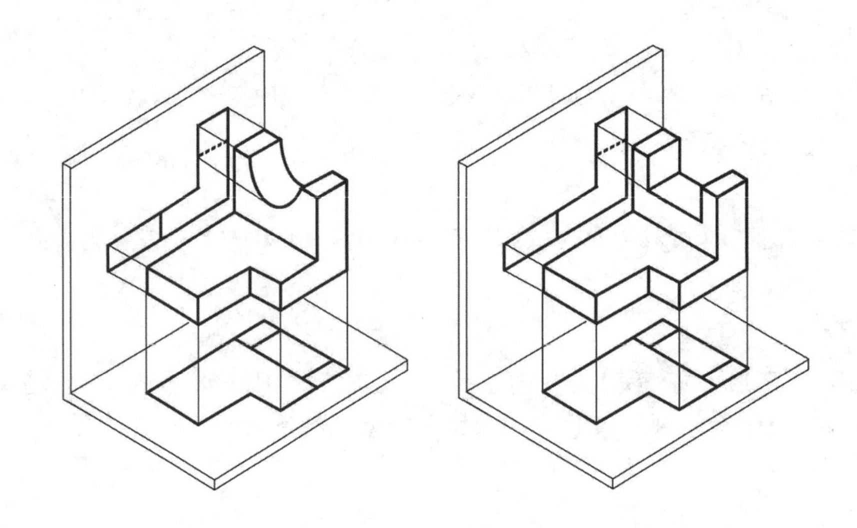

图2-2-1　不同物体的两个视图相同

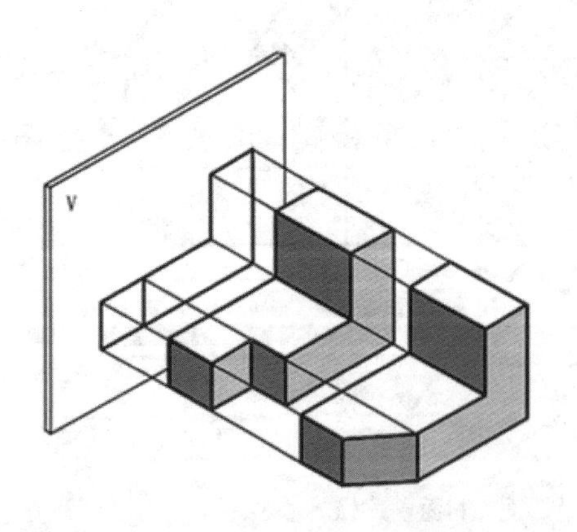

图2-2-2　不同物体的一个视图相同

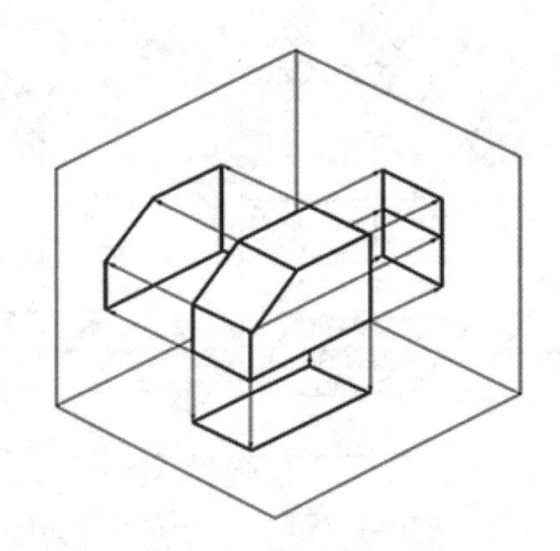

图2-2-3　物体的三视图

2.2.1 三视图的形成

为了唯一确定物体的形状和大小必须采用多面投影，通常由互相垂直的三个投影面组成。

在三投影面体系里，将物体分别向三个投影面进行投影，得到三个视图。每个视图表示物体的一个方面，几个视图配合起来就能全面、准确地表达物体的形状。

将物体放入由V、H、W面组成的投影体系中，用正投影的方法分别得到物体的三个投影，在V面上的投影称为主视图，在H面上的投影称为俯视图，在W面上的投影称为左视图。

空间物体，保持V面不动，将H面绕X轴向下旋转90°，将W面绕Z轴向后旋转90°，和V面展平到一个平面内。

通常不画投影面和投影轴，根据图纸的大小调整三个视图的相对位置，即得到物体的三视图，如图2-2-4所示。

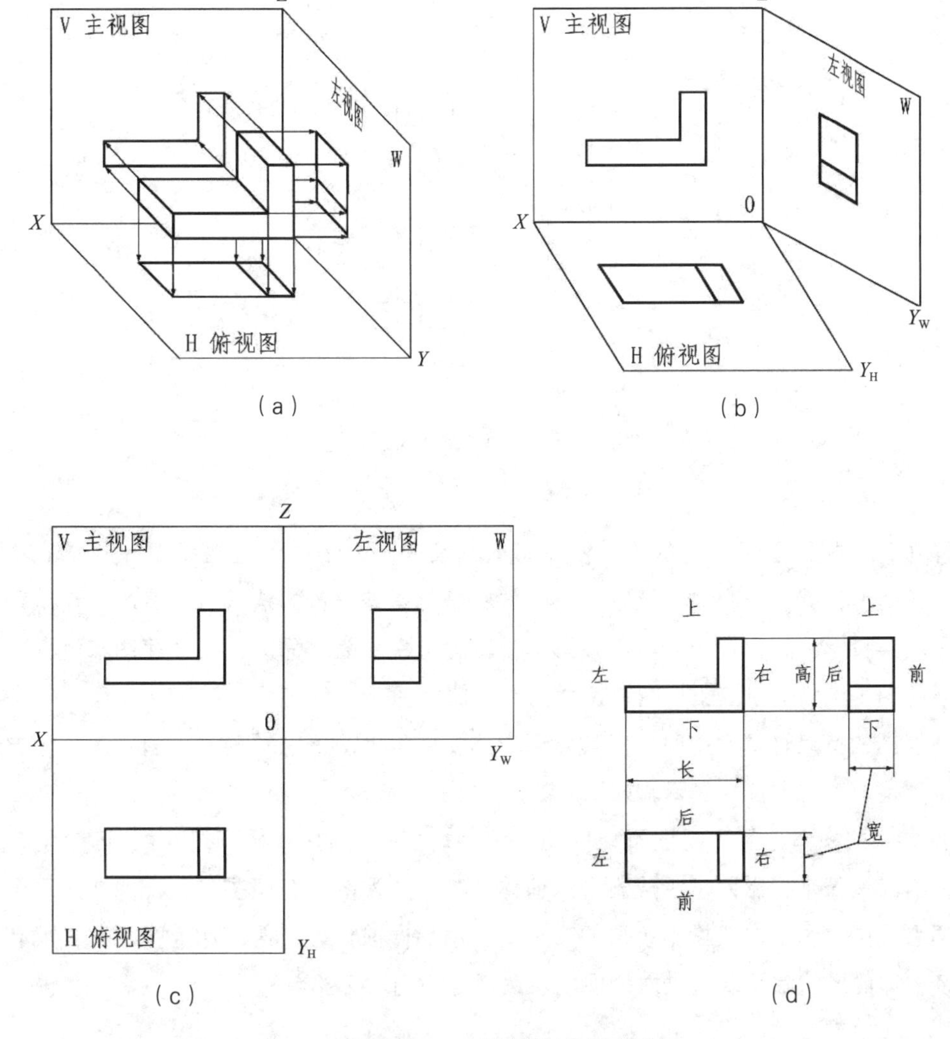

图2-2-4 三视图的形成过程

2.2.2　三视图的投影规律

因为主视图反映了物体长度方向（X方向）和高度方向（Z方向）的尺寸，俯视图反映了宽度方向（Y方向）和长度方向的尺寸，左视图反映了高度方向和宽度方向的尺寸，如图2-2-4（c）所示，所以三个视图存在如下规律。

主、俯视图长度相等——长对正；

主、左视图高度相等——高平齐；

俯、左视图宽度相等——宽相等。

“长对正、高平齐、宽相等”反映了三个视图的内在联系。不仅物体的总体尺寸要符合上述规律，物体上的每一个形体、平面、直线、点都遵从上述规律，如图2-2-5所示。

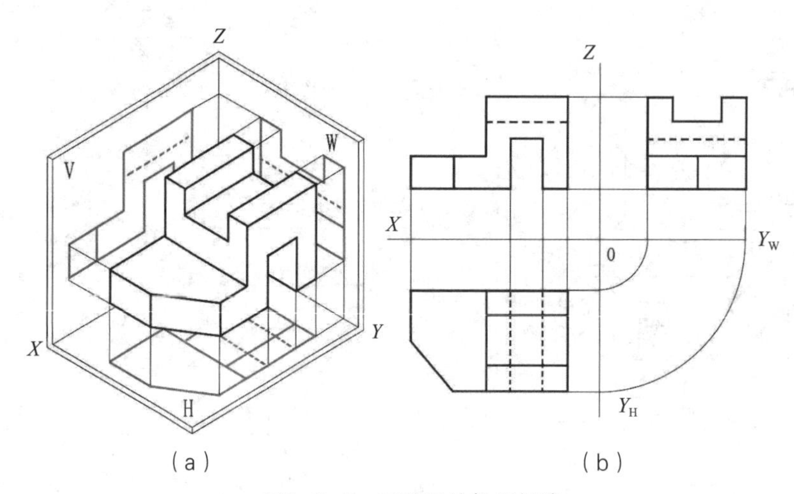

图2-2-5　三视图的投影规律

用三视图（三个相互垂直方向的正投影图）共同反映一个物体，是工程设计制图的基本表现方法。建筑设计、室内设计、景观设计及家具设计的图纸都是按照该方法进行表达的。在工程设计制图中，把相当于水平投影、正面投影和侧面投影的视图，分别称为平面图、正立面图和侧立面图，即平面图对应水平视图，正立面对应正视图，侧立面对应侧视图。

在运用三视图的特点具体作图时，应注意到空间物体的上、下、左、右、前、后六个方位在视图上的表示，特别是前、后方位的表示，如图2-2-4（d）所示。

对于比较复杂的物体，用三视图不能完整、清楚地表达它们的内外形状时，可在原有三个投影面的基础上，再增设三个投影面，组成一个六面体。除了主视图、俯视图、左视图外，再增加由右向左投影所得的右视图、由下向上投影所得的顶视图、由后向前投影所得的后视图，这样就有了六个视图。任何复杂物体的形状都可以通过六个视图表达清楚（图2-2-6）。

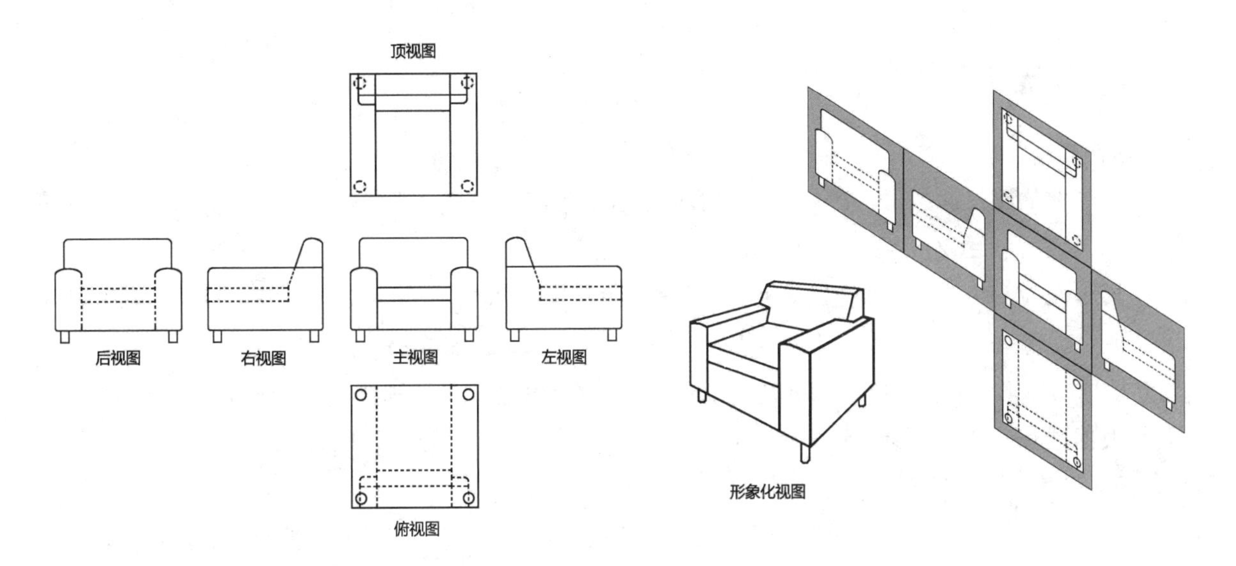

图2-2-6 复杂物体的六视图

2.2.3 三视图中图线的含义

（1）轮廓线

表示物体上投影有积聚性的平面；两个面（平面或曲面）的交线；曲面的转向轮廓线。

（2）粗实线

用粗实线表示物体的可见轮廓线。

（3）虚线

用虚线表示物体的不可见轮廓线。

（4）细点画线

细点画线主要用来表示回转面的轴线、圆的对称中心线和物体的对称中心线，如图2-2-7所示。

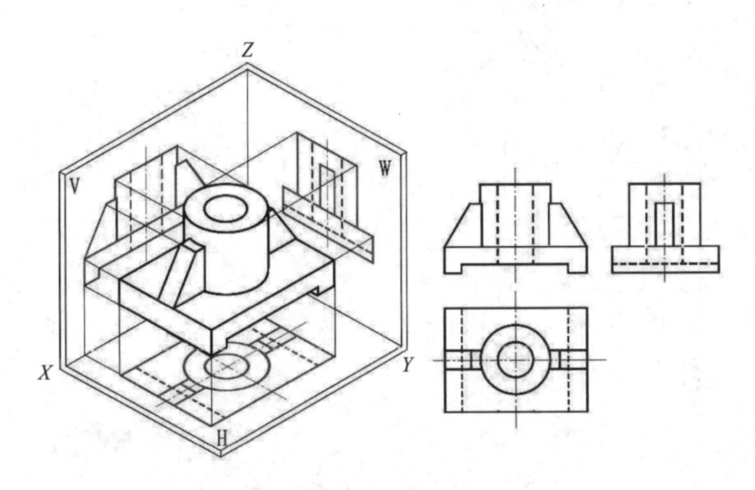

图2-2-7 三视图中图线的含义

2.2.4 三视图的画法

以几何模型为例，介绍其三面投影图的作图方法与步骤：

① 画形体的正投影图时，应尽可能使形体的各表面与投影面平行，使其投影图充分显示物体真实的形状和尺寸，如图2-2-8（a）所示。

② 画出V、W、H三个投影面的基准线，即长、宽、高三个方向，以及45° 斜线，如图2-2-8（b）所示。

③ 根据物体形状具体分析，从最能显示主要特征的投影图开始作图（一般先画正面投影）。

④ 根据“长对正”的原则和形体的宽度，在正面投影的下方画出该形体的水平投影（反映左右两个顶面和凹槽的三个矩形）。

⑤ 根据“高平齐”“宽相等”的原则画出侧面投影。使用丁字尺将V投影和W投影拉平，借助45° 的辅助线保证H投影和W投影的宽度相等，如图2-2-8（c）所示。

⑥ 三面投影图画完后，检查有无错误和缺线，将辅助线擦除，并加深可见投影线，不可见的线画成虚线，如图2-2-8（d）所示。

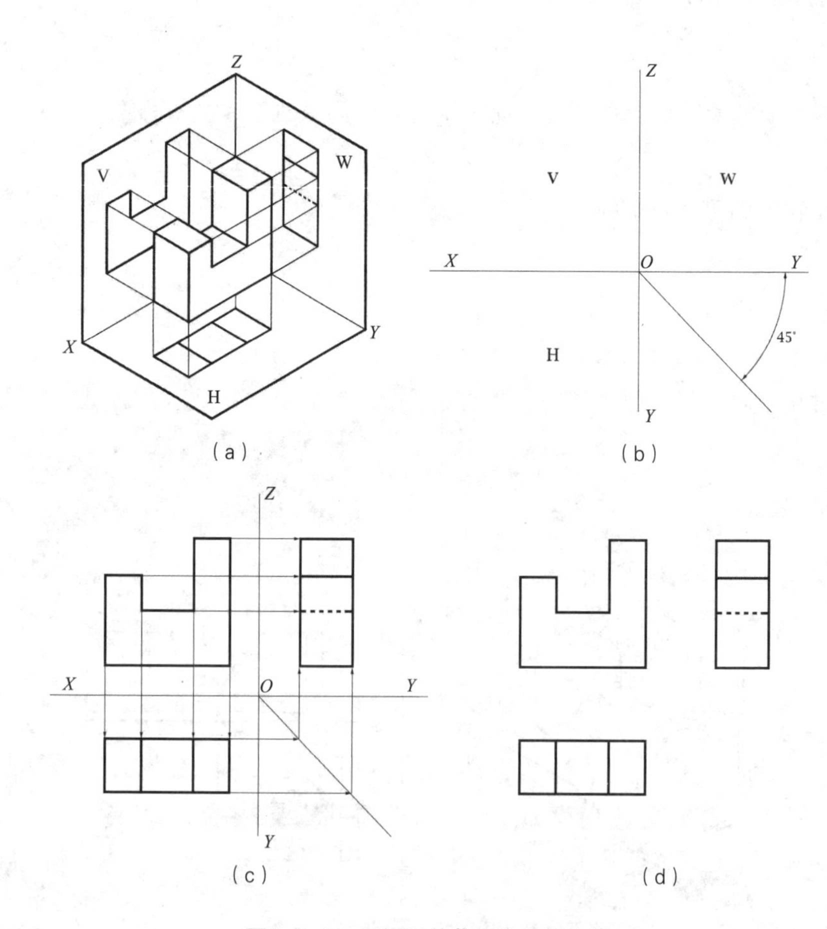

图2-2-8 三视图的作图方法和步骤

2.2.5 三视图的阅读

除了要掌握三视图的绘制方法外，还要掌握三视图的阅读方法。掌握正确的读图方法，可为今后阅读专业图纸打下良好的基础。读图的方法有很多，常用的有形体分析法和线面分析法两种。

2.2.5.1 形体分析法

（1）读图思路和必备的基础知识

形体分析法是读图方法中最基本和最常用的方法。其思路为：先将物体分解为几个简单的基本几何体的组合，然后逐个想象出各基本几何体及部分的形状，再根据它们的相对位置和组合方式综合得出物体的总体形状及结构。

为了能顺利地运用形体分析法读图，必须熟悉一些常见的基本几何体的视图特征，如“矩矩为柱，三三为锥，梯梯为台，三圆为球”。同时为了准确地将组合体分解，还必须牢固掌握“长对正、高平齐、宽相等”的视图投影规律以及各立体间的空间相对位置关系。

（2）读图步骤

应用形体分析法读图，其步骤可概括为“分、找、想、合”四个字。现以图2-2-9所示三视图的识读为例加以说明。

① 分——分解一个视图。

这是用形体分析法读图的第一步，分解对象应是物体三视图中的某一个。该步骤的空间意义是假想将物体分解成几部分。为了使分解过程顺利进行，应从投影重叠较少（即结构特征较明显）的视图着手，图2-2-9（a）中的左视图就是这样的视图，将物体的左视图按线框分解为 a''、b'' 和 c''。注意：此处的分解宜粗糙一些，有关细节（如图中的虚线框 d'' 等）可留待物体的基本结构清楚后再进一步分析。

② 找——找出对应投影。

找对应投影的依据是“长对正、高平齐、宽相等”的投影规律。在图2-2-9（a）中找到 a''、b''、c'' 的对应投影分别为正视图中的 a'、b'、c' 和俯视图中的 a、b、c。

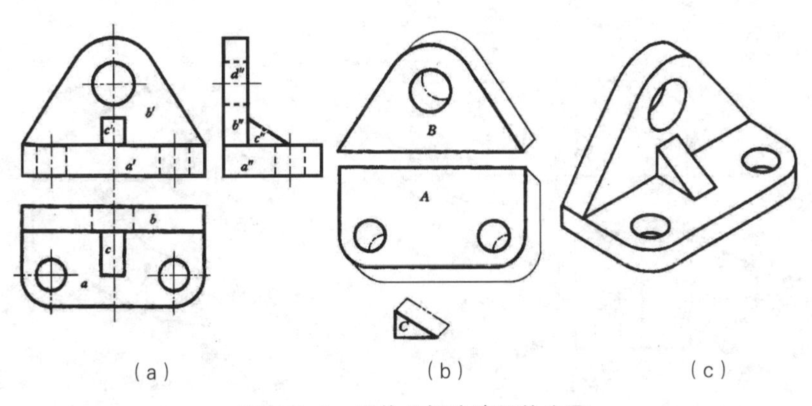

图2-2-9 形体分析法读图的步骤

③ 想——分部分想形状。

“想”的基础是对基本立体投影的熟悉程度。根据已有的 a、a'、a'' 和 b、b'、b'' 以及 c、c'、c''，对照基本立体投影特征中的“矩矩为柱”，可以看出：A——水平放置的带有两个圆角的底板；B——竖直放置的带有一个圆角的三角形板；C——三角形支撑板。

上述三个步骤可重复进行，逐步深入，将物体的各个细节想清楚。该示例进一步分析的各部分形状如图2-2-9（b）所示。

④ 合——合起来想整体。

“合”的过程是一个综合思考的过程。它要求读者熟练掌握视图与物体的位置对应关系。在该示例中，根据左视图可以判定：底板 A 在最下面，B 板在 A 板的后上方，C 板则在 A 板的上方，同时在 B 板的前方。再由正视图补充得到：B 板的下底边与 A 板长度相等，C 板左右居中放置。最后，综合上述，物体的总体形状如图2-2-9（c）所示。

2.2.5.2 线面分析法

（1）有关的基本知识

当物体或物体的某一部分是由基本形体经多次切割而成的，且切割后其形状与基本形体差异较大时（图2-2-10所示物体的左半部分）；或者虽然是基本形体，但由于工作时的需要而偏离了其正常的摆放位置时，用形体分析法读图将非常困难，此时可运用线面分析法。

所谓线面分析法，是指根据直线、平面的投影特性，通过对物体上的某些边线或表面的投影进行分析而进行读图的一种方法。与形体分析法比较后可以发现，形体分析法是以基本形体为读图单元，而线面分析法则是将几何元素中的直线和平面（尤其是平面）作为读图单元。

（2）读图步骤

应用线面分析法读图的步骤也可归纳为“分、找、想、合”四个字，其具体解释如下。

① 分——分线框。

物体视图中的每个线框通常都代表了物体的一个表面，因此读图时，应对视图上所有的线框进行分析，不得遗漏。为了避免漏读某些线框，通常应从线框最多的视图入手，进行线框的划分。如图2-2-10所示的物体，可将它的左视图分为 a''、b''、c''、d'' 四个线框（线框 e'' 可由后面的步骤分析得到）。

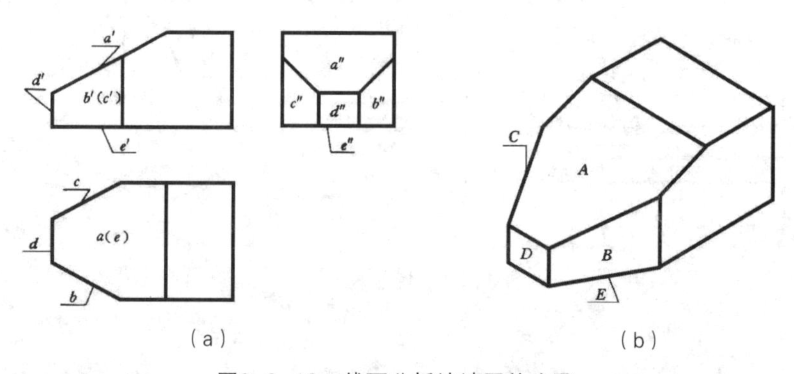

图2-2-10　线面分析法读图的步骤

② 找——找对应投影。

根据前面所讲平面的投影特性可知，除非积聚，否则平面各投影均为“类似形”；反之可得到下述规律：“无类似形，则必定积聚”。由此再加上投影规律，可方便地找到各线框所对应的另外两面投影。如图2-2-10（a）所示，分析得到，a''、b''、c''、d''、e''的对应投影为a'、a；b'、b；c'、c；d'、d和e'、e。

③ 想——想表面形状、位置。

根据各线框的对应投影想象它们各自的形状和位置：A——正垂位置的六边形平面；B、C——铅垂位置的梯形平面，分别位于D的两旁，前后对称；D——侧平位置的矩形平面；E——水平面。

④ 合——合起来想整体。

根据前面的分析综合考虑，想象出物体的真实形状。如图2-2-10（b）所示，该物体是由一个长方体被三个截平面切割所形成的。

2.2.5.3　读图时应注意的问题

（1）一组视图结合看

读图时应充分利用所提供的各个视图，结合起来识读，不能只盯着一个视图看。

如图2-2-11所示为五个基本形体，每个物体均给出两个视图。由图可以看出，前三个物体的正视图均为梯形，但千万不能因此得出结论说它们所表达的是同一个物体。因为结合俯视图读图后可以看出，它们分别表示的是四棱台、截角三棱柱（又称四坡屋面）和圆台。同理，虽然后面三个物体的俯视图相同，但结合正视图读图后可知，第四个物体表达的是被截圆球，而最后一个则是空心圆柱。

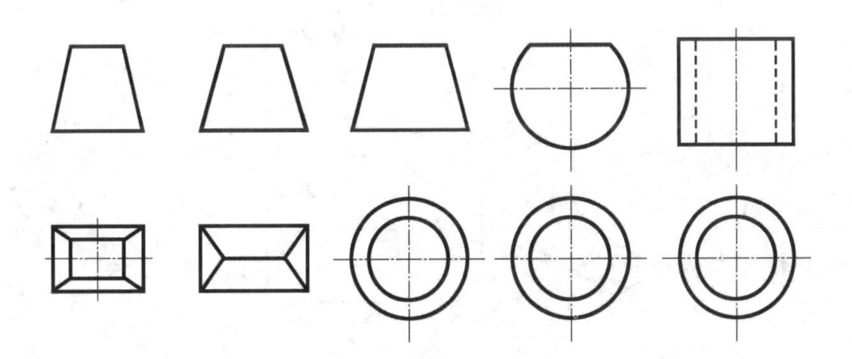

图2-2-11　读图时应该注意的问题之一

（2）特征视图重点看

特征视图重点看，是指在“一组视图结合看”的基础上，对那些能反映物体形状特征或位置特征的视图，要给予更多的关注。如图2-2-12（a）所表达的是一块带有圆角的底板，在它的三个视图中，俯视图反映了板的圆角和圆孔形状；图2–2–12（b）中的左视图清晰地反映了物体的位置特征（前半部分为半个凹圆槽，后半部分为半个凸圆柱），因此，读图时这两个视图应作为重点。

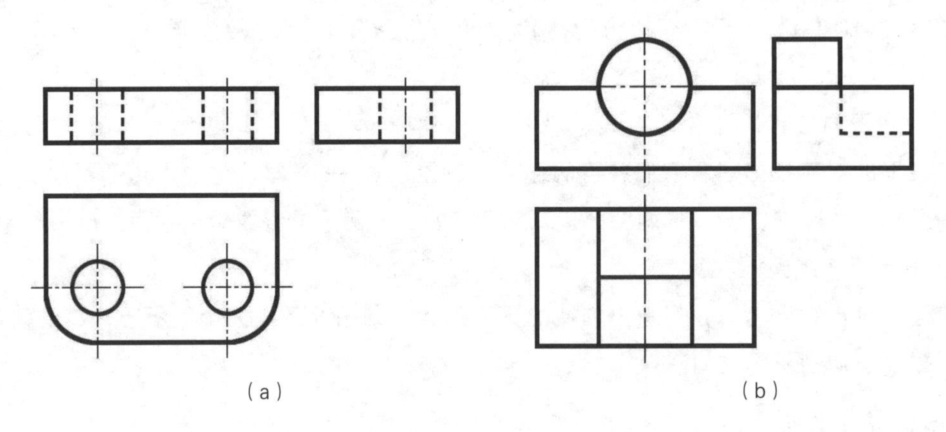

图2–2–12　读图时应该注意的问题之二

（3）虚线、实线要分清

在物体的视图中，虚线和实线所表示的含义完全不同（虚线表示的是物体上的不可见部分，如孔、洞、槽）。对虚线、实线进行对比和分析，能帮助读者更好地读图。如图2–2–13所示的两个物体，它们的三视图很相似，唯一的区别就是正视图中的虚线和实线。正是这一微小的差别，决定了两个物体完全不同的结构。因此，在读图过程中，要特别重视虚线、实线的分析。

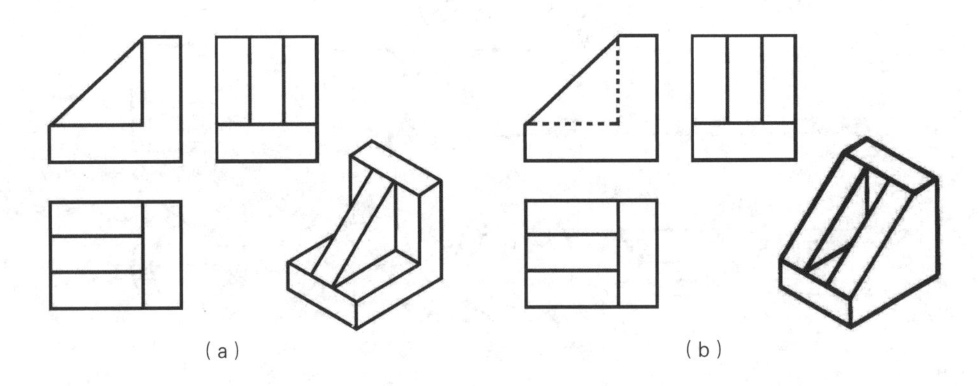

图2–2–13　读图时应该注意的问题之三

（4）选取合适的读图方法

由于组合体组合方式的复杂性，在实际读图时，有时很难确定某一组合体所属的类型，自然也就无法确定它的读图方法。因此，读图方法的选取，也是读图时应重点注意的问题。通常，对于那些综合型的组合体，可采用“以形体分析法为主，线面分析法为辅”的方法。

2.3 其他图样分类及画法

2.3.1 剖面图

当视图所表示的物体内部结构较复杂时，视图上将会出现许多虚线。这些虚线的出现，不仅影响图面的清晰度，而且还给物体的尺寸标注带来不便，因此，需要借助剖面图来表达。

2.3.1.1 剖面图的形成

剖面图是为了清楚地表达物体内部形状，采用假想剖切面剖开物体，将处在画者和剖切面之间的部分移去，而将其余部分向投影面投影所得的图形。原来不可见的虚线，在剖面图上已变为实线（可见轮廓线）。

为了更好地区分开物体上的实体和空心部分，制图标准规定，应在剖面上画出相应的建筑材料图例，这样不仅使剖面图更加空、实分明，还间接地表示了该物体所用的建筑材料（对于专业制图而言，这是很重要的一点，图2-3-1至图2-3-3）。

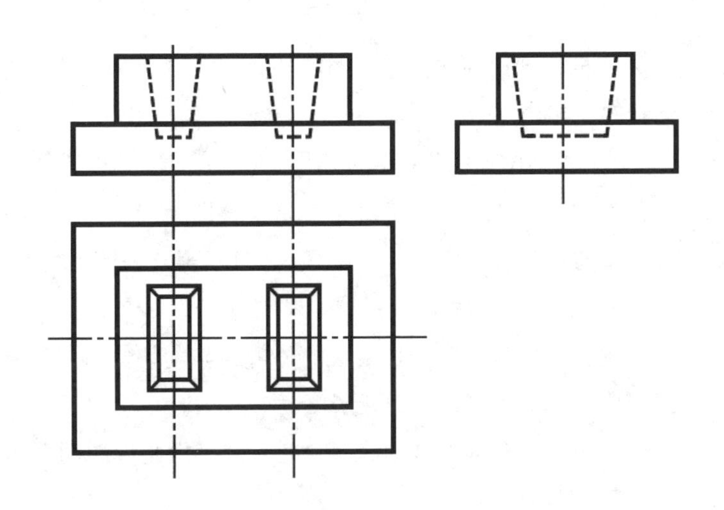

图2-3-1　双柱杯形基础三视图

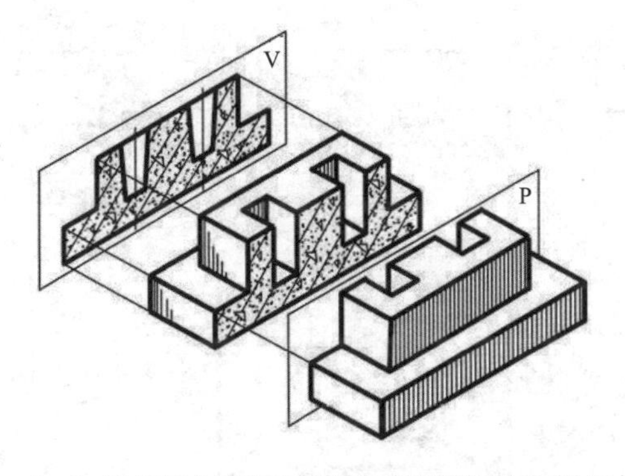

（a）假想用剖切平面P剖开基础并向V面进行投影

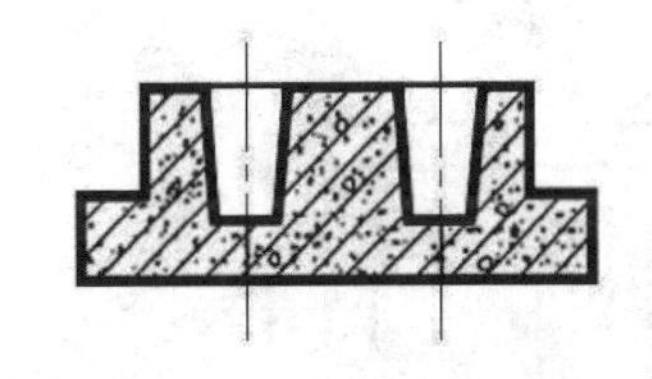

（b）基础的V向剖面图

图2-3-2　V向剖面图的产生

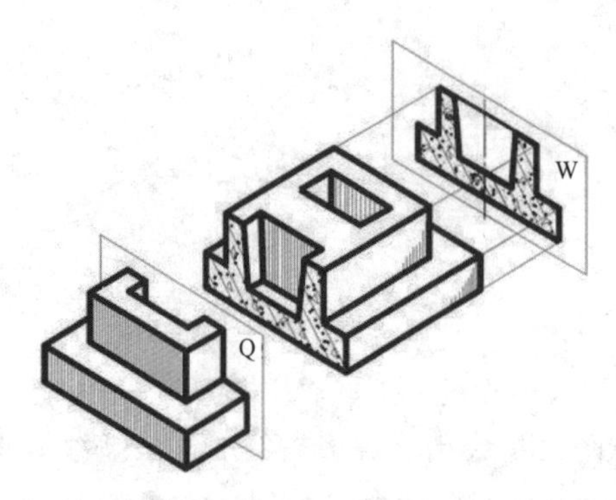

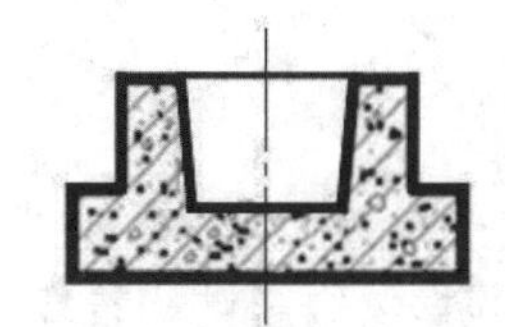

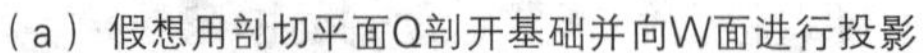
（a）假想用剖切平面Q剖开基础并向W面进行投影　　（b）基础的W向剖面图

图2–3–3　W向剖面图的产生

2.3.1.2　剖面图的有关规定

为了分清剖面图与其他视图间的对应关系，制图标准规定，应对剖面图进行标注。剖面图标注主要有以下3点（图2–3–4）。

（1）剖切位置线的标注

剖切位置线由两段粗实线（其延长线即为剖切平面的积聚投影）组成，用来表示剖切平面所在的位置。该符号每段长度为6～10 mm，且不得与视图上的其他图线相接触。

（2）剖视方向线的标注

剖视方向线位于剖切位置线的外侧且与剖切位置线垂直。它用来表示剖面图的投影方向。剖视方向线仍由粗实线组成，其每段长度为4～6 mm。

剖切位置线和剖视方向线组合在一起，即构成制图标准中所说的剖面剖切符号。

（3）剖面图名称的标注

通常，剖面图的名称可用阿拉伯数字或拉丁字母表示。在标注过程中，它们应成对出现，且应同时标注两处——剖切位置线外侧和剖面图的正下方。

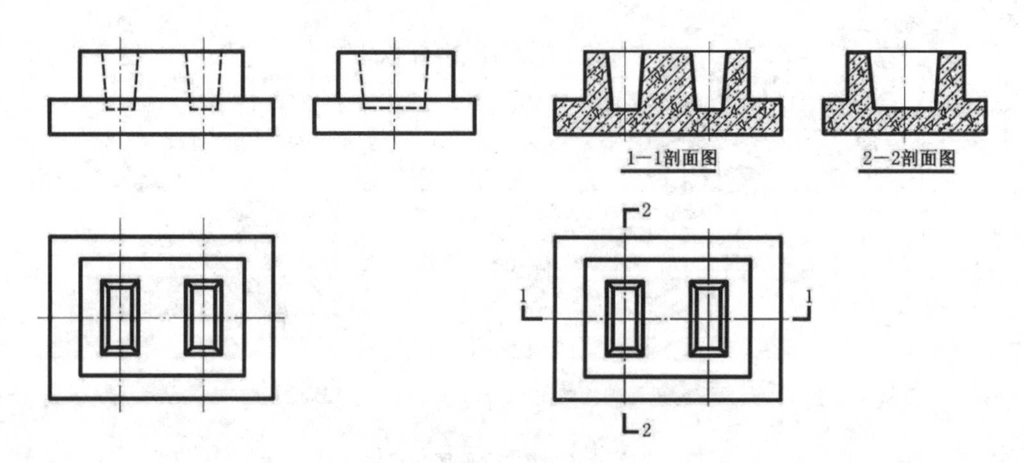

图2–3–4　剖面图标注

2.3.1.3 剖面图的画法

由图2–3–4可知，剖面图的画法应分为以下几步。

（1）确定剖切平面位置

为了更好地反映出物体的内部形状和结构，所取的剖切平面应是投影面的平行面，且应尽可能地通过物体上所有的孔、洞、槽的轴线（图2–3–5）。

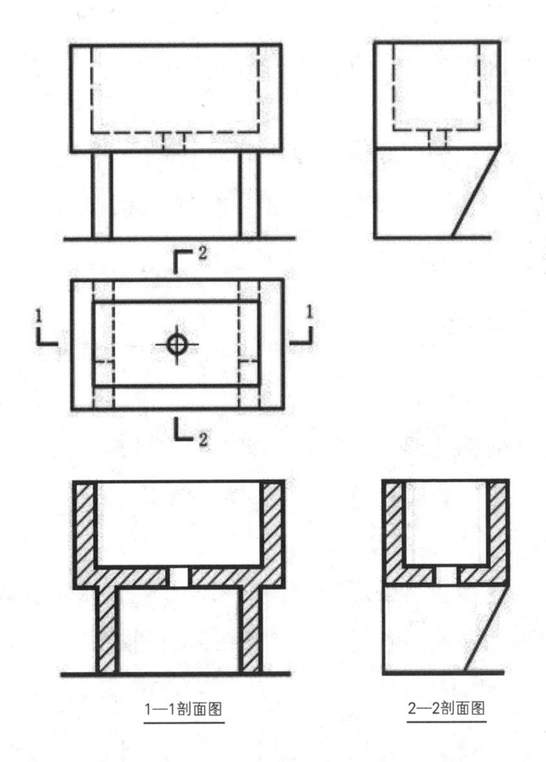

图2–3–5　水池剖面图

（2）画剖面剖切符号

剖切平面位置确定后，应用剖切符号表示，这样做既便于读者读图，同时也为作图者的下一步工作打下了基础。

（3）画剖面图

剖面图中所画的是物体上被截切后所剩余的部分，它包括断面的投影和剩余部分的轮廓线投影两部分内容。

（4）画建筑材料图例

物体的材料图例应画在断面轮廓内，当物体建筑材料不明时，亦可用等距的45° 斜线（类似于砖的材料图例）表示。

（5）标注剖面图名称

若图中同时有几个剖面图需要标注时，应采用不同的数字或字母，按照顺序依次标注。如图2-3-5中的“1—1”和“2—2”，按照制图标准规定在剖面图名称的正下方还应画上一条粗实线，长度与名称相等。

2.3.1.4 剖面图注意事项

（1）剖切是假想的

由于剖面图中的剖切是假想的，其物体并非真的被切去，所以画剖面图时，不能影响其他视图的完整性。除剖面图外，其他视图仍应画出它的全部投影（图2-3-5）。

（2）防止漏线

画剖面图时，应仔细分析物体的形状和内部结构的投影特征。被切剖面及其后可见部分的轮廓线都必须画出，不得遗漏。图2-3-6为几种常见孔槽的剖面图画法，图中加“O”的线是初学者容易漏画的部分，希望引起读者重视。

（3）线型

在剖面图中，剖切到的断面轮廓用粗实线绘制；投影部分的轮廓线则用中粗线绘制。

（4）材料图例的画法

画建筑材料图例时，对于砖、钢筋混凝土、金属等图例中的剖面线，应画成与水平线成45° 角的细实线，且同一物体在各个剖面图中的剖面线方向、间距应相同。

（5）剖面图中不画虚线

为了保持图面清晰，通常剖面图中不画虚线。但如果画少量的虚线就能减少视图的数量，且所加虚线对剖面图清晰程度的影响也不大时，虚线也可以画在剖面图中。

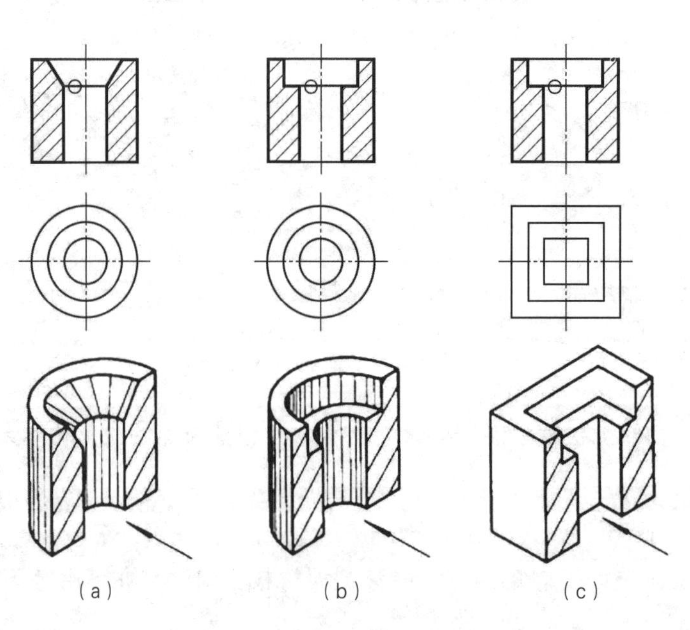

图2-3-6 常见孔洞剖面图的画法

2.3.1.5 剖面图的种类

形体的形状不同，对形体作剖面图时所剖切的位置和作图方法也不同，通常所采用的剖面图有全剖面图、半剖面图、阶梯剖面图、展开剖面图和局部剖面图（分层剖面图）五种。

（1）全剖面图

用单一的剖切平面将物体全部剖开后所得的剖面图，称为全剖面图。全剖面图适用于内部形状较复杂，且图形又不对称的物体；对那些外形较为简单的物体，即使投影图对称，也常用全剖面图表示。如图2-3-7所示，台阶外形简单，且其左视图不对称，故可将它改画成全剖面图。取一侧平面P为剖切平面，因物体上无孔、洞、槽等，所以剖切平面P的位置较为随意（只需在两边墙之间即可）。

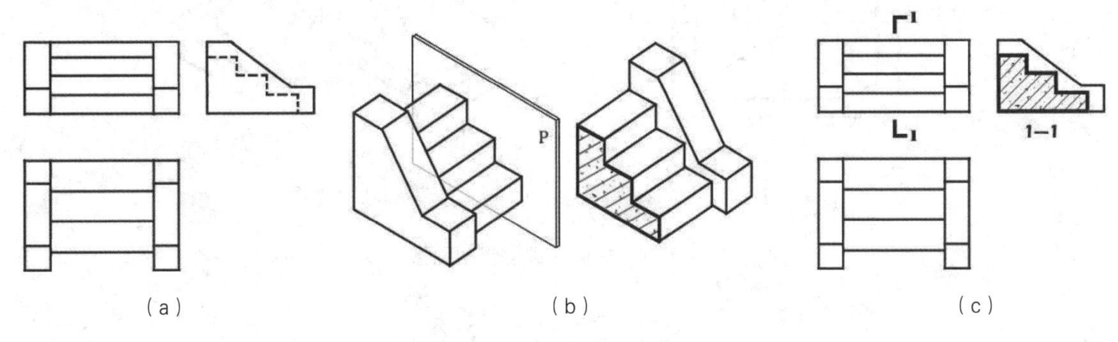

图2-3-7　台阶的全剖面图

（2）半剖面图

当物体具有对称平面时，在垂直于对称平面的投影面上的投影，可以以中心线为界，一半画成剖面，另一半画成视图，这样的组合图形称为半剖面图。

如图2-3-8所示为一个杯形基础的半剖面图。在正面投影和侧面投影中，都采用了半剖面图的画法，以表示基础的内部构造和外部形状。

如图2-3-9（a）所示，投影图上虚线较多，应该考虑使用剖面图表示。利用物体的上下对称性，将物体的俯视图以对称轴线为界，一半画成外形视图（只画可见轮廓线，不画虚线），另一半画成剖面图（用以表达物体的内部构造），如图2-3-9（b）所示的图形。

① 物体必须具有对称平面，且半剖面图须画在与对称平面垂直的投影面上。若物体的形状接近于对称，并且不对称的部分已另有图形表达，通常此时也采用半剖面图。

② 由图2-3-7可见，半剖面图与全剖面图的标注完全相同。注意：习惯上总认为半剖面图中的剖切符号也应该画一半——标注在图的中间，这是错误的。

③ 在半剖面图中，半个剖面图与半个外形视图间应以对称轴线——点画线为界，千万不能画成粗实线。

④ 半剖面图是由半个剖面图和半个外形视图组合而成（图2-3-9）。在半个外形视图上不能出现虚线（其不可见轮廓已由半个剖面表达了）。

⑤ 习惯上可将半个剖面图画在对称轴线的右边或下面（在俯视图上，图2-3-10）。

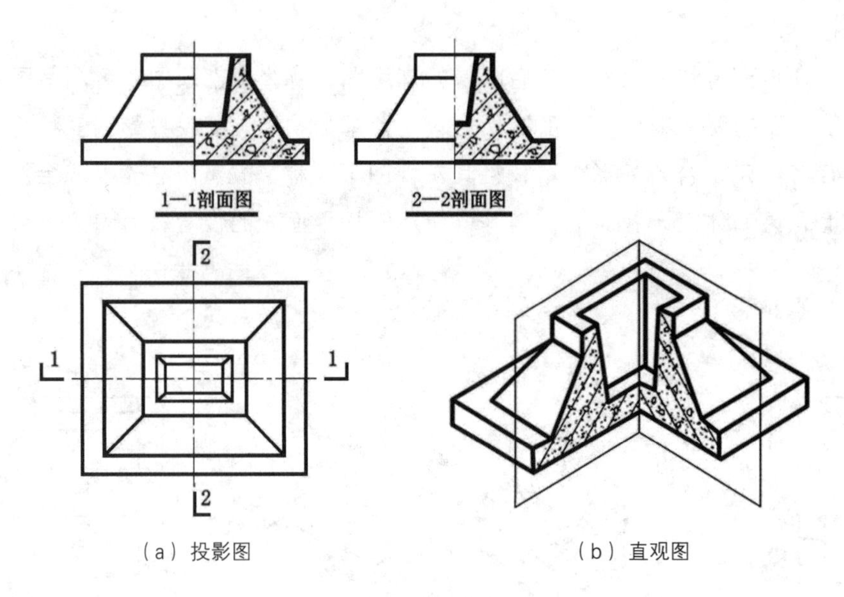

（a）投影图　　（b）直观图

图2-3-8　杯形基础的半剖面图

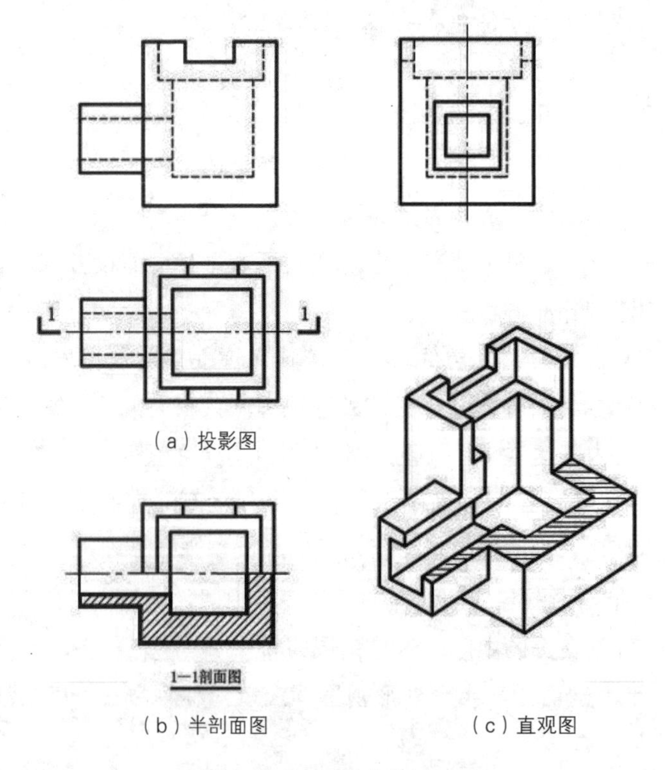

（a）投影图

（b）半剖面图　　（c）直观图

图2-3-9　窨井的半剖面图

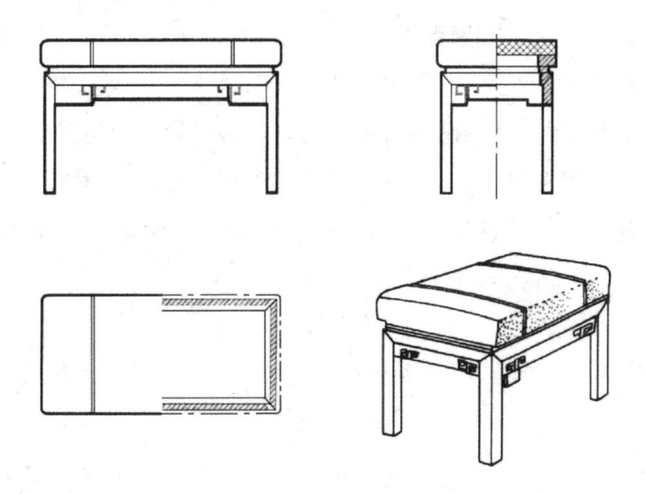

图2-3-10 家具的半剖面图

（3）阶梯剖面图

阶梯剖面图是指用几个互相平行的剖切平面剖开物体所得的剖面图。

如图2-3-11所示，该物体上有两个前后位置不同、形状也不同的孔洞，若仍用全剖面图，则无法找到能同时通过两个孔洞轴线的剖切平面P，为此应采用阶梯剖面图。用两个互相平行的平面P_1和P_2作为剖切平面，P_1、P_2分别过圆柱形孔和方形孔的轴线。P_1和P_2将物体完全剖开，其剩余部分的正面投影就是图2-3-11中所示的“1—1” 阶梯剖面图。

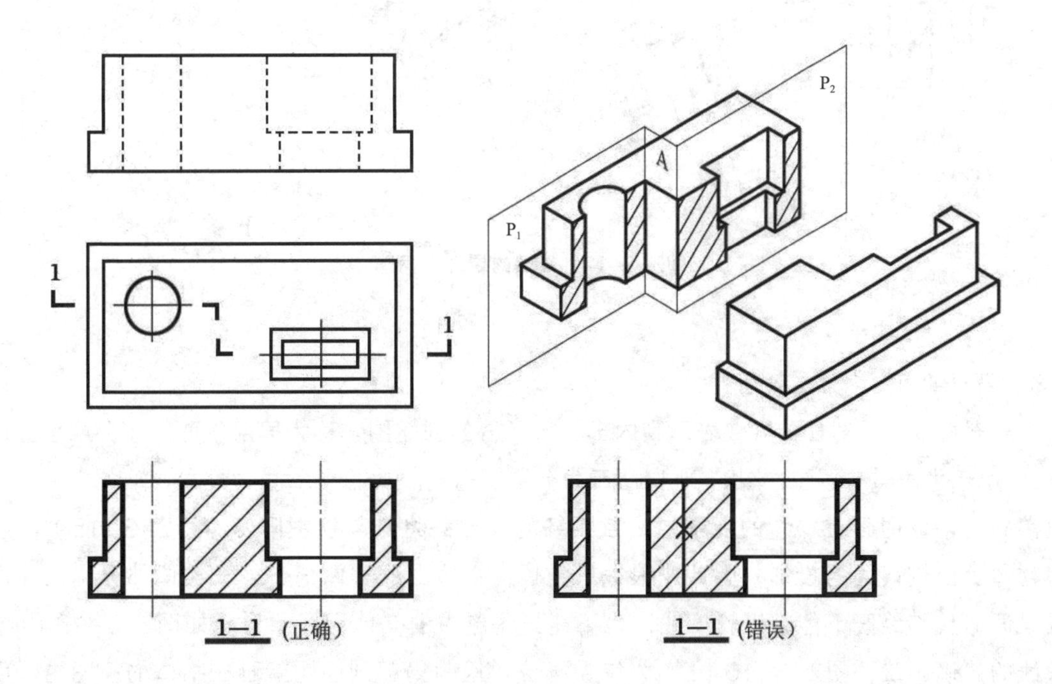

图2-3-11 物体的阶梯剖面图

① 阶梯剖面图的标注与前两种剖面图略有不同。由图2–3–11可知，阶梯剖面图中的剖切位置，除了在其两端标注外，还应在两平面的转折处画出剖切符号。一般情况下，转折处不必标注剖面图名称，但如果转折处的剖切符号易与其他图线混淆，则需在转折处标上相同的数字或字母。

② 为反映物体上各内部结构的实形，阶梯剖面图中的几个剖切平面必须平行于某基本投影面。

③ 由于剖切是假想的，所以两剖切平面转折处的轮廓线（即图中A平面的积聚投影），在剖面图上不能画出（图2–3–11中加“×”的图线）。

（4）展开剖面图

用两个或两个以上相交（不垂直）剖切平面将形体剖切开，所画出的剖面图，称为展开剖面图，如图2–3–12所示。

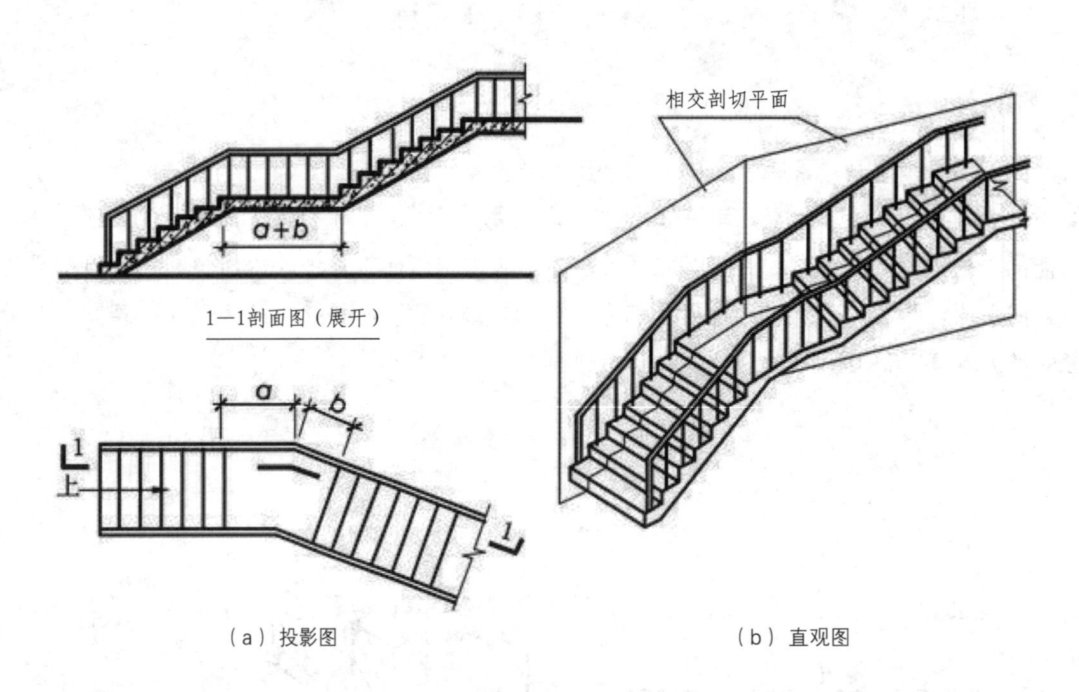

（a）投影图　　（b）直观图

图2–3–12　楼梯的展开剖面图

（5）局部剖面图（分层剖面图）

用局部剖切或分层剖切的方法表示其内部构造所得的剖面图，称为局部剖面图或分层剖面图。如图2–3–13所示为局部剖面图，图2–3–14所示为分层剖面图。

通常局部剖面图画在物体的视图内，且用细的波浪线将其与视图隔开（图2–3–15）。波浪线可视为物体上断裂痕迹的投影，因此波浪线只能画在物体上的实体部分，非实体部分（如孔洞处）不能画；同时波浪线既不能超出轮廓线，也不能与图形中的其他图线重合。如图2–3–16（a）所示为波浪线的正确画法，图2–3–16（b）为错误画法。因为局部剖面图就画在物体的视图内，所以它通常无需标注。

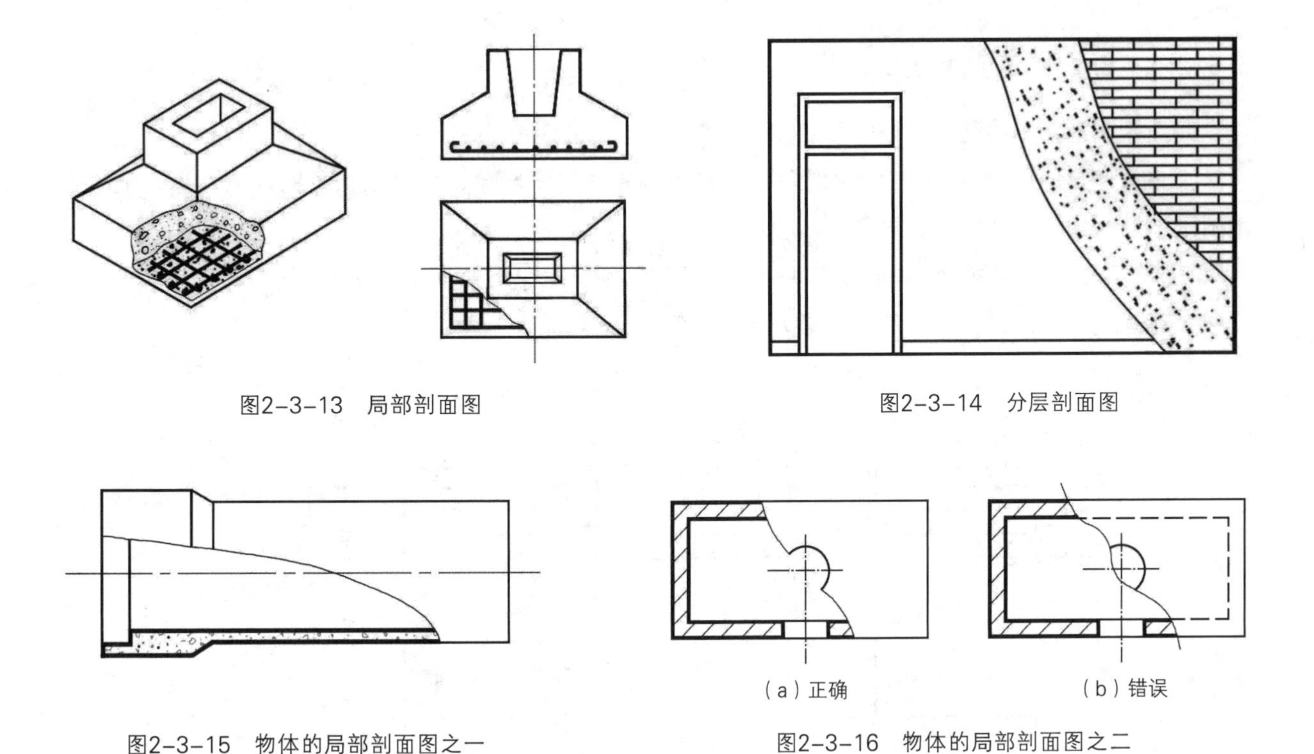

图2-3-13　局部剖面图

图2-3-14　分层剖面图

图2-3-15　物体的局部剖面图之一

图2-3-16　物体的局部剖面图之二

2.3.2　断面图

对于某些单一的杆件或需要表示某一部位的截面形状时，可以只画出形体与剖切平面相交的那部分图形，即假想用剖切平面将物体剖切后，仅画出断面的投影图称为断面图，简称断面。如图2-3-17（b）所示为带牛腿的工字形柱子的“1—1”“2—2”断面图。

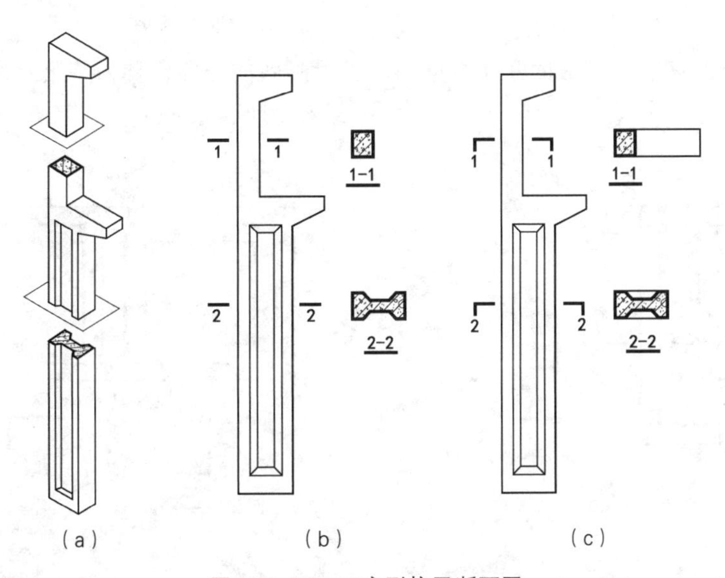

图2-3-17　工字形柱子断面图

2.3.2.1 断面图与剖面图的区别

断面图和剖面图的区别有以下两点。

① 断面图只画出物体被剖切后剖切平面与形体接触的那部分，即只画出截断面的图形，而剖面图则画出被剖切后剩余部分的投影，如图2-3-18所示。

② 断面图和剖面图的符号也有不同，断面图的剖切符号只画长度6～10 mm的粗实线作为剖切位置线，不画剖视方向线，编号写在投影方向的一侧。

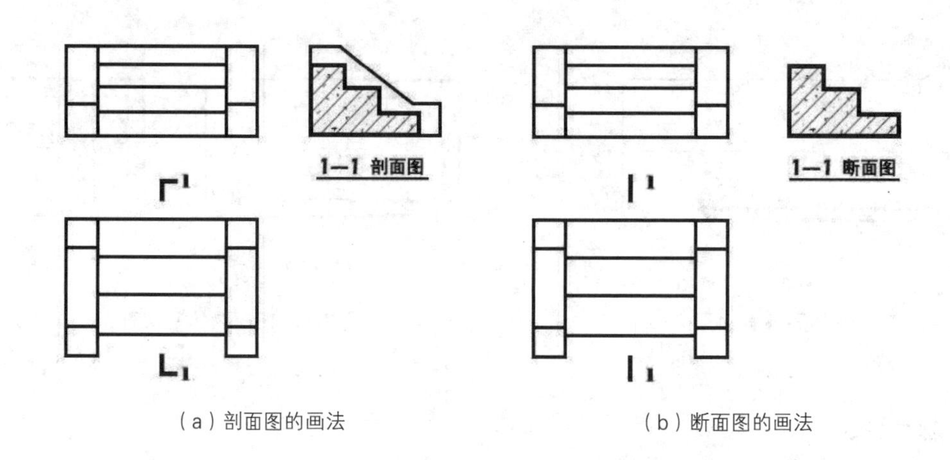

（a）剖面图的画法　　（b）断面图的画法

图2-3-18　台阶剖面图与断面图

2.3.2.2 断面图的画法

（1）移出断面

将形体某一部分剖切后所形成的断面图移画于主投影图的一侧，称为移出断面（图2-3-19）。

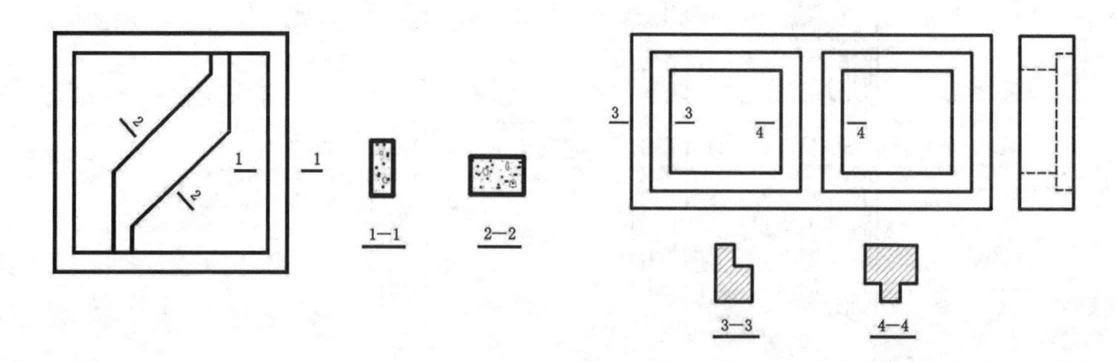

图2-3-19　移出断面的画法

（2）重合断面

将断面图直接画于投影图中，二者重合在一起的称为重合断面，如图2-3-20所示。重合断面图的比例应与原投影图一致。断面轮廓线可能是闭合的（图2-3-21），也可能是不闭合的（图2-3-20），此时应于断面轮廓线的内侧加画图例符号。

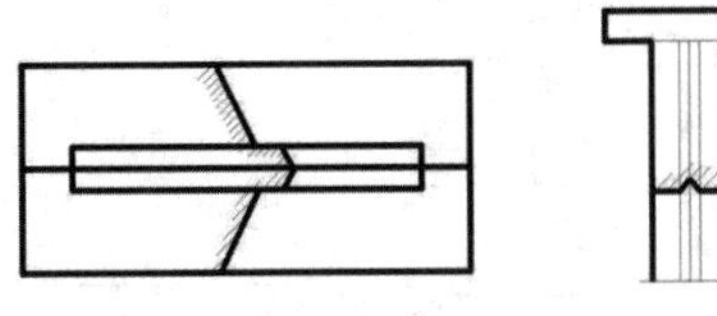

（a）厂房的屋面平面图

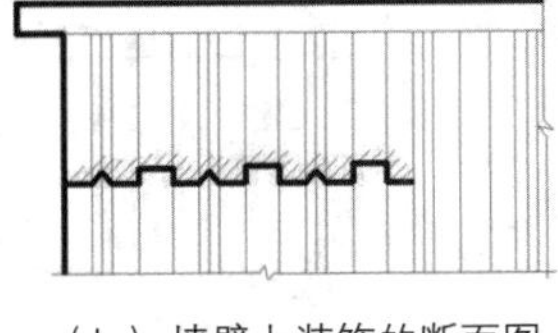

（b）墙壁上装饰的断面图

图2-3-20 重合断面的画法（断面图与投影图重合）

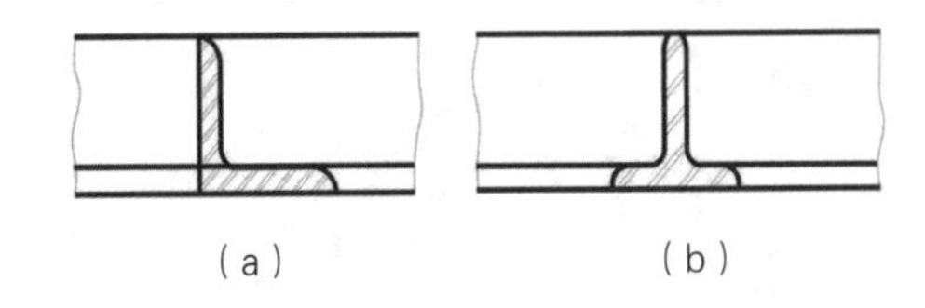

（a） （b）

图2-3-21 重合断面的画法（断面图是闭合的）

（3）中断断面

对于单一的长向杆件，也可在杆件投影图的某一处用折断线断开，然后将断面图画于其中，如图2-3-22所示为钢屋架的大样图的断开画法。

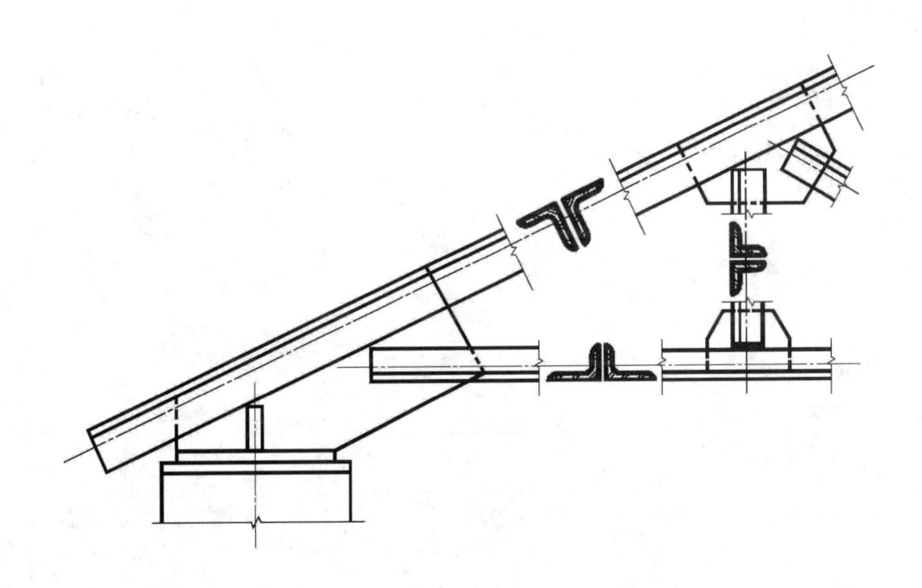

图2-3-22 钢屋架的大样图中断断面的画法

2.3.3 局部放大图

局部放大图是将物体的部分结构外观，用大于原图形所采用的比例画出的图形。局部放大图可画成视图、剖面图的形式，且应放在被放大图的附近，如图2-3-23、图2-3-24所示。

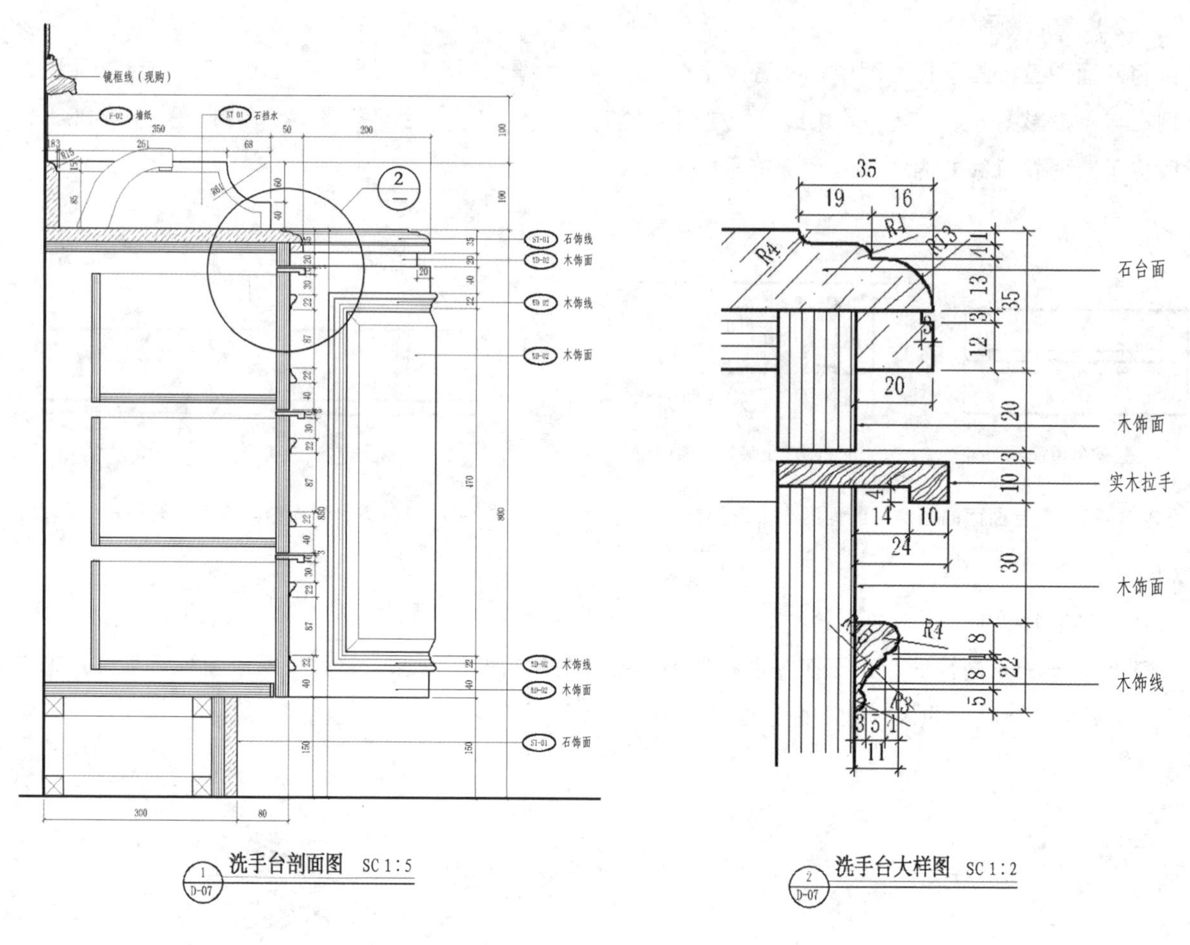

图2-3-23　洗手台局部放大图

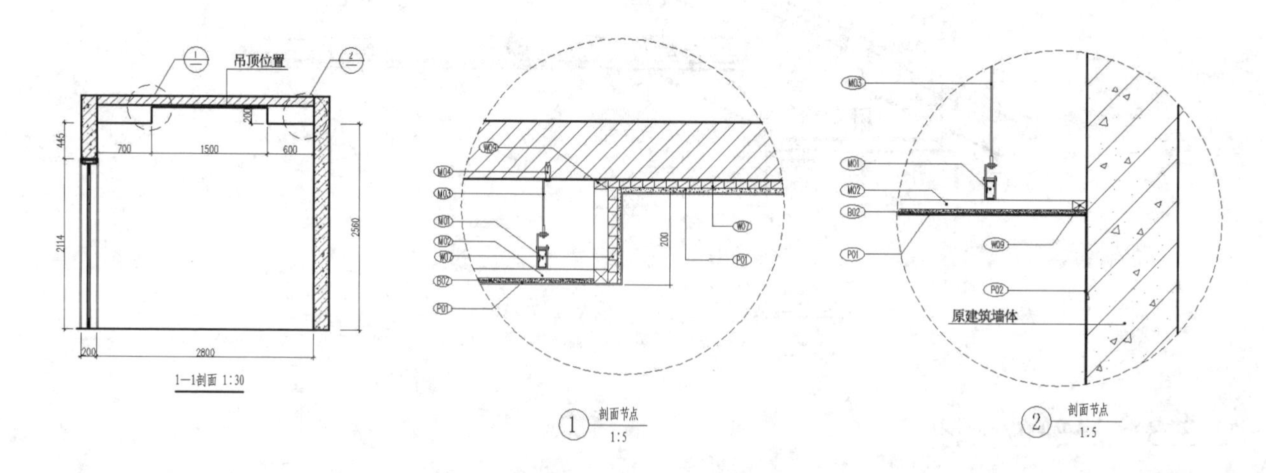

图2-3-24　室内天花剖面局部放大图

投影的分类、正投影的基本规律与投影特征、三视图的投影规律与画法、其他图样（剖视图、断面图、局部放大图）的形成与画法是本章学习的重点。

（1）投影方法

投影方法分为中心投影法和平行投影法。平行投影法又可分为斜投影法和正投影法。

点、直线、平面的正投影规律是：

• 点的正投影仍然是点。

• 直线平行于投影面，投影反映实长；直线垂直于投影面，投影积聚成一点；直线倾斜于投影面，投影仍是直线，但长度比实长短。

• 平面平行于投影面，投影反映实形；平面垂直于投影面，投影积聚成一条直线；平面倾斜于投影面，投影仍是一个平面，但不反映实形，面积要比原面积小。

（2）投影特征

• 实形性：当物体上的平面图形（或棱线）与投影面平行时，其投影反映实形或实长。

• 积聚性：当物体上的平面图形（或棱线）与投影面垂直时，其投影积聚为一条直线或一个点。

• 类似性：当物体上的平面图形（或棱线）与投影面倾斜时，其投影与原形状类似，即凹凸性、直曲性和边数类似，但平面图形变小了，线段变短了。

（3）三面投影图

三面投影图共同表示一个物体，它们之间具有“三等”关系，即长对正、高平齐、宽相等。

除特殊形体的物体（圆柱、球、圆管等）以外，一般物体的投影图要作出正、平、侧三个视图，三面投影图结合起来才能反映出该物体的形状和大小。

（4）剖视图

用剖视方法画出的正投影图称为剖视图。剖视图按其表达的内容可分为剖面图和断面图两种。

（5）剖切平面

剖切平面不需要在投影图中直接表示，但要用剖切符号表明它的剖切位置和画剖面图时的投影方向，并用阿拉伯数字注写剖面的编号。

（6）断面图

断面图是物体被剖切后对断面的垂直正投影图。它的剖切符号中的投影方向是通过断面编号数字的注写位置来表示的。

（7）局部放大图

局部放大图是将物体的部分结构外观，用大于原图形所采用的比例画出的图形。

思考题

1. 投影法有哪几类？其特点各是什么？
2. 点、直线、平面的正投影规律各是什么？
3. 三视图是如何形成的？
4. 形体的三面投影图之间有何对应关系？
5. 什么是剖面图？什么是断面图？它们有什么区别？

3 建筑设计工程图

教学导引

教学目标

通过本章的学习，使学生了解建筑工程制图的内容；掌握建筑总平面图、平面图、立面图、剖面图、详图的图示内容和识读方法；掌握建筑施工图的阅读和绘制方法。

教学手段

通过建筑工程制图的理论知识讲解和图解分析，说明建筑工程制图的基本原理和方法，结合绘图练习，强化理论重点，巩固本章知识。

教学重点

1. 绘制房屋工程图的有关规定。
2. 建筑总平面图的识读。
3. 建筑平面图、立面图、剖面图和建筑详图的识读。
4. 建筑施工图的绘制。

能力培养

通过本章教学，使学生能全面系统地学习建筑工程制图的知识，培养阅读和绘制建筑工程图的能力，为后续课程的学习和将来的设计工作打下良好的基础。

学习建议

1. 多观察周围建筑物，阅读一些实际的施工图，练习看图的方法与步骤。
2. 将绘图与识读紧密地联系起来，通过读图提高绘图速度，通过绘图提高读图能力。

建筑建造的全过程包括规划、设计、施工、验收等多个阶段。根据建筑物的规模和复杂程度，其设计过程可以分为两阶段和三阶段两种。其中，大型的、重要的、复杂的建筑物必须经过三个阶段进行设计，即方案设计、技术设计和施工图设计；而相对规模较小、技术简单的建筑物多采用两阶段的设计程序，即初步设计和施工图设计。其中，施工图设计是建筑设计的最后阶段，其任务是绘制满足施工要求的全套图纸，并编制工程说明书、结构计算书和工程预算书。

建筑施工图是表示建筑物的总体布局、外部造型与装饰、内部布置、细部构造做法，并满足其他专业对建筑的要求和施工要求的图样。其内容包括建筑设计说明、门窗表、总平面图、各层建筑平面图、建筑的立面图、剖面图和各种详图。

本章的编写参考了《房屋建筑制图统一标准》（GB/T 50001—2017）、《建筑制图标准》（GB/T 50104—2010）中的部分内容，并对建筑制图的一般方法步骤和各种图样的内容做一些简要介绍。

3.1 建筑相关概述

3.1.1 建筑类

在实际生活中，建筑可以从不同的角度进行分类，如按照建筑的使用性质分类、按照建筑高度分类或者按照承重结构的材料进行分类。其中，每一种分类方式都可以将建筑分为多种类型。

3.1.1.1 按照建筑的使用性质进行分类

按照建筑的使用性质进行分类，可以将建筑分为民用建筑、工业建筑和农业建筑三种。其中，民用建筑又可以进行更为细致的分类。

（1）民用建筑

民用建筑是指供人们居住、进行社会活动等非生产性的建筑物。根据其用途，民用建筑又可以分为居住建筑和公共建筑两种类型。其中，居住建筑是供人们生活起居用的建筑物，包括住宅、公寓和宿舍等。而公共建筑是供人们进行社会活动的建筑物。

在所有居住建筑中，住宅是构成居住建筑的主体，与人们的日常生活密切相关。公共建筑的类型相对较多，其功能和体量也具有较大的差异。公共建筑主要包括行政办公建筑（如办公楼、写字楼），文教科研建筑（如教学楼、实验室），医疗福利建筑（如医院、养老院），商业建筑（如酒店、商店、餐馆）和园林建筑（如公园、动物园）等类型。

另外，还有一些大型公共建筑内部功能比较复杂，可能同时具备两个或者多个不同功能，因此，一般可以称其为综合性建筑或建筑综合体。

（2）工业建筑

工业建筑是供人们进行工业生产活动的建筑物。它一般包括生产用建筑和辅助生产、动力、运输、仓储用建筑，如机械加工车间、机修车间、锅炉房、车库和仓库等。

（3）农业建筑

农业建筑是指供人们进行农牧业的种植、养殖、储存等用途的建筑物，如温室、猪舍以及粮仓等建筑物。

3.1.1.2 按照建筑高度或者层数进行分类

按照建筑物的高度或者层数可以对住宅和其他民用建筑进行再分类。

（1）住宅

通常情况下，住宅按照层数分类，可以分为低层、多层、中高层和高层住宅。其中，低层住宅的高度为1至3层、多层住宅为4至6层、中高层住宅为7至9层、高层住宅为10层或者10层以上的建筑物。

（2）其他民用建筑

其他民用建筑，一般是按照其建筑高度进行分类的。其中，建筑高度是指自室外设计地面至建筑主体檐口顶部的垂直高度。

按照建筑高度进行分类，民用建筑可以分为低层或多层民用建筑、高层民用建筑和超高层建筑三种。其中，建筑高度不超过24 m的公共建筑和建筑高度超过24 m的单层公共建筑被称为低层或多层民用建筑；而建筑高度超过24 m的非单层公共建筑且高度不超过100 m的，被称为高层民用建筑；建筑高度超过100 m的民用建筑则被称为超高层建筑。

3.1.1.3 按照建筑结构形式进行分类

不同类型的建筑物需要使用不同类型的承重结构体系，如墙承重体系、骨架承重体系和空间结构承重体系等。若按照承重构件的体系进行分类，可以将建筑分为以下几类。

（1）墙承重体系

墙承重体系是由墙体承受建筑的全部荷载，并将荷载传递给基础的承重体系。这种承重体系适用于内部空间较小、建筑高度较小的建筑。

（2）骨架承重体系

骨架承重体系是由钢筋混凝土或者型钢组成的梁柱体系承受建筑的全部荷载，墙体只起维护和分隔作用的承重体系。该体系适用于跨度、荷载和高度较大的建筑。

（3）内骨架承重体系

内骨架承重体系是指建筑内部由梁柱体系承重，四周用外墙承重的体系。它适用于局部设有较大空间的建筑。

（4）空间结构承重体系

该承重构件由钢筋混凝土或者型钢组成空间结构承受建筑的全部荷载，如网架、悬索和壳体等。它适用于大空间建筑。

3.1.1.4 按照承重结构的材料进行分类

建筑结构形式具有多种类型，也具有多种不同的分类方法。其中，最为常见的分类方法是按照建筑物主要承重构件所用的材料分类和按照结构平面布置情况分类。若按照承重构件所用的材料进行分类，可以将建筑分为以下几类。

（1）砖混结构

砖混结构是指用砖墙、钢筋混凝土楼板及屋面板作为主要承重构件，属于墙承重结构体系。通常用于居住建筑和一般公共建筑。

（2）钢筋混凝土结构

钢筋混凝土及材料作为建筑的主要承重构件，多属于骨架承重结构体系。该结构通常用于大型公共建筑、大跨度建筑和高层建筑。

（3）钢结构

钢结构的主要承重构件全部采用钢材，具有自重轻、强度高的特点，但其耐火能力较差。钢结构通常用于大型公共建筑、工业建筑、大跨度和高层建筑。

3.1.2 建筑的构造组成

对于建筑物来说，屋顶、墙和楼板层等都是构成建筑使用空间的主要组成部件。它们既是建筑物的承重构件，又是建筑的围护构件。同时，按照建筑功能需要而设置的构件和设施，如阳台、雨棚、台阶和散水等，则可以称为建筑的次要组成部分。图3-1-1所示为民用建筑的剖面轴测图，从图中可以看到房屋的各组成部分。

建筑物的各个组成部分具有不同的功能，下面针对各部分进行专门介绍。

（1）基础

基础是建筑物最下部的承重构件，承担建筑的全部荷载，并将这些荷载有效地传递给地基。基础作为建筑的重要组成部分，是建筑物得以立足的根基，应具有足够的强度、刚度和耐久性，并能够抵抗地下各种不良因素的侵袭。

（2）墙体和立柱

墙体是建筑物的承重和围护构件。当墙体具有承重要求时，将承担屋顶和楼板层传来的荷载，并传给基础。外墙还具有围护功能，应具备抵御自然界各种因素对室内侵袭的能力。而内墙具有在水平方向划分建筑内部空间、创造适用的室内环境的作用。通常情况下，墙体应具有足够的强度、稳定性、良好的热工性能及防火、隔音、防水、耐久性能。

立柱也是建筑物的承重构件，除不具备围护和分隔的作用之外，其他要求与墙体类似。在框架承重结构中，立柱是主要的竖向承重构件。

（3）屋顶

屋顶是建筑顶部的承重和围护构件，一般由屋面、保温（隔热）层和承重结构三部分组成。其

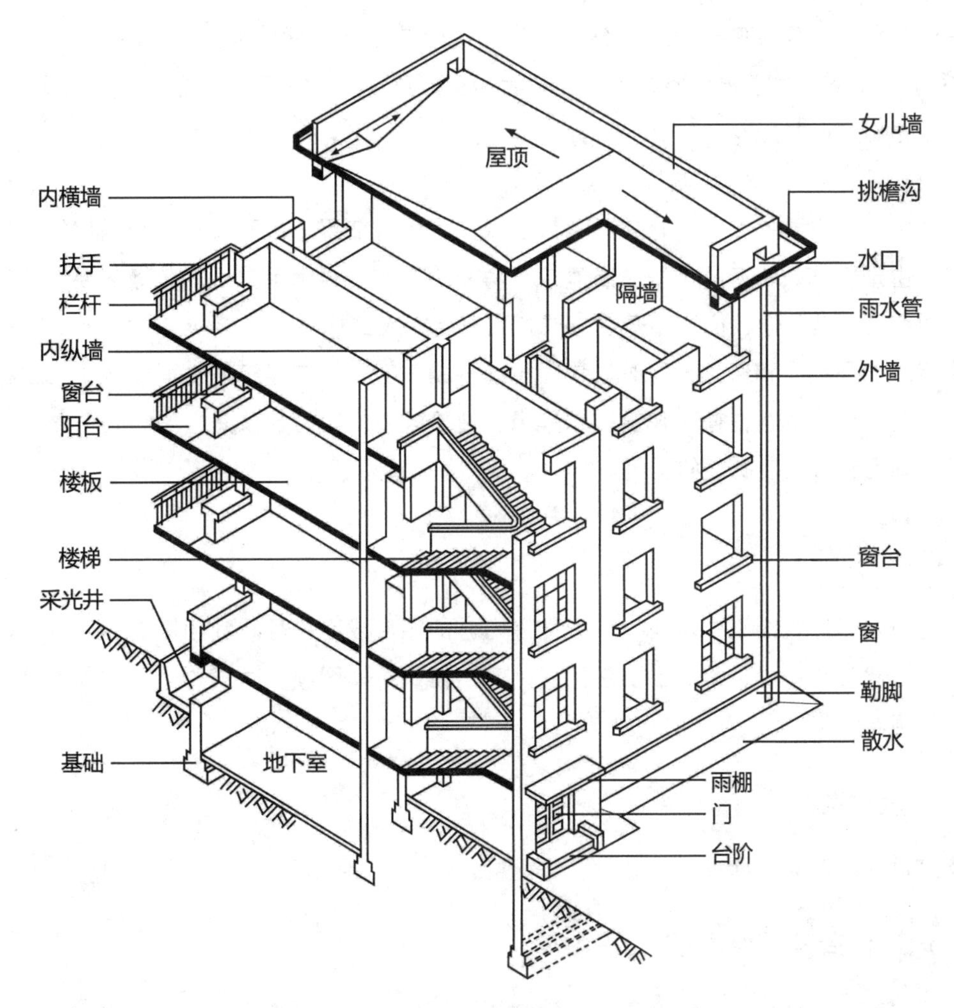

图3-1-1　建筑的构造组成

中，承重结构承担屋面荷载和自重，而屋面和保温（隔热）层则用于抵御自然界不利因素的侵袭。另外，屋顶也是建筑体型和立面的重要组成部分，因此其外观形象也应该得到足够的重视。

（4）楼板层

楼板层是楼房建筑中的水平承重构件，同时还兼有在竖向划分建筑内部空间的功能。楼板承担建筑的楼面荷载，并将这些荷载传给墙或者梁，对墙体起到水平支撑的作用。该构件应具有足够的强度、刚度以及相应的防火、防水和隔音能力。

（5）楼梯

楼梯是楼房建筑中联系上下各层的垂直交通设施，平时供人们交通使用，在特殊情况下供人们紧急疏散。楼梯虽然不是建造房屋的目的所在，但由于它关系到建筑使用的安全性，因此，该构件在宽度、坡度、数量、位置、布局形式、细部构造和防火性能等方面均有严格的要求。

（6）地坪

地坪是建筑底层房间与下部土层相接触的部分，承担着底层房间的地面荷载。由于地坪下面往往是夯实的土壤，因此，其强度要求比楼板低。由于地坪面层直接同人体及家具设备接触，因此要具有良好的耐磨、防潮及防水和保温性能。

（7）门窗

在建筑物中，门主要供人们内外交通和搬运家具设备时使用，同时还兼有分隔房间、采光通风和围护的作用。由于门是人和家具设备进出建筑与房间的通道，要满足交通和疏散的要求，因此应具有足够的宽度和高度，其数量、位置和开启方式也应符合相应的标准。

窗的作用主要是采光和通风，同时也是围护结构的一部分，在建筑的立面形象中也占据相当重要的地位。由于制作窗的材料往往比较脆弱和单薄、造价较高，同时窗又是围护结构的薄弱环节，因此在寒冷和严寒地区应合理控制窗的面积。

3.1.3 建筑图例

图例是用于表示建筑图纸中材料、构配件等内容的图形或者符号。利用图例，可以使建筑图纸更容易被理解。在建筑图纸中，图例主要包括三大类：建筑材料图例、建筑构造及配件图例和水平及垂直运输装置图例。

3.1.3.1 建筑材料图例

常用建筑材料如表3–1–1所示。

3.1.3.2 建筑构造及配件图例

建筑构造与配件是指构成建筑物的所有零配件，包括墙体、门窗、楼梯、孔洞、通风口等内容。其中，不同的构配件在建筑图纸中使用不同的图形来表示。

（1）墙体

墙体是构成建筑物的基本构件，如图3–1–2（a）所示。在建筑图纸中绘制墙体图形之后，应加注文字或者填充图例以表示墙体材料，并在项目设计图纸说明中列出材料图例表给予说明。

（2）隔断

在建筑中还有一种建筑结构就是到顶与不到顶隔断，包括板条抹灰、木制、石膏板、金属材料等隔断，如图3–1–2（b）所示。

（3）楼梯

在建筑图纸中，楼梯是高层建筑物中不可缺少的重要构件。在绘制楼梯时，楼梯及栏杆扶手的形式和梯段踏步数应该按照实际情况来完成。图3–1–3（a）表示底层楼梯平面，图3–1–3（b）表示中间层楼梯平面，图3–1–3（c）则表示顶层楼梯平面。

表3-1-1 常用建筑材料

材料名称	图例	说明
自然土壤		包括各种自然土壤
夯实土壤		
砂、灰土		靠近轮廓线绘较密的点
砂砾石、碎砖三合土		
石材		包括岩层、砌体、铺地、贴面等材料
毛石		
普通砖		包括实心砖、多孔砖、砌块等砌体。 断面较窄不易画出图例线时，可涂红
耐火砖		包括耐酸砖等砌体
空心砖		指非承重砖砌体
饰面砖		包括铺地砖、马赛克、陶瓷锦砖、人造大理石等
焦渣、矿渣		包括与水泥、石灰等混合而成的材料
混凝土		① 本图例指能承重的混凝土及钢筋混凝土 ② 包括各种强度等级、骨料、添加剂的混凝土 ③ 在剖面图上画出钢筋时，不画图例线 ④ 断面图形小，不易画出图例线时，可涂黑
钢筋混凝土		
多孔材料		包括水泥珍珠岩、沥青珍珠岩、泡沫混凝土、非承重加气混凝土、软木、蛭石制品等

续表

材料名称	图例	说明
纤维材料		包括矿棉、岩棉、玻璃棉、麻丝、木丝板、纤板等
泡沫塑料材料		包括聚苯乙烯、聚乙烯、聚氨酯等多孔聚合物类材料
木材		① 上图为横断面，左上图为垫木、木砖或者木龙骨 ② 下图为纵断面
胶合板		应注明为×层胶合板
石膏板		包括圆孔、方孔石膏板、防水石膏板等
金属		① 包括各种金属 ② 图形小时，可涂黑
网状材料		① 包括金属、塑料网状材料 ② 应注明具体材料名称
液体		应注明具体液体名称
玻璃		包括平板玻璃、磨砂玻璃、夹丝玻璃、钢化玻璃、中空玻璃、加层玻璃、镀膜玻璃等
橡胶		
塑料		包括各种软、硬塑料及有机玻璃等
防水材料		构造层次多或比例大时，采用上面图例
粉刷		包括大白、涂料，本图例采用较稀的点

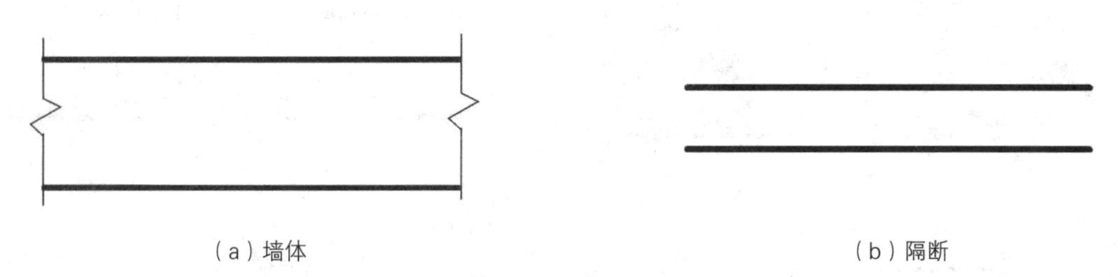
（a）墙体　　（b）隔断

图3-1-2　墙体与隔断

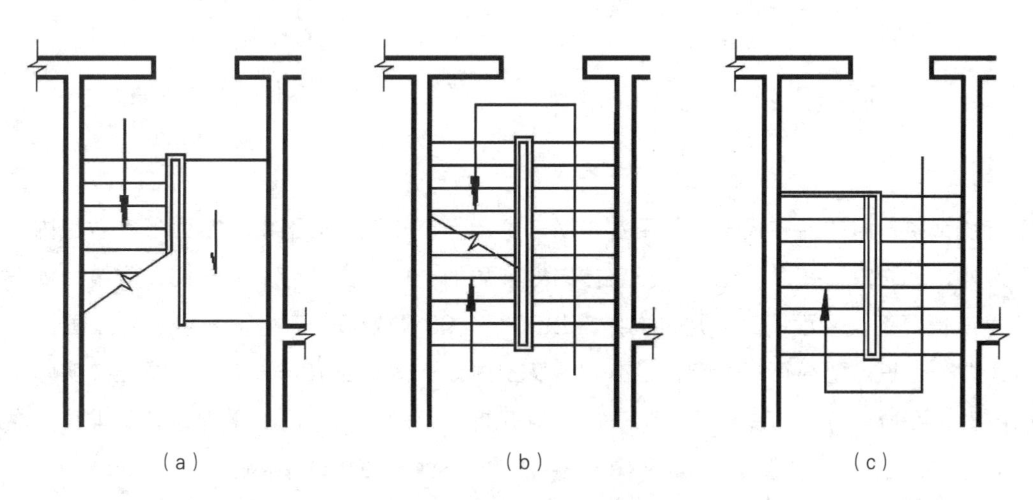
（a）　（b）　（c）

图3-1-3　不同层面的楼梯

（4）坡道

建筑图纸中的坡道根据类型的不同，可以分为长坡道和门口坡道两种，如图3-1-4和图3-1-5所示。图3-1-5（a）表示两侧垂直的门口坡道，图3-1-5（b）表示两侧找坡的门口坡道。

（5）烟道和通风道

烟道是指烟囱内将火焰和烟送到外部空间的孔道；而通风道的作用则在于排出受污染的空气，吸入新鲜空气以及消防排烟和补风等。在建筑图纸中，烟道和通风道的图例如图3-1-6和图3-1-7所示。

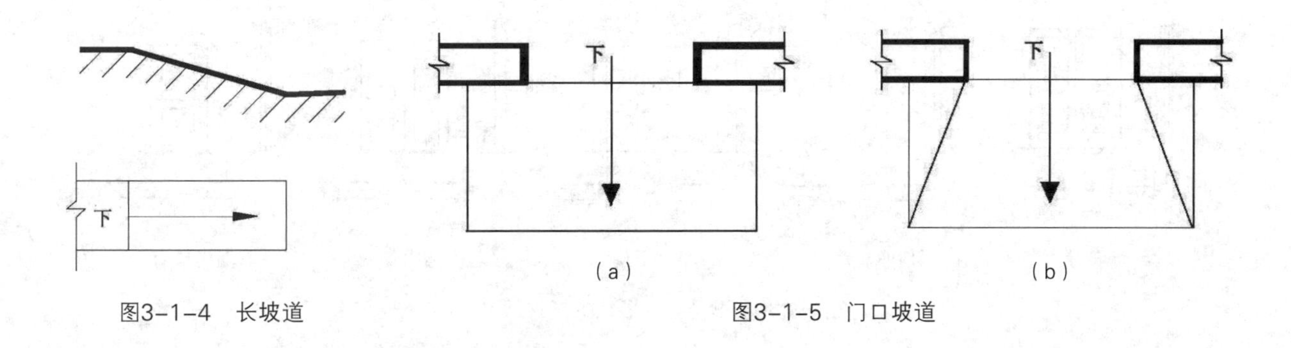

（a）　（b）

图3-1-4　长坡道

图3-1-5　门口坡道

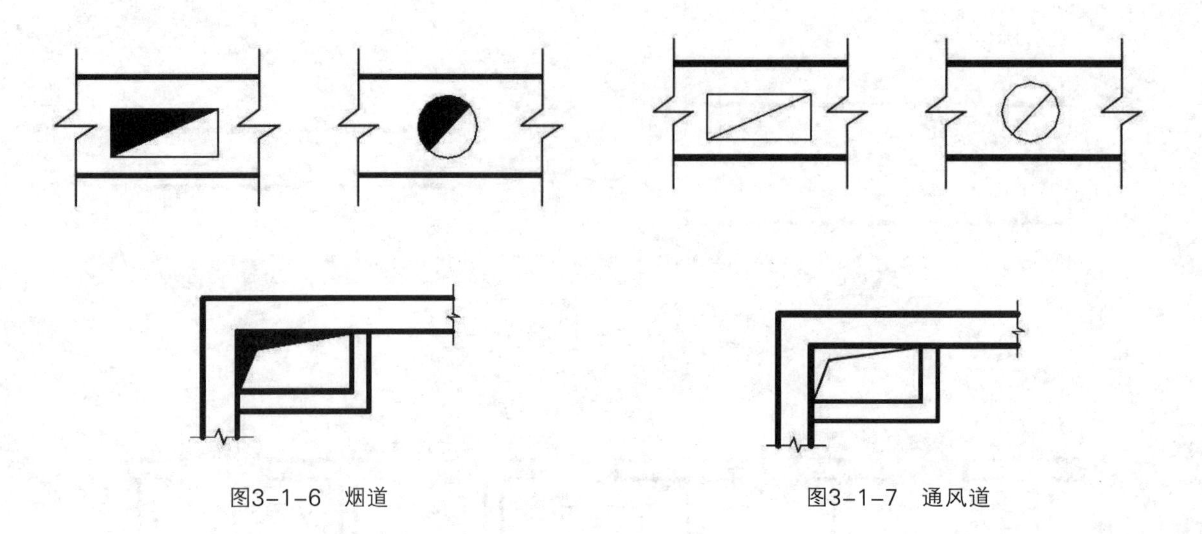

图3-1-6　烟道　　　　图3-1-7　通风道

（6）门

在建筑图纸中，门的名称代号应使用字母M来表示。在建筑剖面图中，左为外，右为内；在平面图中，下为外，上为内；在立面图中，开启方向线交角的一侧为安装合页的一侧，实线为外开，虚线为内开。通常情况下，平面图上开启方向线应以90°、60°或45°开启，开启弧线宜画出；立面图上的开启线在一般设计图中可不表示，但在详图及室内设计图上应表示，而门形式应按实际设计样式绘制。如图3-1-8所示分别为单扇门、双扇门和对开折叠门的图例，图3-1-9为各种推拉门的图例，图3-1-10为弹簧门的图例，图3-1-11和图3-1-12为其他形式的门的图例。

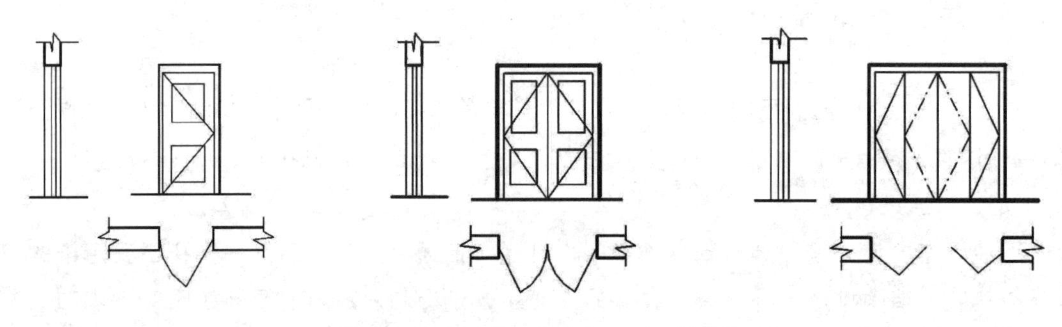

图3-1-8　单扇门、双扇门、对开折叠门

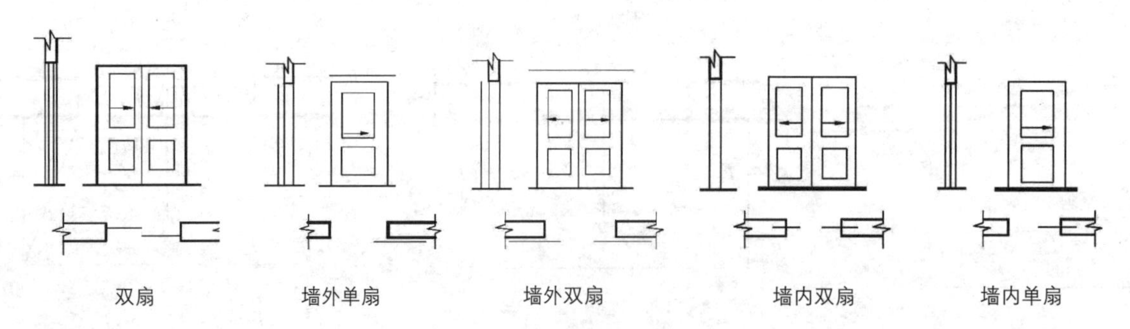

图3-1-9　各种形式的推拉门

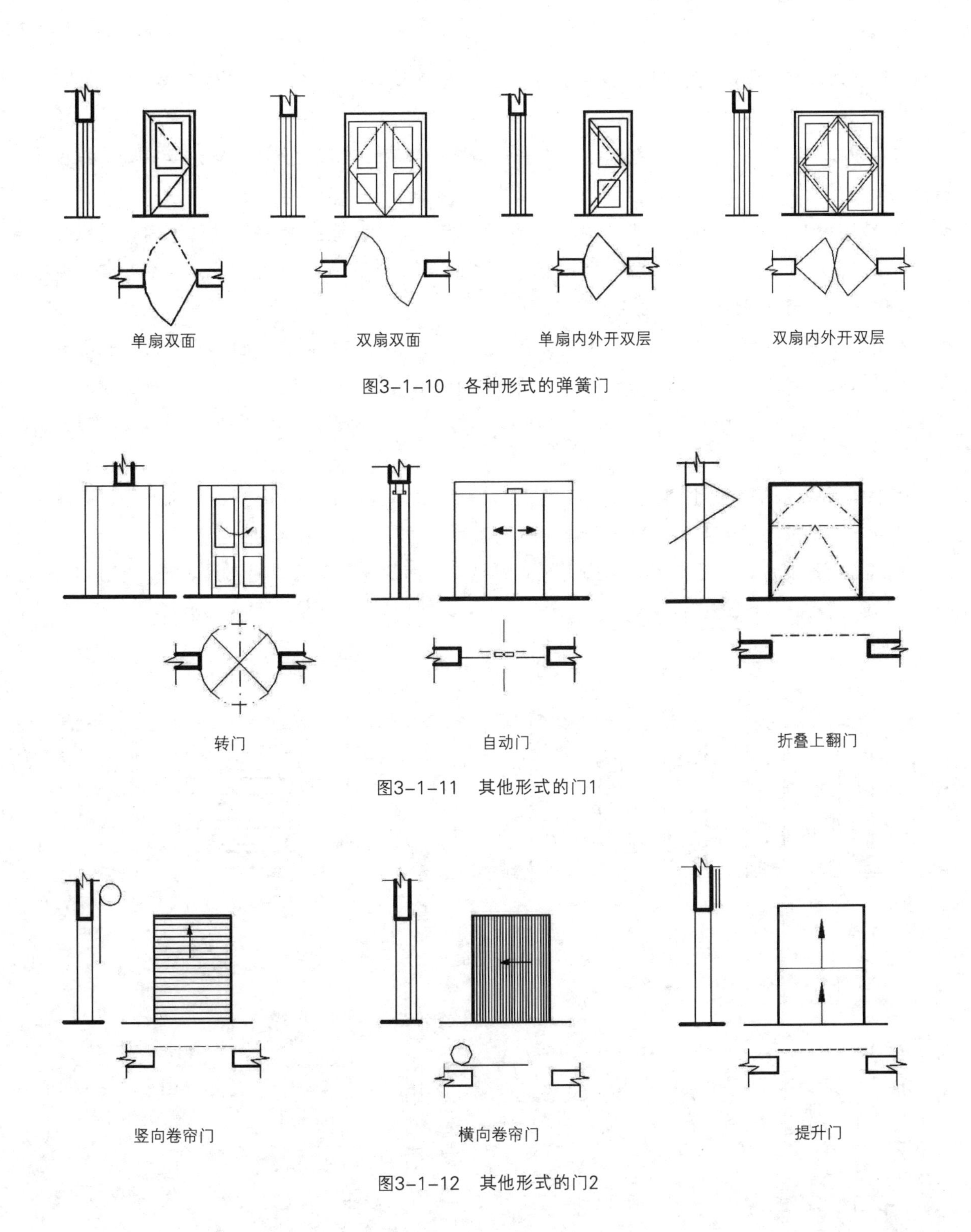

图3-1-10 各种形式的弹簧门

图3-1-11 其他形式的门1

图3-1-12 其他形式的门2

（7）窗

在建筑物中，窗的设置和构造要求主要有以下几个方面：① 必须有一定的窗洞面积，以满足采光要求；② 窗洞口面积中必须有一定的活扇面积，以满足通风要求；③ 开启灵活、关闭紧密，能够方便使用和减少外界对室内的影响；④ 坚固、耐久，以保证使用过程中的安全；⑤ 有适合的色彩和窗洞口形状，以符合建筑立面装饰和构造要求；⑥ 还需要满足某种建筑物的特殊要求，如防噪声、隔热、防水和防火等。

窗可以按照各种方式进行分类。① 按照开启方式的不同，可以分为固定窗、平开窗、推拉窗、悬窗以及立转窗，如图3-1-13所示；② 按照材料的不同，可以分为木窗、钢窗、塑钢窗和铝合金窗；③ 按照镶嵌材料的不同，可以分为玻璃窗、纱窗和百叶窗等；④ 按层数的不同，可以分为单层、双层、三层以及双层中空玻璃窗；⑤ 按所使用的玻璃材料不同，可以分为普通平板玻璃、磨砂玻璃、反射吸热玻璃、钢化玻璃和中空玻璃等。

窗主要由窗框和窗扇组成，还有各种铰链、风钩、插销、拉手以及导轨、转轴、滑轮等五金零件，有时还要加设窗台和窗帘等。窗的尺寸一般可以根据通风采光的要求、结构构造的要求和建筑造型等因素决定，一般平开窗的窗扇宽度为400～600 mm，高度为800～1500 mm，固定窗和推拉窗的尺寸可以适当调大。

在平面图中窗的代号用C来表示；立面图中的斜线表示窗的开启方向，实线为外开，虚线为内开，开启方向线交角的一侧为安装合页的一侧；剖面图中左为外，右为内；平面图中下为外，上为内；窗的立面形式应按实际绘制，小比例绘图时平、剖面的窗线可用单粗实线表示。图3-1-14至图3-1-16为各种窗形式的图例。

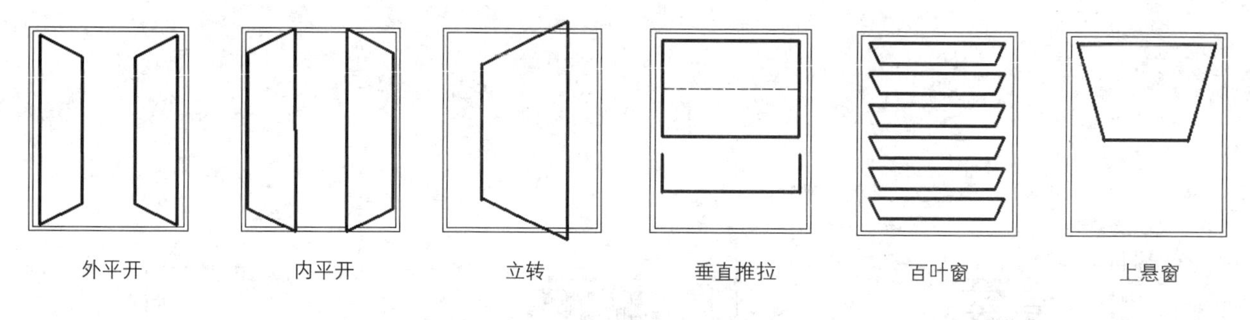

图3-1-13　窗的开启方式

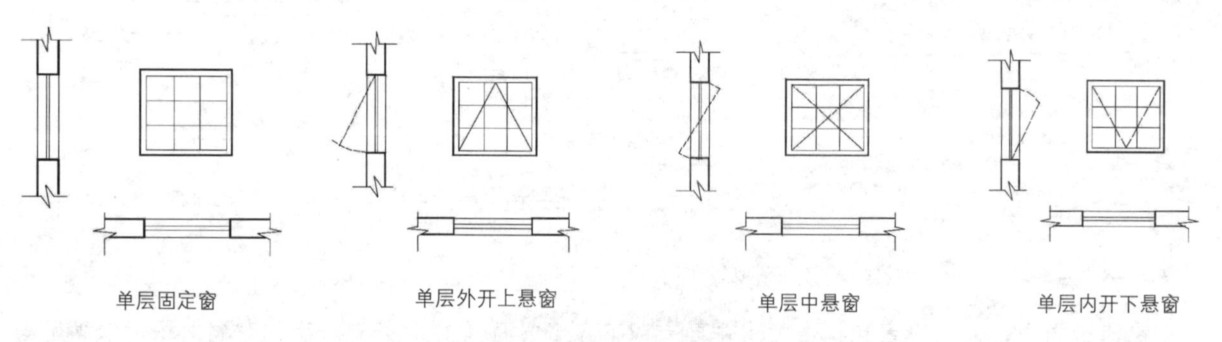

图3-1-14　窗形式的图例1

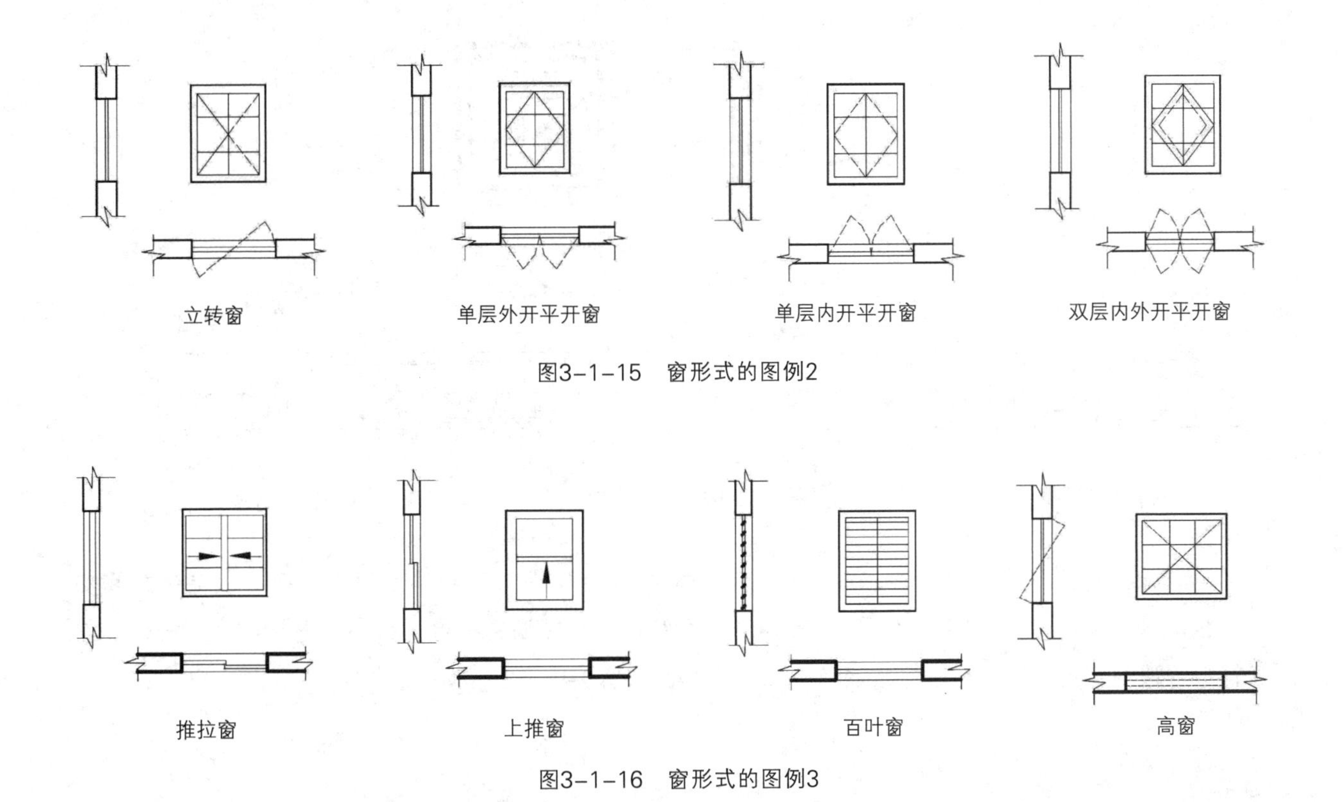

图3-1-15 窗形式的图例2

图3-1-16 窗形式的图例3

3.1.3.3 水平及垂直运输装置图例

建筑图纸中的运输装置包括塔吊、起重器、电梯、自动扶梯以及自动人行道等自动传送设备。其中，最为常用的图例有以下几种。

（1）电梯

电梯是一种以电动机为动力的垂直升降机，装有箱状吊舱，主要用于多层建筑乘人或者载运货物等。电梯也有台阶式，其踏步板装在履带上连续运行，因此俗称自动电梯。

在建筑图纸中，电梯应注明其类型，并绘制出门和平衡锤或轨迹的实际位置（图3-1-17），而观景电梯等特殊类型的电梯应参照图3-1-17所示的电梯图例根据实际情况进行绘制。

（2）自动扶梯

自动扶梯是带有循环运行梯级，用于向上或向下倾斜输送乘客的固定电力驱动设备，它被广泛用于车站、码头、商场、机场和地下铁道等人流集中的地方。自动扶梯一般设在室内，由电机驱动、梯路以及两旁的扶手组成，既可以正向运行，也可以反向运行，停机时还可以当作楼梯使用，图例中箭头的方向表示设计的运行方向，如图3-1-18所示。

（3）自动人行道及自动人行坡道

自动人行道和自动人行坡道的结构与自动扶梯相似，主要由活动路面和扶手两部分组成。通常情况下，其活动路面在倾斜情况下也不形成阶梯状。自动人行道按结构形式可以分为踏步式人行道、带式自动人行道和双线式自动人行道。

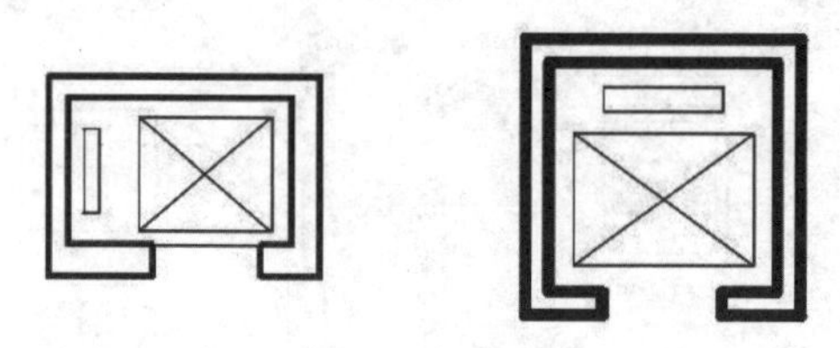

图3-1-17 电梯图例

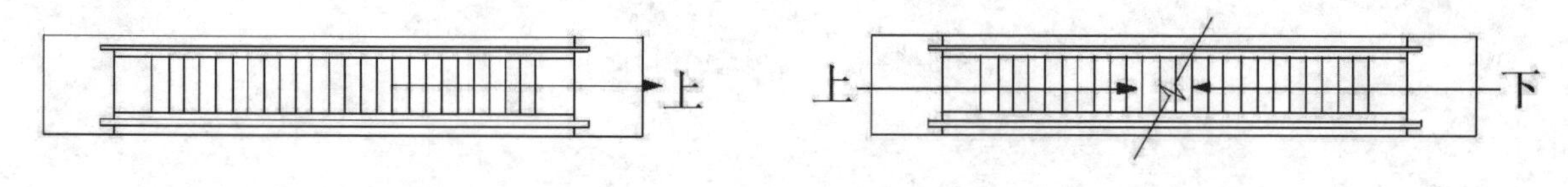

图3-1-18 自动扶梯图例

自动人行道常采用梯级结构和相同的扶手结构。扶手应该与活动路面同步运行，以确保乘客安全。自动人行道的运行速度、路面宽度和输送能力等均与自动扶梯相近。另外，自动扶梯人行坡道应在箭头线段尾部加注文字“上”或者“下”，其图例如图3-1-19所示。

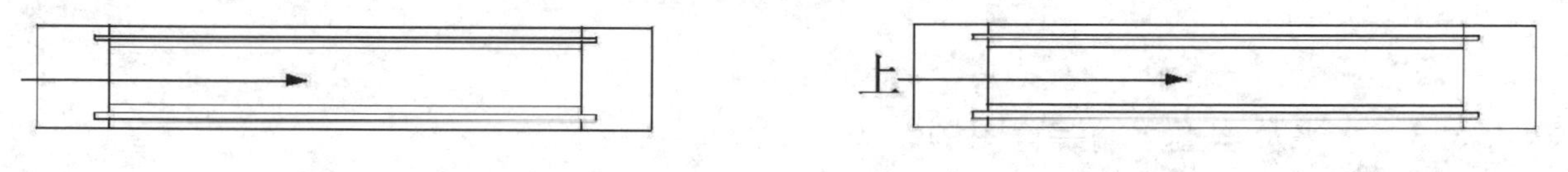

图3-1-19 自动人行道及自动人行坡道图例

3.1.4 常用的建筑名词和术语

① 开间：一间房屋的面宽，即两条横向轴线间的距离。

② 进深：一间房屋的深度，即两条纵向轴线间的距离。

③ 层高：楼房本层地面到相应的上一层地面的竖向尺寸。

④ 构筑物：一般指附属的建筑设施，如烟囱、水塔、筒仓等。

⑤ 预埋件：建筑物或构筑物中事先埋好做某种特殊用途的小构件。

⑥ 埋置深度：指室外地面到基础底面的距离。

⑦ 地物：地面上的建筑物、构筑物、河流、森林、道路、桥梁等。

⑧ 地貌：地面上自然起伏的情况。

⑨ 地形：地球表面上地物和地貌的总称。

⑩ 地坪：多指室外自然地面。

⑪ 竖向设计：根据地形地貌和建设要求，拟定各建设项目的标高、定位及相互关系的设计，如建筑物、构筑物、道路、地坪、地下管线、渠道等标高和定位。

⑫ 强度：材料或构件抵抗破坏的能力。

⑬ 标号：材料每平方厘米上能承受的拉力或压力。

⑭ 标高：建筑总平面图和一幢建筑的平面图、立面图、剖面图以及需要竖向设计的图纸，都要注标高。

⑮ 轴线：画图与地面上放线，都要先从轴线入手，它是建筑物的控制线。凡是承重构件，如承重墙、柱子、梁、屋架等都要用轴线定位。

⑯ 中心线：对称形的物体一般都要画中心线，它与轴线都用细点画线表示。

⑰ 居住面积系数：指居住面积占建筑面积的百分数，比值永远小于1。

⑱ 使用面积系数：指房间净面积占建筑面积的百分数，比值永远小于1。

⑲ 红线：规划部门批给建设单位的占地面积，一般用红笔圈在图纸上，产生法律效力。

3.1.5 建筑施工图的内容

一套完整的建筑施工图通常应包括如下内容。

（1）图纸目录和设计总说明

整套图纸的首页，包括图纸目录和设计总说明两部分内容。其中设计总说明一般应包含施工图的设计依据、本工程项目的设计规模和建筑面积、本项目的相对标高与总图绝对标高的对应关系、室内室外的做法说明、门窗表等内容。

（2）建筑施工图（简称“建施”）

建筑施工图通常包括总平面图、平面图、立面图、剖面图以及构造详图。

（3）结构施工图（简称“结施”）

结构施工图包括结构平面布置图和各部分构件的结构详图。

（4）设备施工图（简称“设施”）

设备施工图包括给水排水、采暖通风、电气设备等的平面布置图和详图。

（5）装饰施工图（简称“装施”）

装饰施工图包括装饰平面图、装饰立面图、装饰详图。

3.2 建筑总平面图

建筑总平面图主要表明新建房屋所在基地有关范围内的总体布置，它反映新建房屋、构筑物等的位置和朝向，室外场地、道路、绿化等的布置，地形、地貌、标高等以及与原有环境的关系和邻界情况等，是新建房屋施工定位、放线和规划布置场地的依据，也是其他专业（如水、暖、电等）管线总平面图规划布置的依据（图3-2-1）。

建筑总平面图的内容有以下方面。

（1）比例

建筑总平面图表达的范围较大，一般都采用1：500、1：1000、1：2000等较小的比例来绘制。

（2）新建建筑物平面位置

对于小型工程，一般根据原有房屋、围墙、道路来确定其位置并标注出定位尺寸（以m为单位）。对于大中型工程，通常用测量坐标或建筑坐标来确定其位置。

（3）尺寸标注

总平面图中尺寸标注的内容包括新建建筑物的总长和总宽、新建建筑物与原有建筑物或道路的间距、新增道路的宽度等。

总平面图中标注的标高为绝对标高。所谓绝对标高，是指以我国青岛市外的黄海海平面作为零点测定的高度尺寸。标高及坐标尺寸以m为单位，并保留小数点后两位。总平面图也可以以建筑物首层主要地坪为标高零点，标注相对标高，但应注明绝对标高的换算关系。

（4）指北针和风向频率玫瑰图

指北针和风向频率玫瑰图，表示该地区的常年风向频率和建筑物、构筑物等的朝向。有时也可只画单独的指北针。

（5）其他

新建建筑物周围的道路、围墙、绿化及附属设施情况。

图3-2-1为某别墅总平面图。

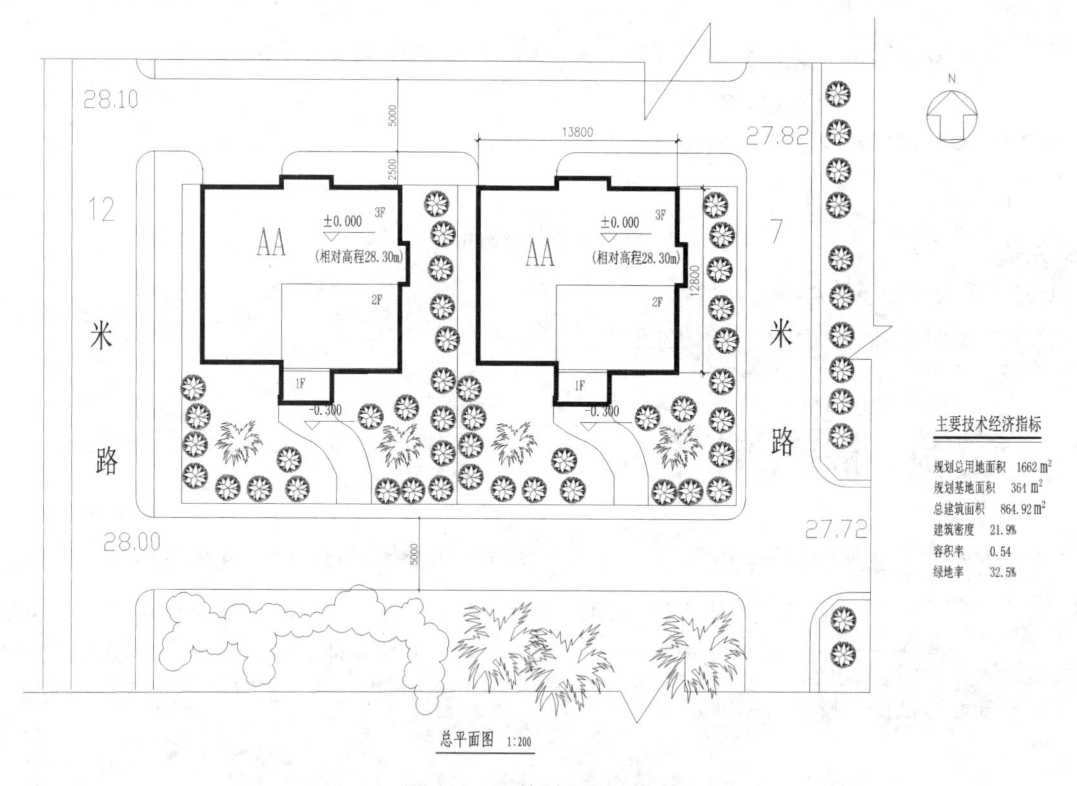

图3-2-1 某别墅总平面图

3.3 建筑平面图

建筑平面图主要反映房屋的平面形状、大小和房间的布置，墙或柱的位置、厚度和材料，门窗的位置以及其他建筑构配件的位置和大小等。在施工过程中，它是放线、砌墙或柱、安装门窗及编制概预算、备料等工作的重要依据。

3.3.1 建筑平面图的形成及分类

3.3.1.1 建筑平面图的形成

按照制图标准，除了屋顶平面图以外，建筑平面图应是一个水平的全剖面图。形成方法如图3-3-1所示。

假想用一个水平的剖切平面沿着门、窗洞将房屋切开，移去剖切平面以上的部分，将剩余的部分向下作正投影，所得到的全剖面图即称为建筑平面图，简称平面图。

3.3.1.2 建筑平面图的分类

根据剖切平面的不同位置，建筑平面图可分为以下几类。

（1）底层平面图

底层平面图又称一层平面图或首层平面图。它是所有建筑平面图中首先绘制的一张图。绘制此图时，应将剖切平面选放在房屋的一层地面与从一楼通向二楼的休息平台之间，且要尽量通过该层上所有的门窗洞。

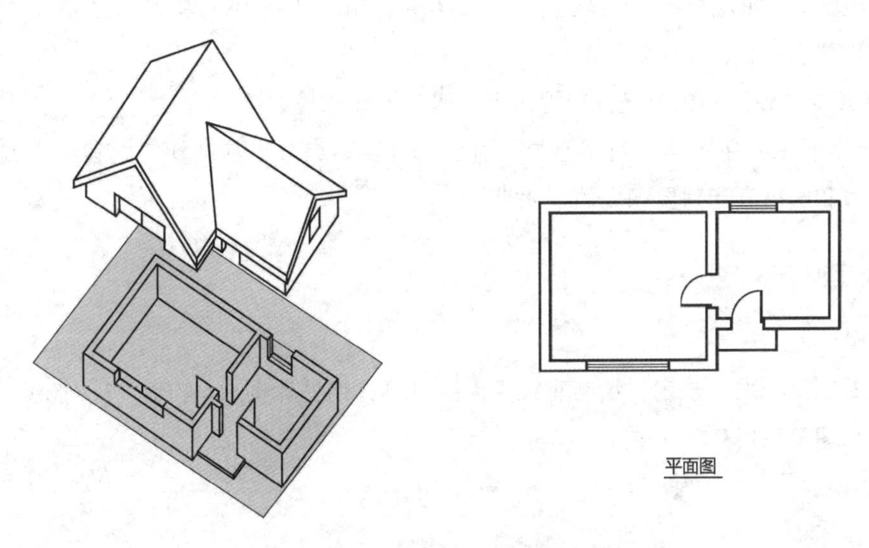

图3-3-1 平面图的形成

（2）中间标准层平面图

由于房屋内部平面布置的差异，所以对于多层建筑而言，应该有一层就画一个平面图。其名称就用本身的层数来命名，如“二层平面图”或“四层平面图”等。但在实际的建筑设计过程中，多层建筑往往存在许多相同或相近平面布置形式的楼层，因此在实际绘图时，可将这些相同或相近的楼层合用同一张平面图来表示。这张合用的图被称作标准层平面图，有时也可用其对应的楼层数命名，如“二至六层平面图”等。

（3）顶层平面图

顶层平面图也可用相应的楼层数命名。

（4）屋顶平面图和局部平面图

屋顶平面图是指将房屋的顶部单独向下所作的俯视图，主要用来描述屋顶的平面布置。而对于平面布置基本相同的中间楼层，其局部的差异，无法用标准层平面图来描述，此时则可用局部平面图表示。

3.3.2 建筑平面图的内容及规定画法

3.3.2.1 主要内容

以图3-3-2所示的平面图为例，建筑平面图所表示的主要内容如下。

① 图名（层次）、比例；

② 纵、横向的定位轴线及其编号；

③ 建筑物的平面布置、外墙、内墙和柱的位置，房间的分隔形状大小和用途；

④ 门、窗的位置和类型，并标注代号和编号；

⑤ 楼梯（或电梯）的位置和形状，梯段的走向和步数；

⑥ 室外构配件，如底层平面图表示台阶、花台、明沟（散水）等；二层以上的平面图表示阳台、雨棚等的位置和形状；

⑦ 标注建筑物的外形、内部尺寸和地面标高以及坡比和坡向等；

⑧ 在底层平面图上还应标注剖面图的剖面剖切符号和编号（其剖切方向宜向左或向上，还应标注详图索引符号和画出表示房屋朝向的指北针等）。

3.3.2.2 规定画法

（1）比例

按照《建筑制图标准》规定，绘制建筑平面图时可选用的比例有1：50、1：100、1：200。但通常的建筑平面画图多采用1：100或1：200。

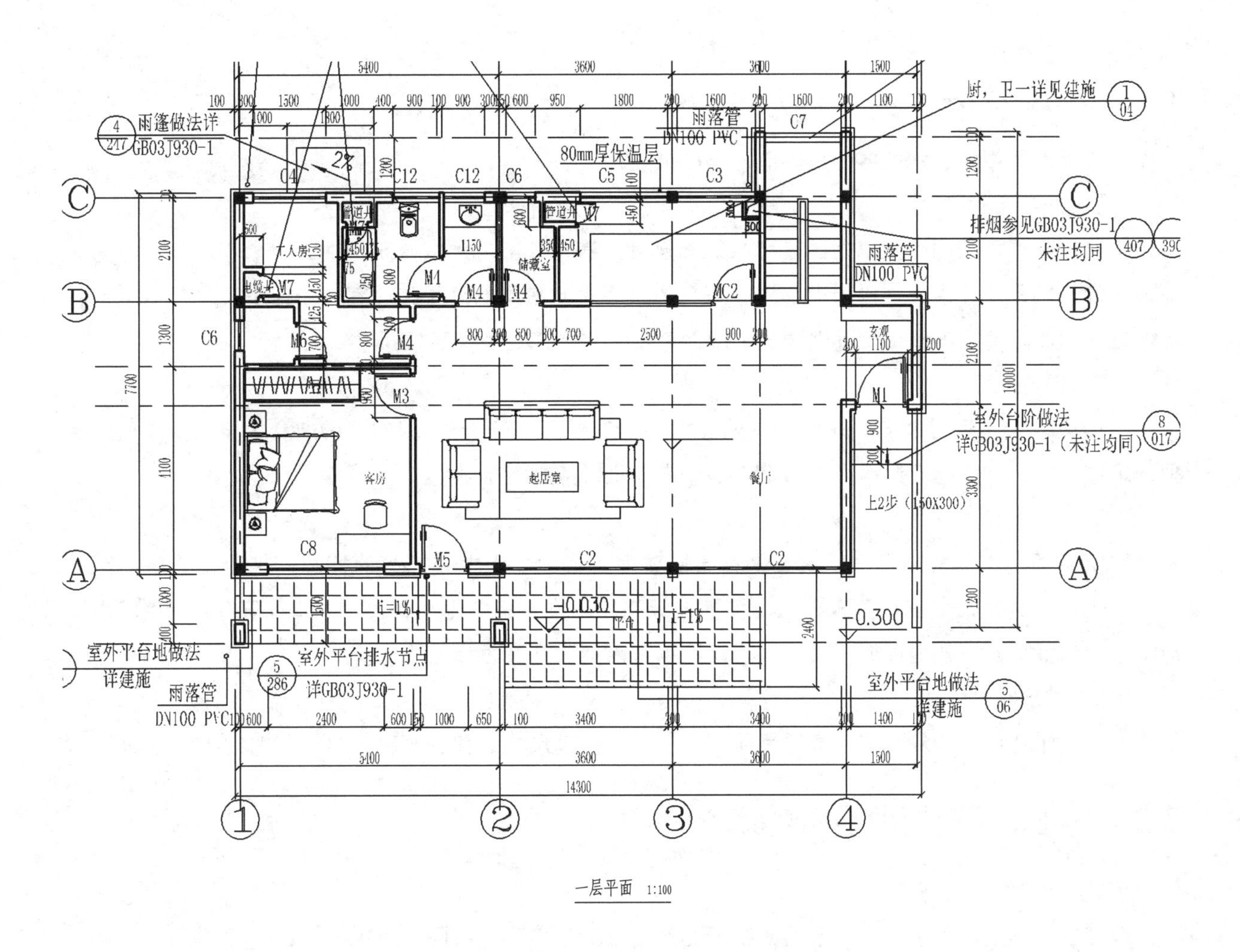

图3-3-2 某别墅一层平面图

（2）朝向

为了更加精确地确定房屋的朝向，在底层平面图上应加注指北针（一般总平面图上标注风向频率玫瑰图，而底层平面图上标注指北针，通常两者不得互换，且所示的方向必须一致）。其他层平面图上不再标出。

（3）图线

为了加强平面图中各构件间的高度差和剖切时的空、实感，标准规定，在建筑平面图上，剖切部分的投影用粗实线绘制，而未被剖切的部分（如窗台、楼地面、梯段、卫生设备、家具陈设）的轮廓线应使用中实线或细实线。有时为了表达被遮挡的或不可见的部分（如高窗、吊柜），可用中虚线绘制其轮廓线。

3.3.2.3 尺寸标注

建筑平面图中的尺寸主要分为以下几个部分。

（1）外部尺寸

标注在建筑平面图轮廓以外的尺寸叫外部尺寸。通常外部尺寸按照所标注的对象不同，又分为三道，它们分别是（按由外往内的顺序）：第一道尺寸表示房屋的总长和总宽；第二道尺寸用以确定各定位轴线间的距离；第三道尺寸则表达了门、窗水平方向的定型和定位尺寸。

（2）内部尺寸

内部尺寸应注写在建筑平面图的轮廓线以内，它主要用来表示房屋内部构造和主要家具陈设的定型、定位尺寸，如室内门洞的大小和定位等。内部尺寸应就近标注。

（3）标高尺寸

建筑平面图上的标高尺寸，主要是指某层楼面（或地面）上各部分的标高。按照《建筑制图标准》规定，该标高尺寸应以建筑物室内地面的标高为基准（室内地面标高设为±0.000）。在底层平面图中，还需标出室外地坪的标高值（同样应以室内地面标高为参照点）。

（4）坡度尺寸

在屋顶平面图上，应标注出描述屋面坡度的尺寸，该尺寸通常由两部分组成：坡比与坡向。

3.3.3 建筑平面图的绘图步骤

（1）选定绘图比例

按照所绘房屋的大小，选择合适的绘图比例。图3–3–3采用的是1：100。

（2）画定位轴线

定位轴线是建筑物的控制线，在平面图中，凡承重的墙、柱、大梁、屋架等都要画轴线，并按规定的顺序进行编号。

（3）画墙身（柱）的轮廓线

此时应特别注意构件的中心是否与定位轴线重合。画墙身轮廓线时，应从轴线处分别向两边量取。

（4）画门窗

由定位轴线定出门窗的位置，若所表示的是高窗、通气孔、槽等不可见的部分，则应以虚线绘制。

（5）画其他构配件的轮廓

所谓其他构配件，是指台阶、楼梯、平台、卫生设备、散水和雨水管等。

（6）检查后描粗加深有关图线

在完成上述步骤后，应仔细检查，及时发现并纠正错误。然后按照《建筑制图标准》（GB/T 50104—2010）的有关规定描粗加深图线。

（7）标注尺寸

注写定位轴线编号、标高、剖切符号、索引符号、门窗代号及图名和比例等内容。

以上只是绘制建筑平面图的大致步骤，在实际操作时，可按房屋的具体情况和绘图者的习惯加以改变。图3-3-3是以某别墅底层平面图为例，列出的绘图步骤示意图，仅供参考。

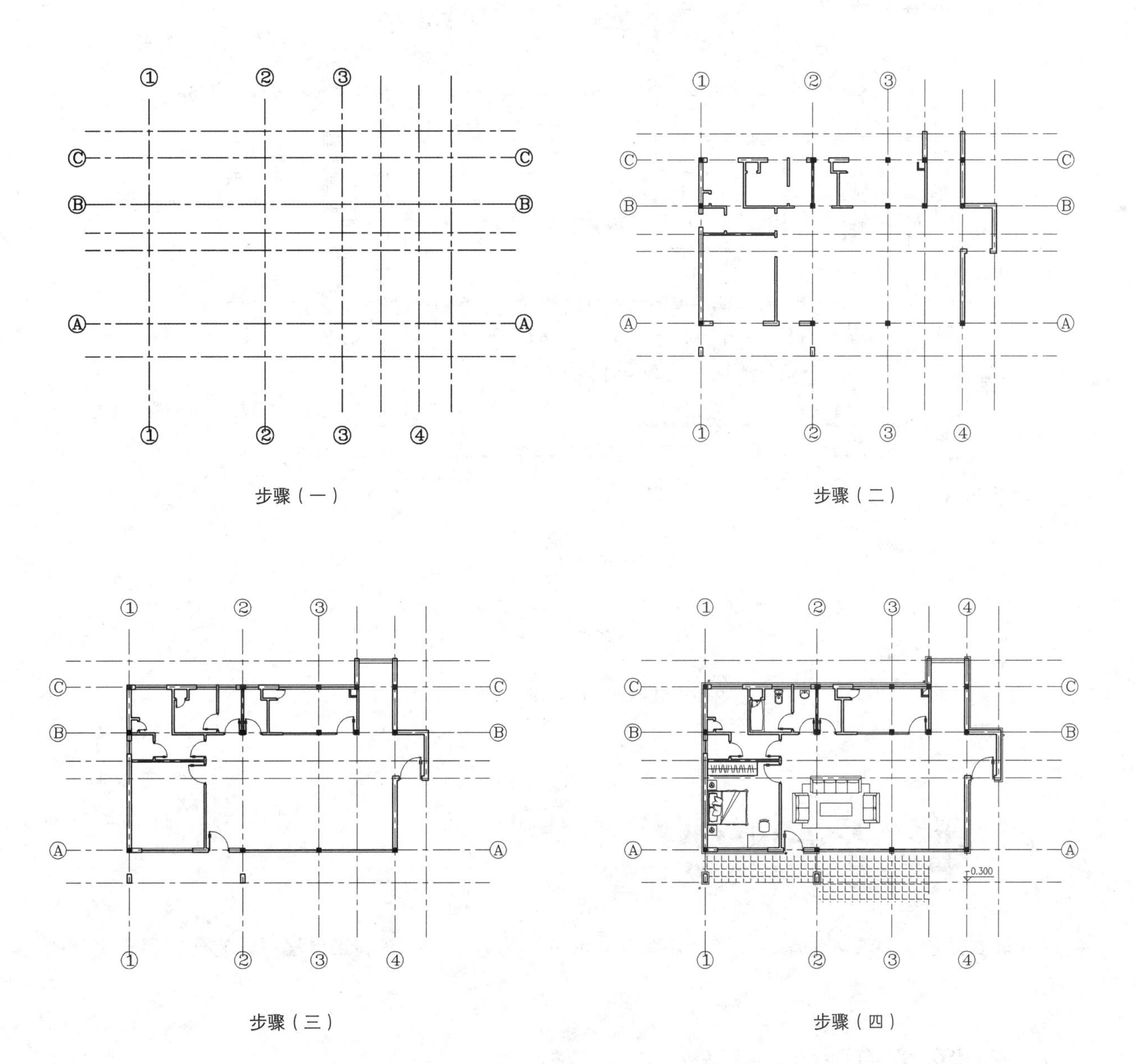

图3-3-3　某别墅一层平面图绘图步骤

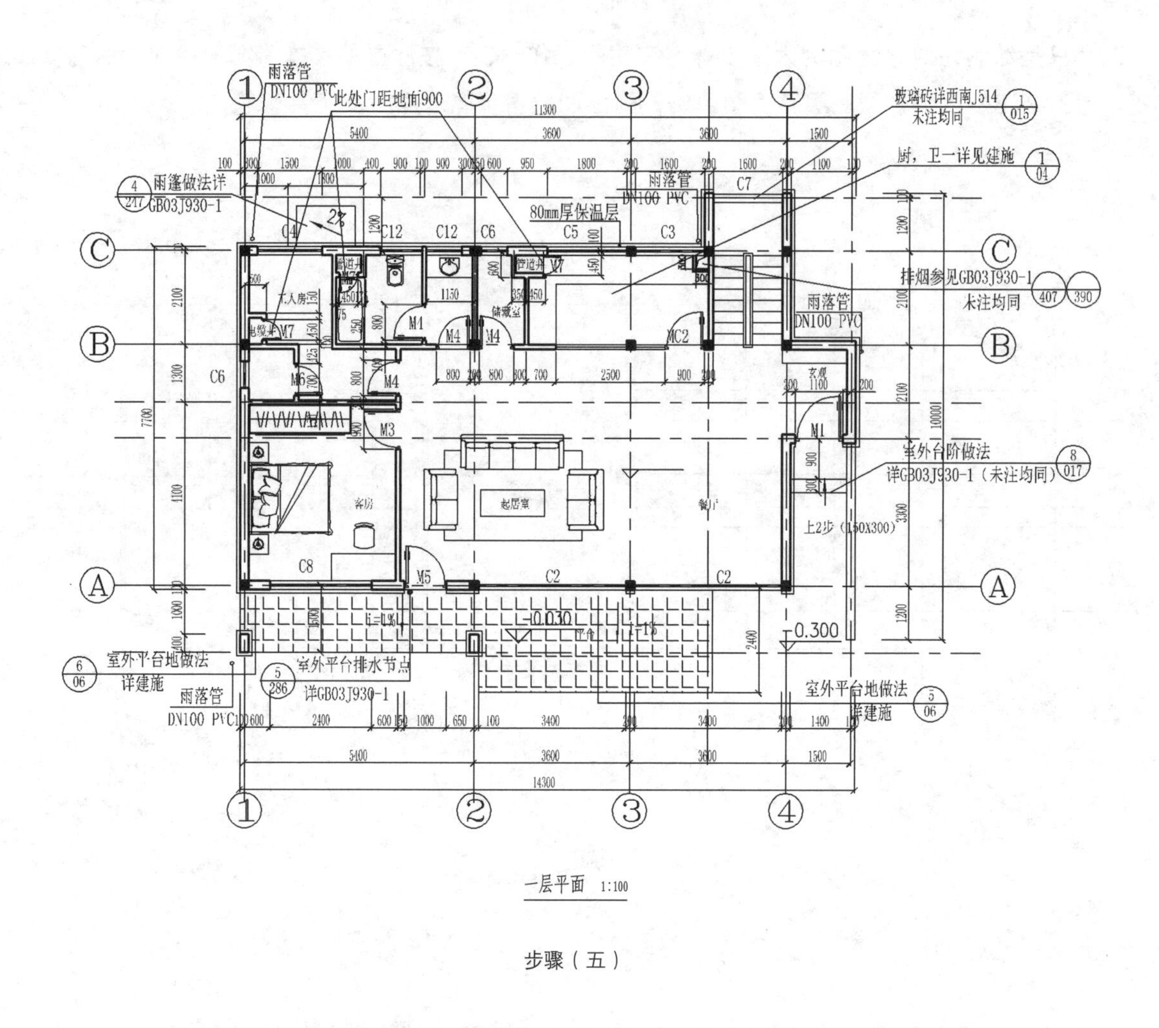

步骤（五）

图3-3-3 某别墅一层平面图绘图步骤（续）

3.4 建筑立面图

建筑立面图主要表达房屋的外形、外貌及外墙的装饰等内容，在施工过程中，它通常用于室外的装修。

3.4.1 建筑立面图的形成及命名

3.4.1.1 建筑立面图的形成

从房屋的前、后、左、右等方向直接作正投影，只画出其上的可见部分（不可见的虚线轮廓不画）所得的图形，称为建筑立面图，简称立面图。如图3-4-1所示的即为房屋的立面图。

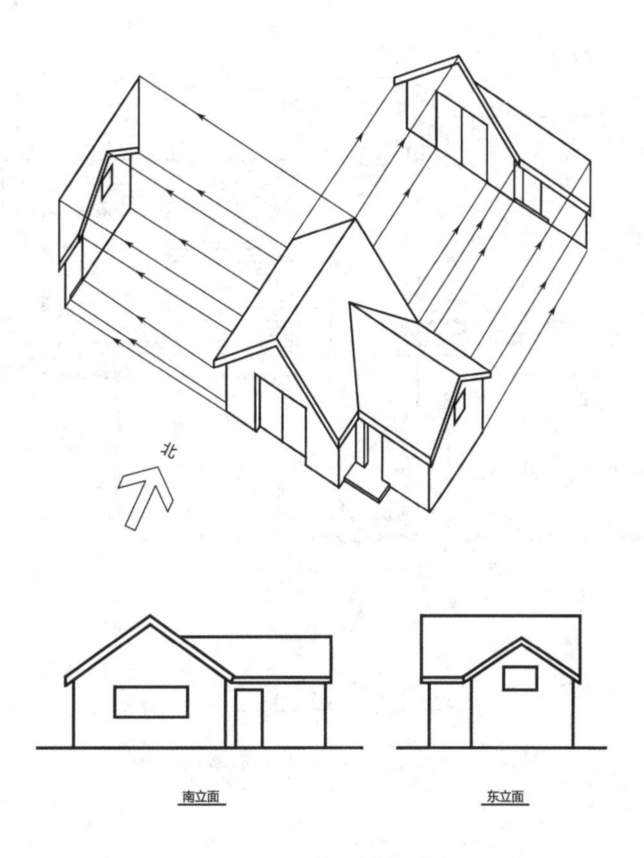

图3-4-1 立面图的形成

3.4.1.2 建筑立面图的命名

在建筑施工图中，立面图的命名方式较多。一般有如下三种。

（1）以房屋的主要入口命名

通常规定，房屋主要入口所在的面为正面，则当观察者面向房屋的主要入口站立时，从前向后所得的是正立面图，从后向前的则是背立面图，从左向右的称为左侧立面图，而从右向左的则称为右侧立面图。

（2）以房屋的朝向命名

有时也可以房屋的朝向来命名立面图。规定：房屋中朝南面的立面图被称为南立面图，同理还有北立面图、西立面图和东立面图。

（3）以定位轴线的编号命名

对于那些不便于用朝向命名的房屋，还可以用定位轴线来命名。所谓以定位轴线命名，就是用该面的首尾两个定位轴线的编号，组合在一起来表示立面图的名称。

以上三种命名方式各有其优、缺点，在绘图时，应根据实际情况灵活选用。在图3-4-2至图3-4-5中，就采用了以定位轴线的编号命名的方式。若改以房屋的主要入口命名，则图3-4-2也可称为正立面图。

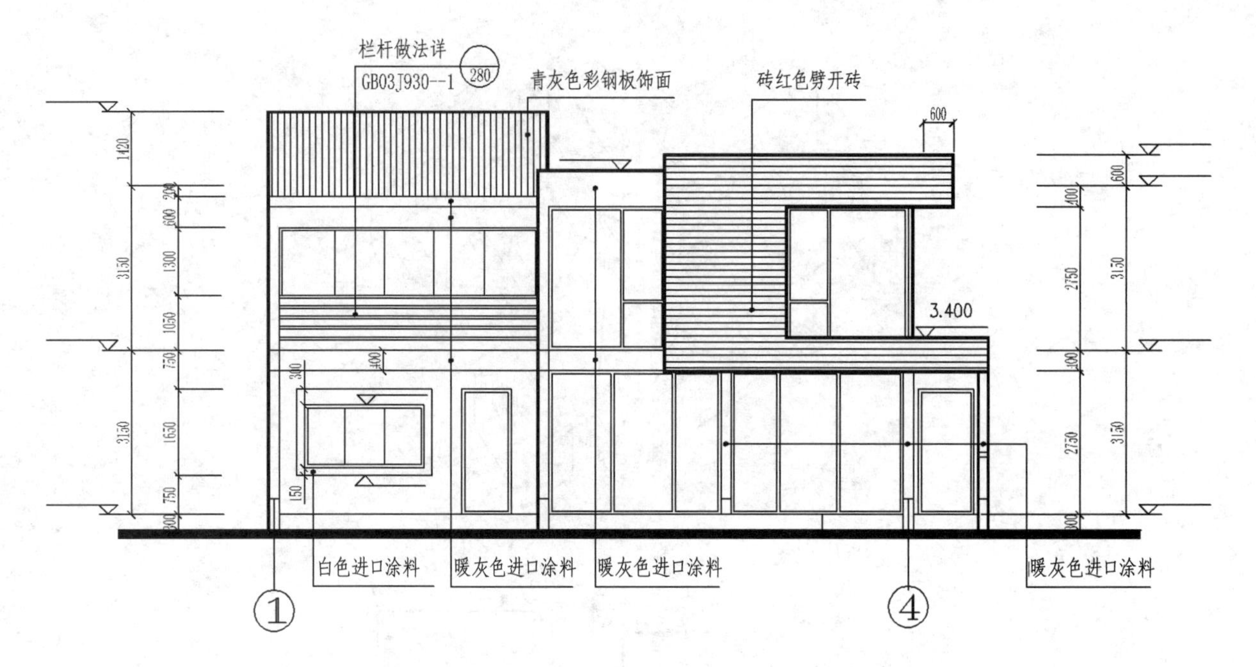

图3-4-2 某别墅立面图1

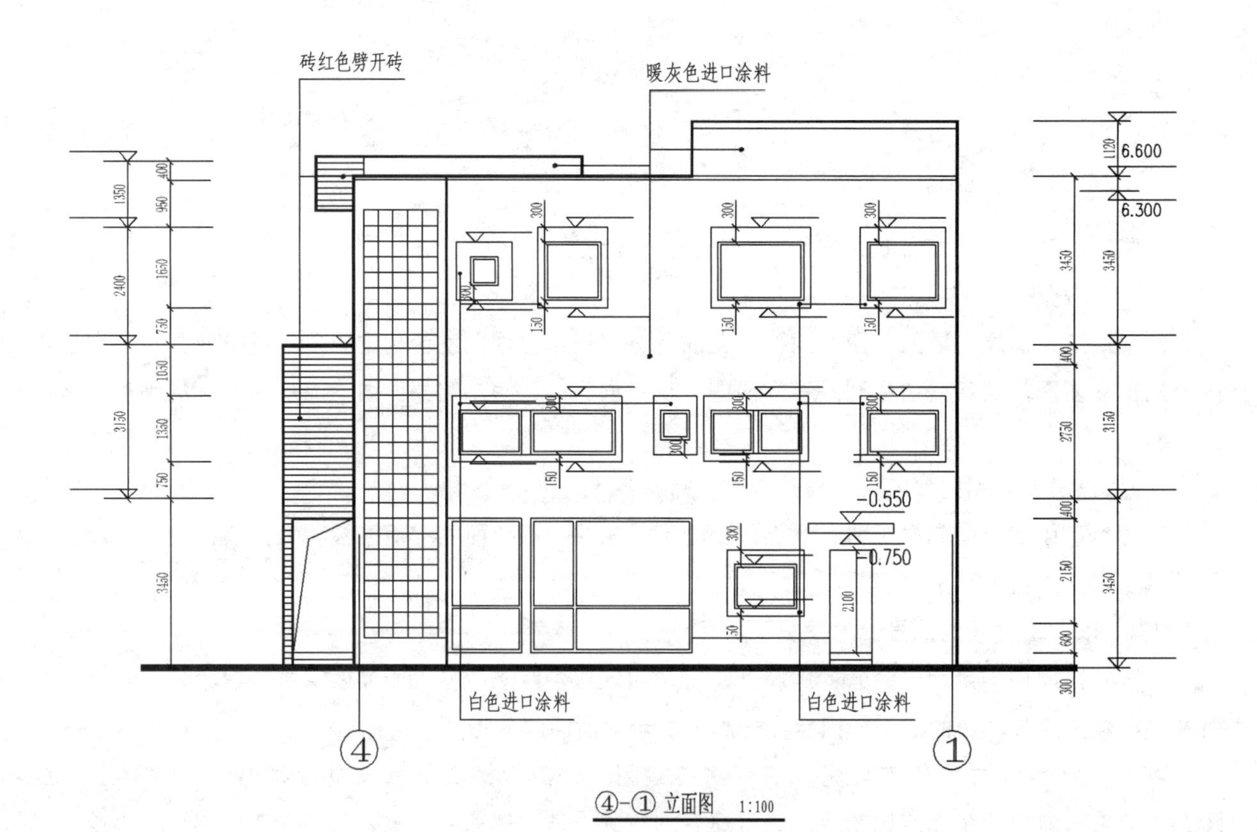

图3-4-3 某别墅立面图2

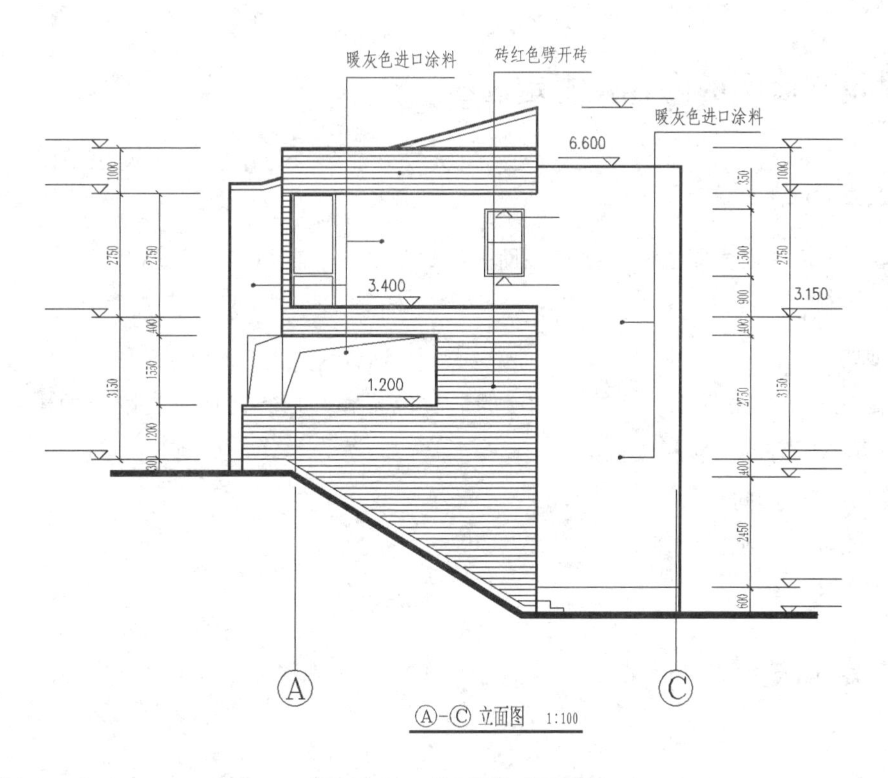

图3-4-4 某别墅立面图3

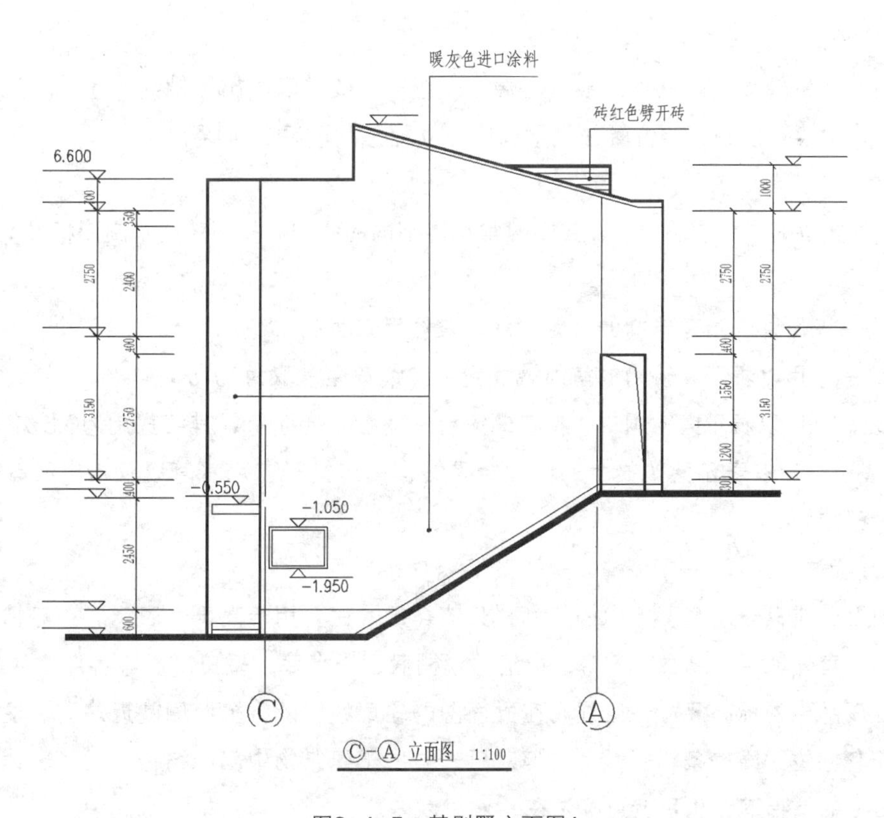

图3-4-5 某别墅立面图4

3.4.2 建筑立面图的内容及规定画法

3.4.2.1 主要内容

以图3-4-2所示的立面图为例，建筑立面图所表示的主要内容有以下几点：

① 图名、比例；

② 定位轴线；

③ 表示建筑物的外形轮廓（包括门、窗的形状位置和开启方向以及台阶、雨棚、阳台、檐口、墙面、屋顶、雨水管等的形状和位置）；

④ 房屋的高度、方向、尺寸；

⑤ 表明外墙面层的装饰材料；

⑥ 详图索引符号等。

3.4.2.2 规定画法

（1）比例

建筑立面图的比例应和平面图相同，根据《建筑制图标准》规定，常用的有1∶100、1∶200和1∶50。

（2）定位轴线

立面图上的定位轴线一般只画两根（两端），图3-4-2中只画出了轴线①和④。且编号应与平面图中的相对应，故也可以说，定位轴线是平面图与立面图间联系的桥梁。

（3）图线

为了增加建筑立面图的图画层次，绘图时常采用不同的线型。按照《建筑制图标准》规定，主要线型有：

① 粗实线——用以表示建筑物的外轮廓线，其线宽定为b；

② 加粗线——用以表示建筑物的室外地坪线，其线宽通常取为1.4b；

③ 中实线——用以表示门窗洞口、檐口、阳台、雨棚、台阶等，其线宽定为0.5b；

④ 细实线——用以表示建筑物上的墙面分隔线、门窗格子、雨水管以及引出线等细部构造的轮廓线，它的线宽约为0.25b。

（4）尺寸标注

在立面图上通常只表示高度方向的尺寸，且该类尺寸主要用标高尺寸表示。一般情况下，一张立面图上应标出：室外地坪、勒脚、窗台、窗沿、雨棚底、阳台底、檐口顶面等各部位的标高。

通常，立面图中的标高尺寸，应注写在立面图的轮廓线以外，分两侧就近注写。注写时要上下对齐，并尽量使它们位于同一条铅垂线上。但对于一些位于建筑物中部的结构，为了表达更为清楚，在不影响图面清晰的前提下，也可就近标注在轮廓线以内。

立面图中所标注的标高尺寸有两种：建筑标高和结构标高。在一般情况下，用建筑标高表示构件的上表面（如阳台的上表面、檐口顶面等）；而用结构标高来表示构件的下表面（雨棚、阳台的底面等）。但门窗洞的上下两面则必须全都标注结构标高。

3.4.3 建筑立面图的绘图步骤

以图3-4-2为例，立面图的绘图步骤如图3-4-6所示。

① 选取和平面图相同的绘图比例。

② 画两端的定位轴线、室外地坪线、外墙轮廓线及屋顶线。

③ 定门窗位置线，画出门窗、窗台、雨棚、阳台、檐口、墙垛、勒脚等细部结构。对于相同的构件，只需画出其中的1~2个，其余的只画外形轮廓，如图中的门窗等。

④ 检查后加深图线。为了立面效果明显，图形清晰，重点突出，层次分明，立面图上的线型和线宽一定要区分清楚。

⑤ 标注标高，填写图名、比例和外墙装饰材料的做法等。

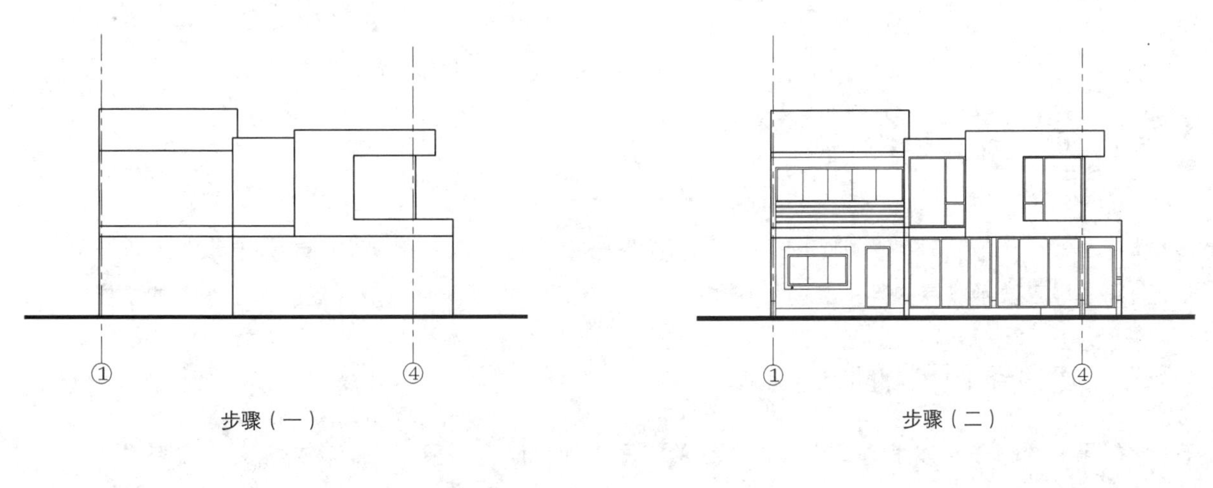

步骤（一）　　步骤（二）

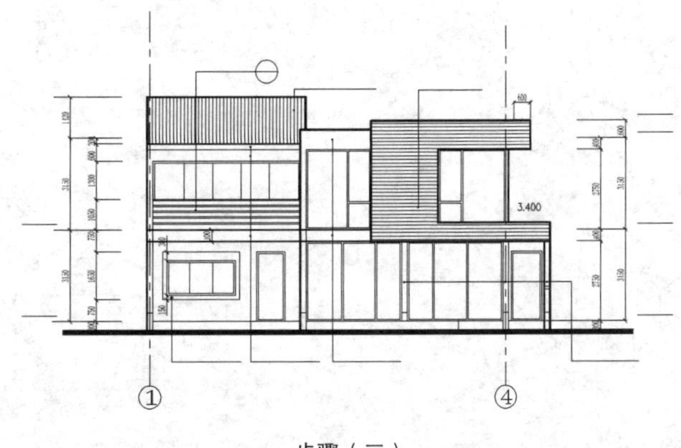

步骤（三）

图3-4-6　某别墅立面图绘图步骤

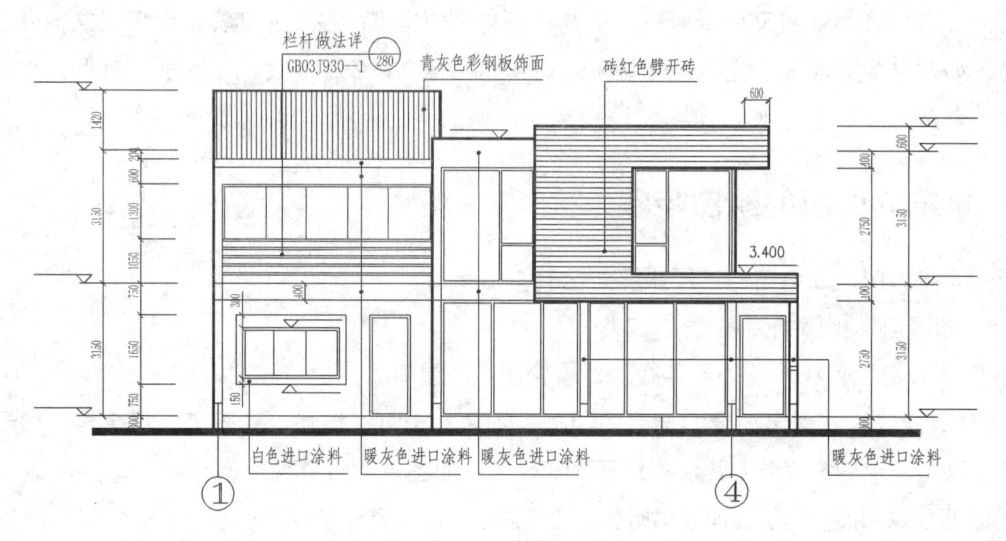

步骤（四）

图3-4-6　某别墅立面图绘图步骤（续）

3.5　建筑剖面图

在建筑施工图中，建筑平面图表示的是房屋的平面布置，立面图反映的是房屋的外貌和装饰，而剖面图则是用来表示房屋内部的竖向结构和特征的。这三者相互配合，成为建筑施工图中的主要图样。

3.5.1　建筑剖面图的形成

假想用一个或一个以上垂直于外墙轴线的铅垂剖切平面将房屋剖开，移去靠近观察者的部分，对剩余部分所作的正投影图，就称为建筑剖面图，简称剖面图（图3-5-1）。

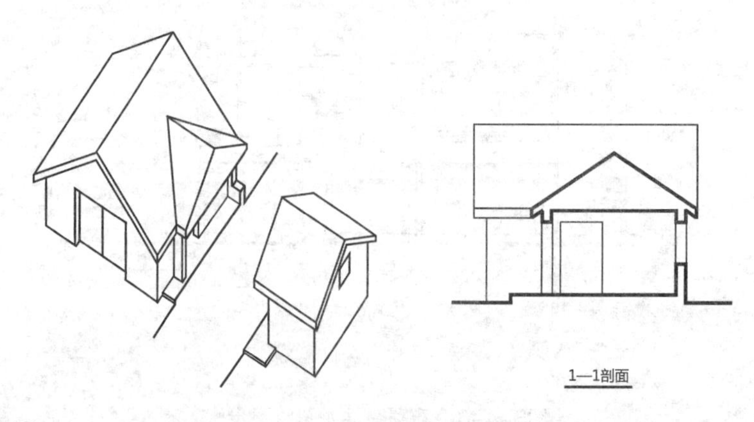

图3-5-1　建筑剖面图的形成

剖面图的数量及其剖切位置应根据建筑物自身的复杂情况而定，一般剖切位置选择房屋的主要部位或结构较为典型的部位，如楼梯间等，并应尽量使剖切平面通过门窗洞口。剖面图的图名应与建筑底层平面图的剖切符号一致。

3.5.2 建筑剖面图的内容及规定画法

3.5.2.1 剖面图的图示内容

① 被剖切到的墙、梁及其定位轴线。

② 室内底层地面，各层楼面、屋顶、门窗、楼梯、阳台、雨棚、防潮层、踢脚板、室外地面、散水、明沟及室内外装修等剖切到和可见的内容。

③ 标注尺寸和标高。

剖面图中应标注相应的标高与尺寸。

标高：应标注被剖切到的外墙门窗口的标高，室外地面的标高，檐口、女儿墙顶的标高以及各层楼地面的标高。

尺寸：应标注门窗洞口高度、层间高度和建筑总高三道尺寸，室内还应注出内墙体上门窗洞口的高度以及内部设施的定位和定型尺寸。

④ 表示楼地面、屋顶各层的构造。

一般用引出线说明楼地面、屋顶的构造做法。如果另画详图或已有说明，则在剖面图中用索引符号引出说明（图3-5-2、图3-5-3）。

3.5.2.2 剖面图规定画法

（1）比例

绘制建筑剖面图时，应采用与建筑平面图、立面图相同的比例。但有时为了将房屋的构造表达得更加清楚，《建筑制图标准》也允许采用比平面图更大的比例。常用的建筑剖面图比例有1：50、1：100和1：200。

（2）定位轴线

剖面图上定位轴线的数量比立面图中要多，但一般也不需要全部画出。通常只画图中反映到的墙或柱的轴线。如图3-5-2和图3-5-3中画出了轴线A、B和C。同样，平面图与剖面图间的联系也是通过定位轴线实现的。

（3）剖切平面的选取

为了较好地反映建筑物的内部构造，应合理地选择剖切平面。在选择剖切平面时，应注意以下几点。

① 建筑剖面图中的剖切平面，通常是与纵向定位轴线垂直的铅垂面。

② 通常要将剖切平面选择在那些能反映房屋全貌和构造特征的地方（应尽可能多地通过房屋内的门和窗，以反映出它们的高度尺寸），或选择在具有代表性的特殊部位，如楼梯间等。

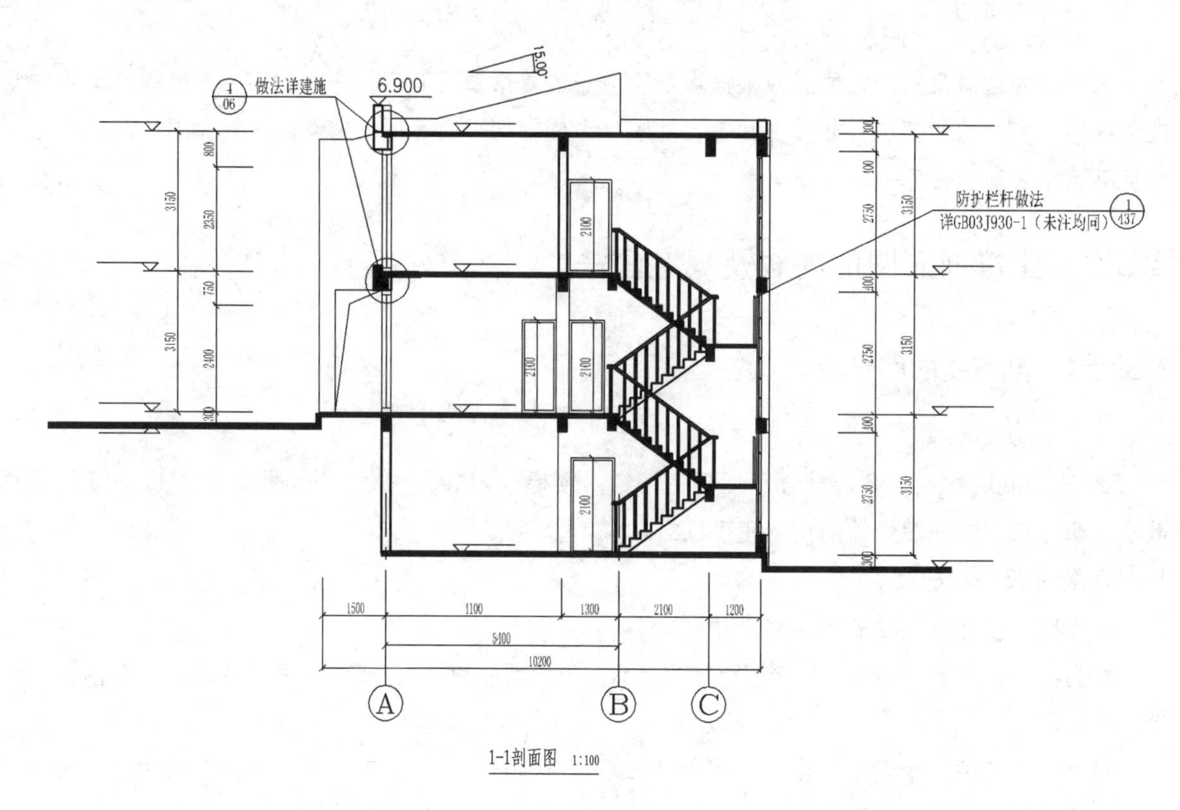

图3-5-2　某别墅1-1剖面图

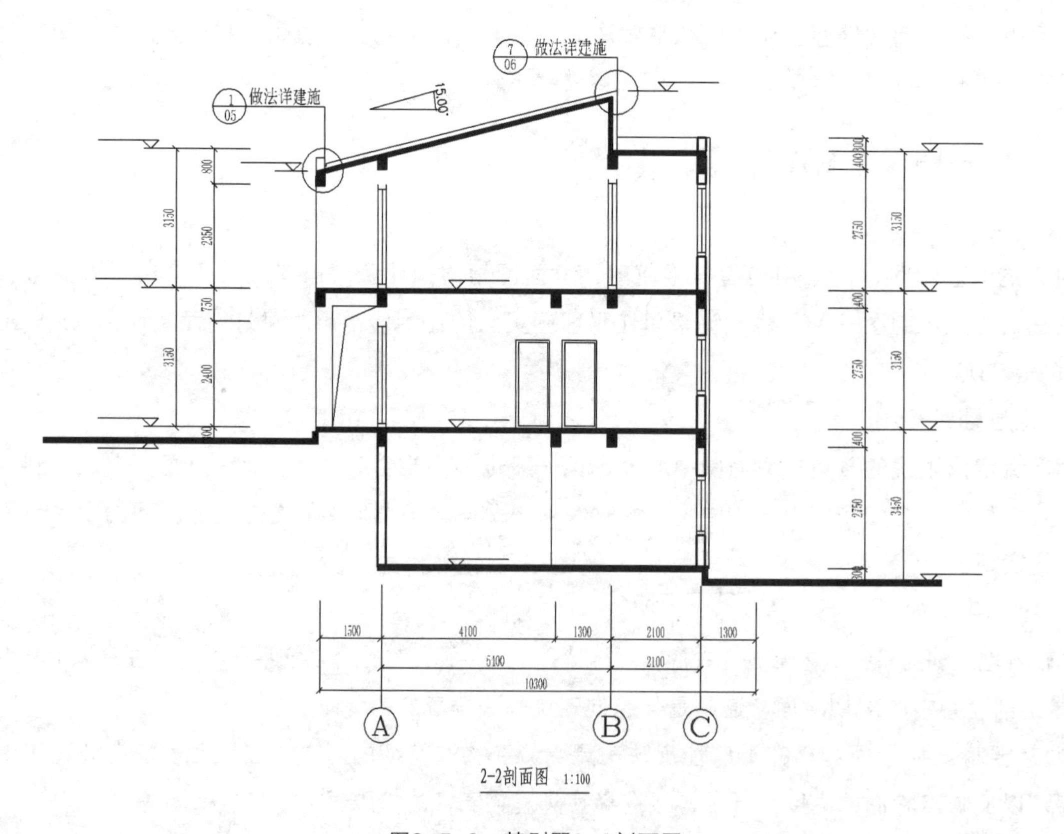

图3-5-3　某别墅2-2剖面图

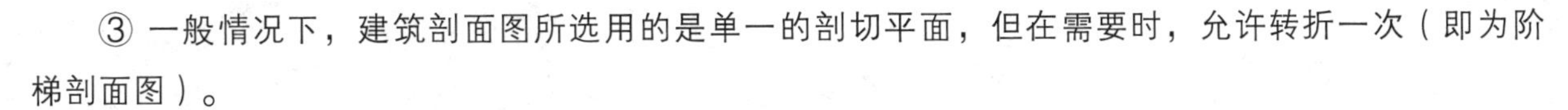

③ 一般情况下，建筑剖面图所选用的是单一的剖切平面，但在需要时，允许转折一次（即为阶梯剖面图）。

（4）剖面图的名称和数量

建筑剖面图的名称，应和平面图上标注的一致（一般采用阿拉伯数字标注的较为常见）。剖面图的数量，则取决于房屋的复杂程度及施工时的实际需要。

（5）尺寸标注

建筑剖面图中需标注的尺寸虽不是最多，但其所包括的内容却较复杂。它既要标注出被剖切到的墙、柱等的定位轴线的间距（平面尺寸），又要标出大量的竖直方向的高度尺寸（包括图中可见到的室内的门、窗洞的定型尺寸等），还要标注出图中各主要部分的标高尺寸（主要指各层楼面的地面标高、楼梯休息平台的地面标高。通常，剖面图中的标高尺寸，应注写在有关高度尺寸的外侧）。

3.5.3 建筑剖面图的绘图步骤

以图3-5-2为例，剖面图的绘图步骤如图3-5-4所示。

① 选取合适的绘图比例，一般与平面图、立面图一致。

② 确定定位轴线和高程控制线的位置。其中高程控制线主要指室内外地坪线、各层楼面线、区顶线、楼梯休息平台线等。

③ 画出内、外墙身厚度，楼板、屋顶构造厚度，再画出门窗洞高度、过梁、圈梁、防潮层、出檐宽度、楼梯段及踏步、休息平台、台阶等的轮廓。

④ 画未剖切到的可见轮廓，如墙垛、梁（柱）、阳台、雨棚、门窗、楼梯栏杆扶手。

⑤ 检查后按线型标准的规定加深各类图线。

⑥ 标注高度尺寸和标高。

⑦ 写图名、比例及从地面到屋顶各部分的构造说明等，并标出需要表达的细部详图的索引符号和编号。

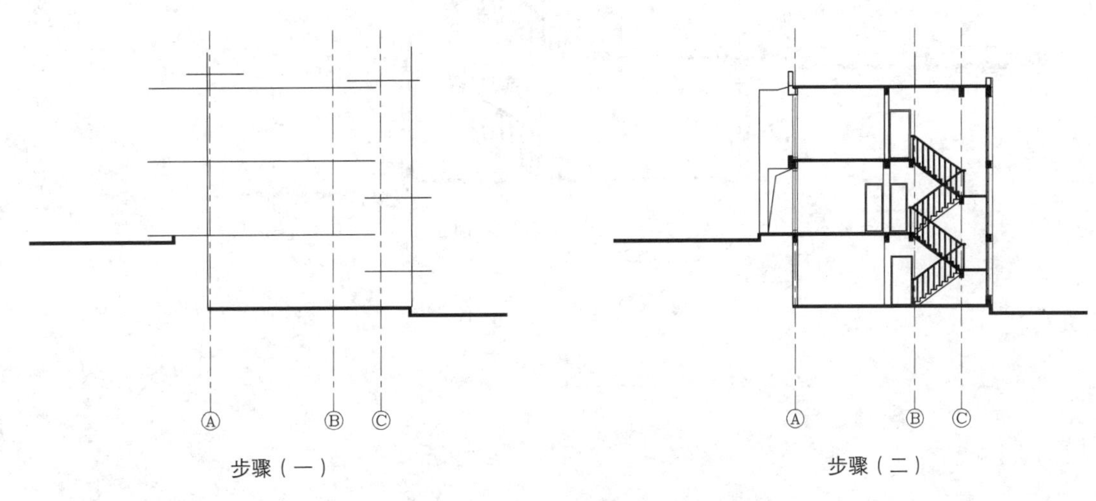

图3-5-4 某别墅剖面图绘图步骤

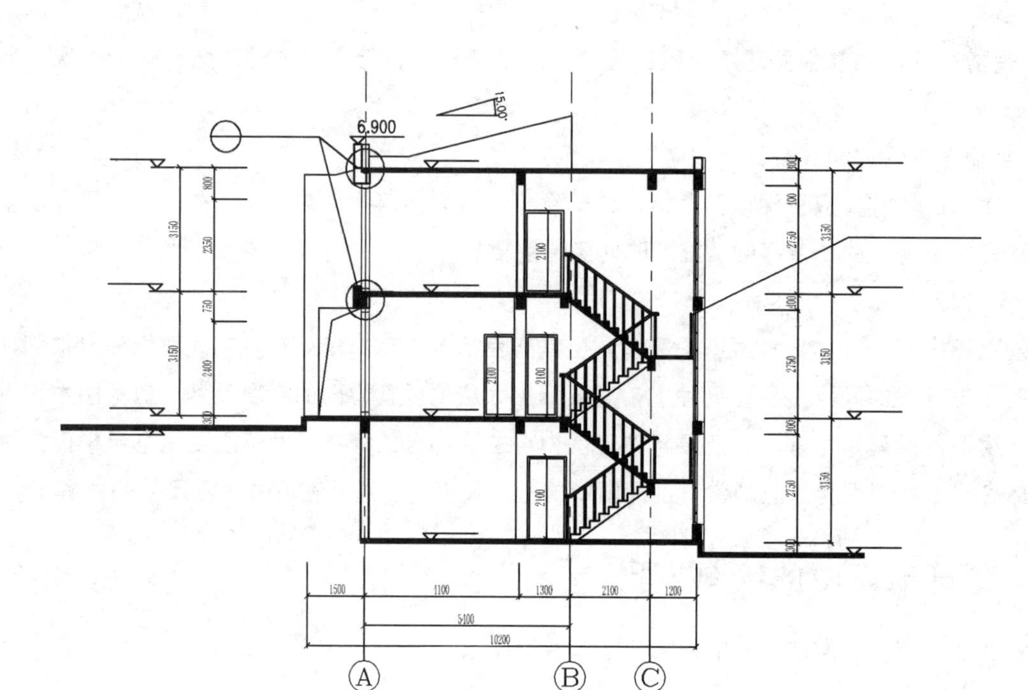

步骤（三）

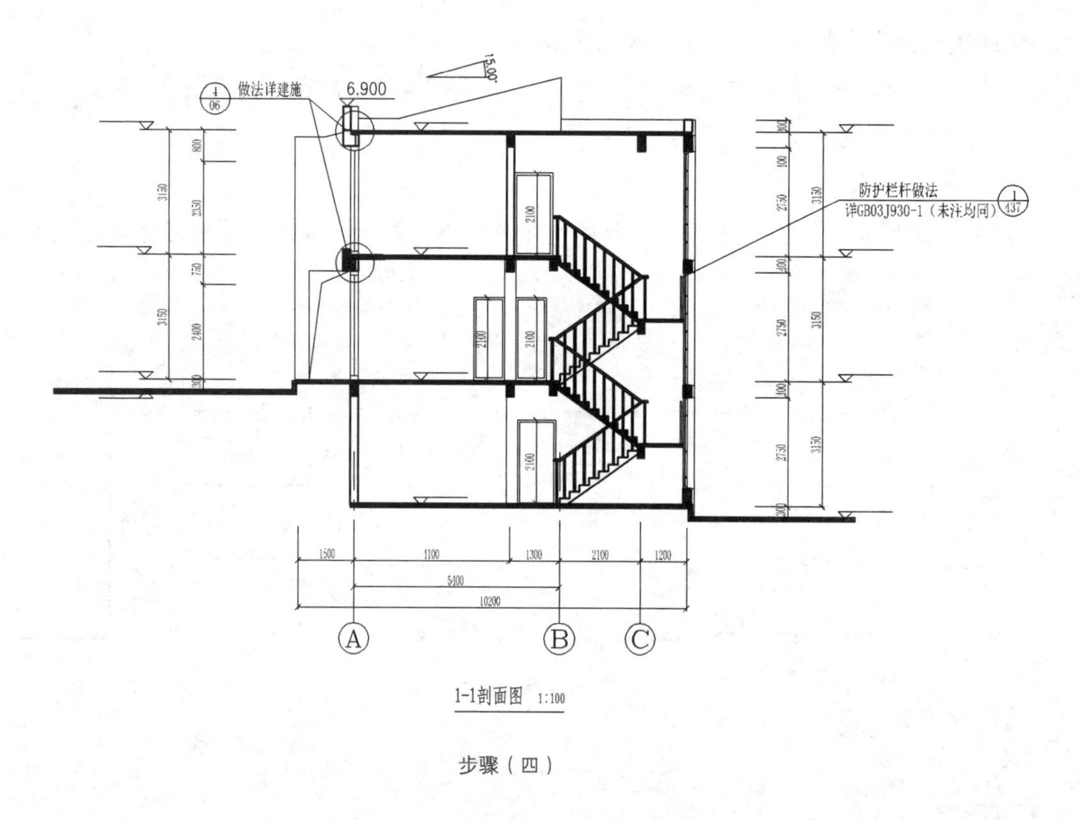

步骤（四）

图3-5-4 某别墅剖面图绘图步骤（续）

3.6 建筑详图

建筑平、立、剖面图一般采用较小的比例绘制，因此房屋的许多细部构造和构配件难以在这些图中表示清楚，必须另外绘制比例较大的图样，将其形状、大小、构造、材料等详细地表达出来，这种图样称为建筑详图，有时也称为大样图或节点图。

建筑详图可以是建筑平、立、剖面图中的某一部分的放大图，也可以是用其他方法表示的剖面或断面图。对于那些套用标准图或通用详图的建筑构配件和剖面节点，只要注明了它所套用的图集的名称、编号或索引符号，就不必另画详图。

本节将室内楼梯作为详图范例来进行阐述。

楼梯是建筑物上下交通的主要设施。一般采用现浇或预制的钢筋混凝土楼梯。它主要是由楼梯段、平台、平台梁、栏杆（或栏板）和扶手等组成。梯段是联系两个不同标高平面的倾斜构件，上面做踏步，踏步的水平面称踏面，踏步的铅垂面称踢面。平台起休息和转换梯段的作用，也称休息平台或缓步台。栏杆（或栏板）和扶手用以保证人上下楼梯的安全。

3.6.1 建筑详图的形成

楼梯的形式多种多样，以平行双跑梯为例来讲解楼梯构造图的形成。

3.6.1.1 楼梯平面图

假想以一个水平面将楼梯间一层离地面1～1.5 m水平切开，将上面部分扔掉，从上向下看，将剩余的部分按正投影原理得出的投影图，即为楼梯的首层平面图，如图3-6-1所示。

因底层平面为离一层室内地面1～1.5 m的距离平剖，只剩下6～9级踏步，再向上的踏步都被剖切掉了，无需画出，只用折断线表示即可。楼梯梯段折断线按真实投影应为一条水平线，为了避免与踏步线混淆，规定用与墙线大约60° 的折断线表示。这条折断线宜从楼梯平台与墙线相交处引出。

二层楼梯平面图则是由于剖切平面位于离二层室内地面1 m的门窗洞口处，所以左侧部分表示由二层下一层的一段梯段。右侧部分表示由二层上到顶层的第一梯段的一部分和一层上到本层的第一段的一部分，二层第一个梯段的断开处仍然用斜折断线表示。

顶层楼梯平面图由于剖切不到楼段，从剖切位置向下投影时，可画出自顶层下到下一层的两个楼梯段（左侧是下一层的第二段，右侧是下一层的第一段）的所有踏步。

为了表示各个楼层的楼梯上下方向，可在梯段上用指示线和箭头表示，并以各自的楼（地）面为准，在指示线端部注写“上”和“下”。因顶部楼梯平面图中没有向上的楼梯，故只写“下”。

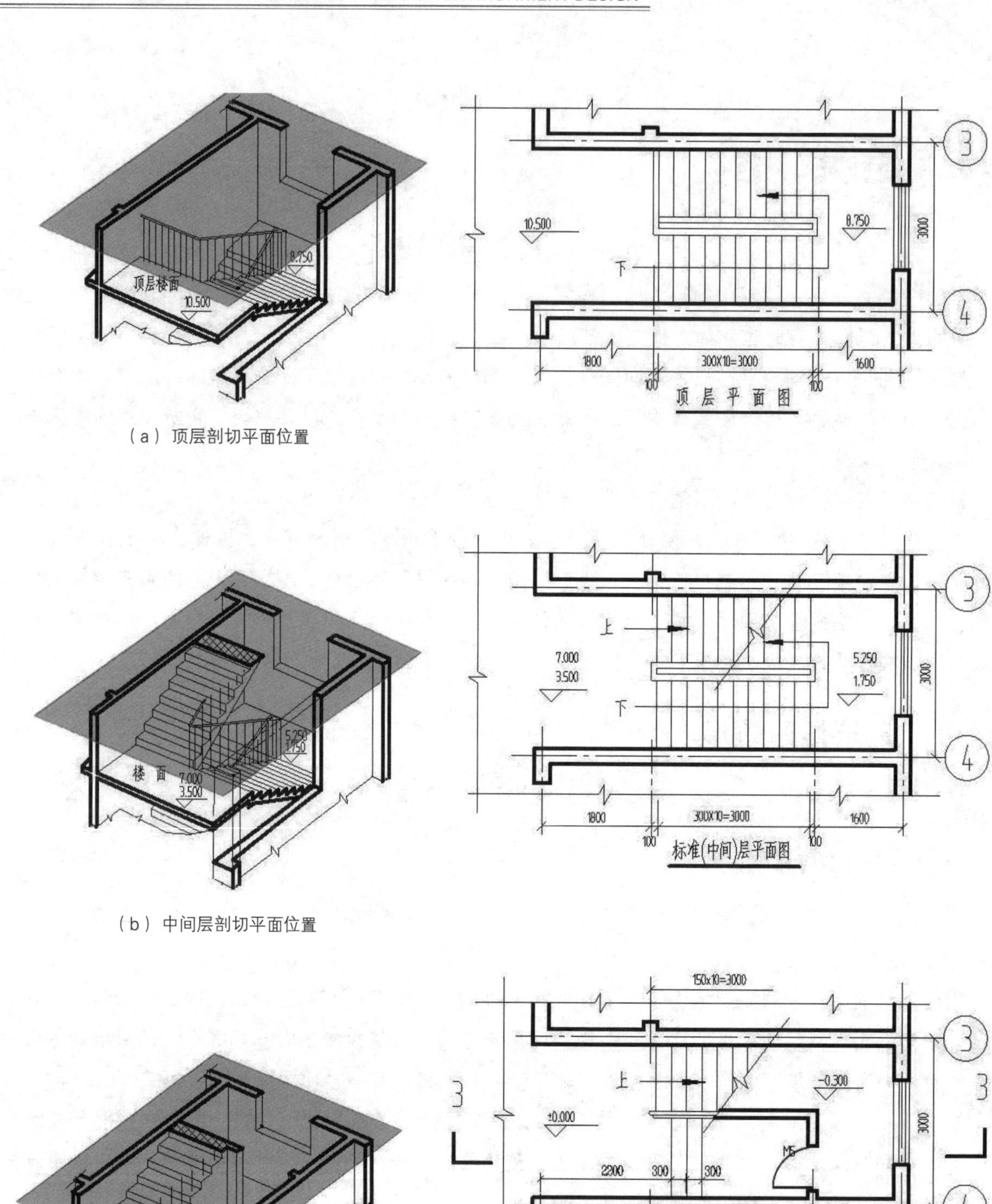

（a）顶层剖切平面位置

（b）中间层剖切平面位置

（c）底层剖切平面位置

图3-6-1 楼梯平面图的形成

3.6.1.2 楼梯剖面图

楼梯剖面图的形成与建筑剖面图相同，如图3-6-2所示。

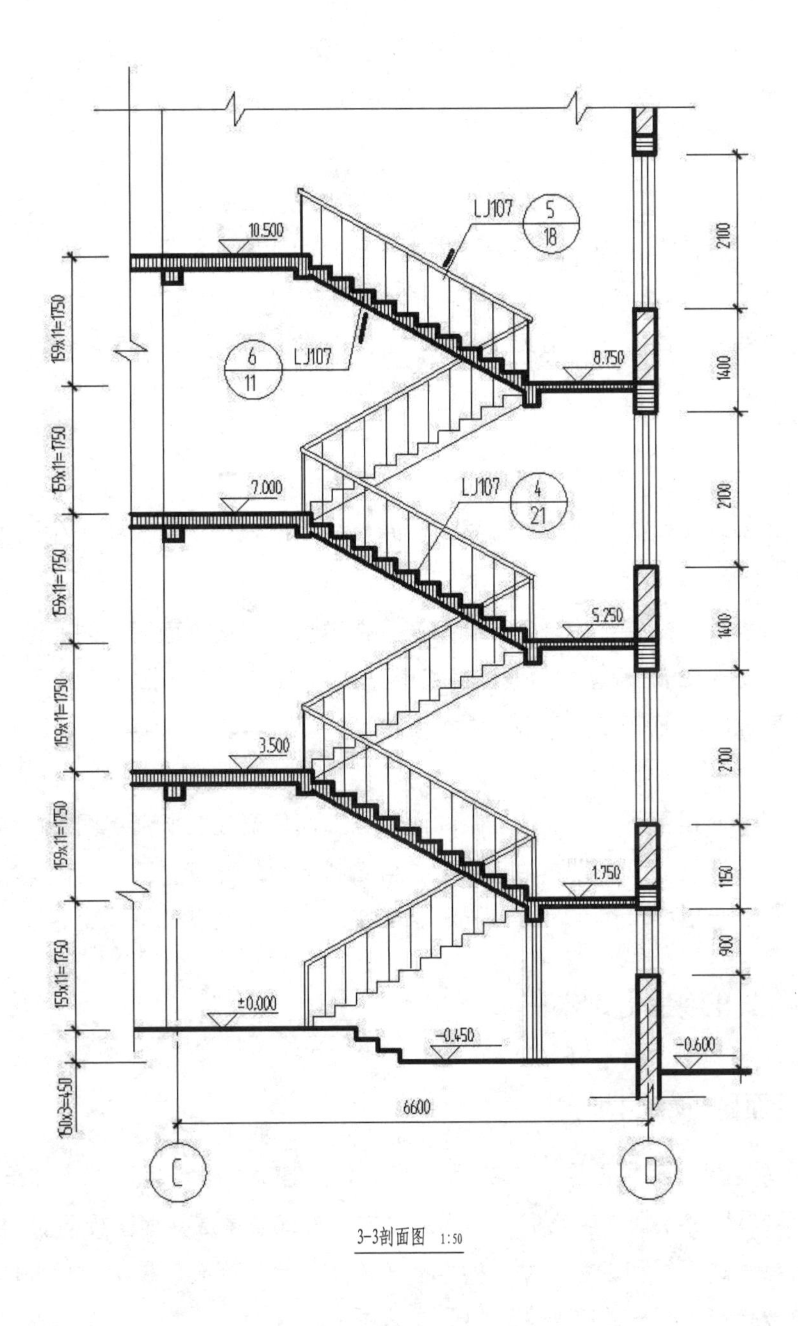

图3-6-2 楼梯剖面图

3.6.2 建筑详图的规定画法

3.6.2.1 比例图名

详图采用的比例有1：1、1：2、1：5、1：10、1：20、1：50等。建筑详图的图名需要画出详图的符号、编号和比例，与被索引的图样上的索引符号对应，以便对照查阅。具体索引方法见第1章。

3.6.2.2 线型

剖面图中被剖到的轮廓线（墙体、楼板）用粗实线绘制，没剖到但能看到的轮廓线，如窗户、台阶、楼梯踏步和阳台用中实线绘制，其余的一律用细实线绘制。

尺寸线与尺寸界线、标高符号用细实线绘制，定位轴线用细点画线绘制。

3.6.2.3 尺寸标注

（1）定位轴线

建筑详图中一定要画出定位轴线及其编号，以便与建筑平面图、立面图、剖面图对照。

（2）建筑标高与结构标高

建筑详图的尺寸标注必须完整齐全、准确无误。在详图中，同立面图、剖面图一样要注写楼面、地面、楼梯、阳台、台阶、雨棚等处完成面的标高（建筑标高）及高度方向尺寸；其余部位（如檐口、门窗洞口等）要注明毛面尺寸和标高（结构标高）。

（3）其他标注

对于套用标准图或通用图集的建筑构配件和建筑细部，只要注明所套用图集的名称、详图所在的页数和编号，不必再画详图。建筑详图中凡是需要再绘制详图的部位，同样要画上索引符号，另外，建筑详图还应用文字说明相关用料、做法和技术要求等。

3.6.3 建筑详图的绘图步骤

3.6.3.1 楼梯平面图的绘图步骤

楼梯平面图分为首层楼梯平面图、二层楼梯平面图……顶层楼梯平面图。如果平面图中有标准层，则相应的有标准层楼梯平面图。它们在图纸上的排列方式与多层平面图相同。

图中要标明楼梯间的开间和进深尺寸，楼地面及休息平台的标高，梯段及梯井的宽度，楼梯长度尺寸常用“踏步数×踏步宽度=梯段长度”的形式标注。

这里只介绍一层楼梯平面的作图过程，如图3-6-3所示。其他各层平面图的画法与之类似。

① 根据平面图中有关尺寸选比例（一般为1：30～1：50），画出楼梯间的定位轴线、墙体、起止踏步踢面线、梯段宽度，如图3-6-3（步骤一）所示。

② 画踏步数量、门窗等，如图3-6-3（步骤二）所示。

③ 画其他细部，如图3-6-3（步骤三）所示。

④ 标注尺寸、符号、文字说明，加深加粗图线，完成作图，如图3-6-3（步骤四）所示。

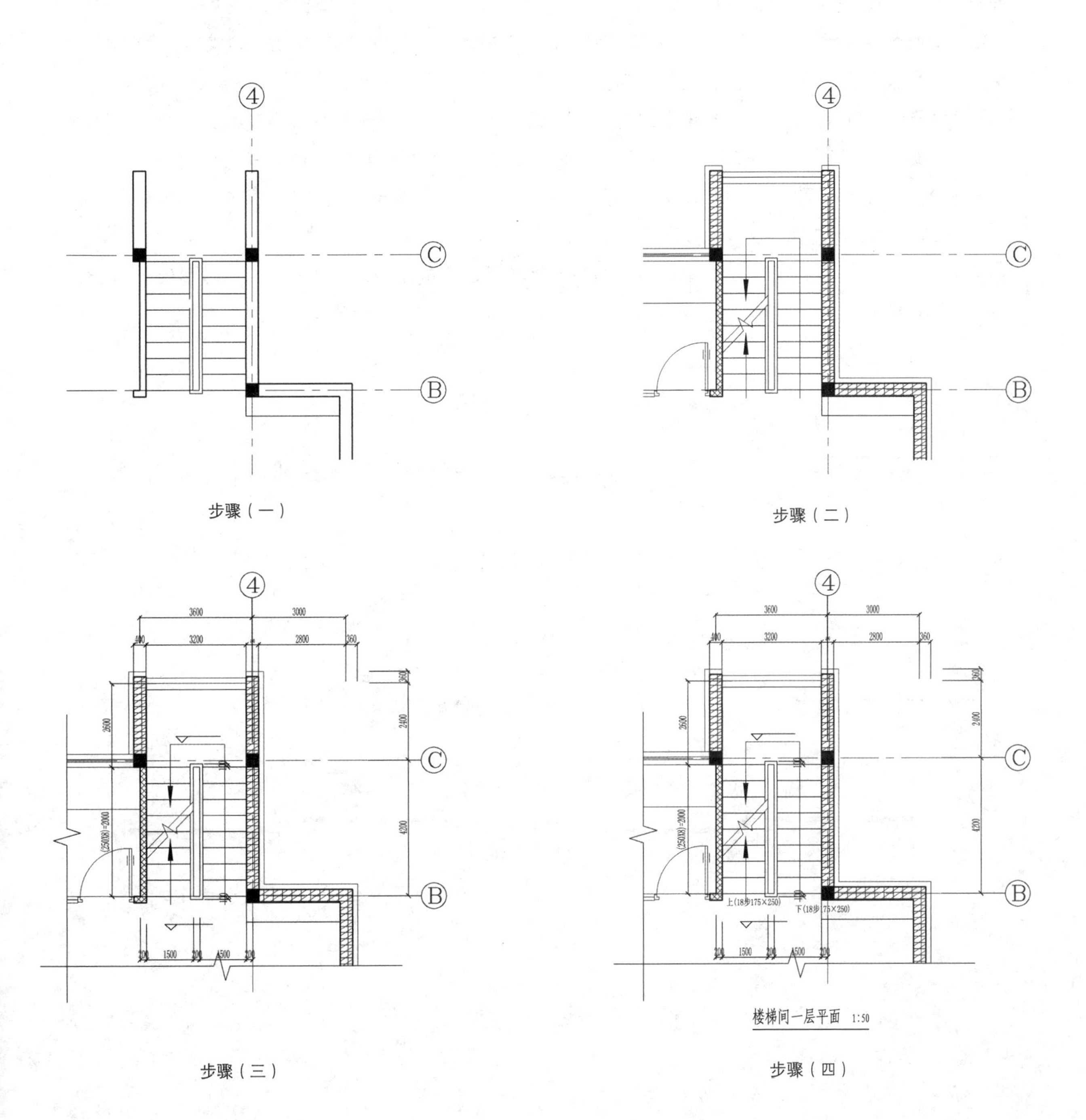

步骤（一）　步骤（二）　步骤（三）　步骤（四）

图3-6-3　楼梯平面图绘图步骤

3.6.3.2 楼梯剖面图的绘图步骤

楼梯剖面图用来表示各梯段的踏步数、踏步高度、梯段构造、休息平台位置以及各梯段与各层楼板的联系等；在图纸上一般布置在楼梯平面的右侧。其剖切符号应在首层楼梯平面图中标出。

楼梯剖面图中应标注各层楼地面、休息平台标高、栏杆的高度尺寸。梯段高度尺寸常以“踏步数×踏步高度＝梯段高度”的形式标注。楼梯剖面图的作图过程如图3-6-4所示。

① 根据建筑剖面图、建筑平面图中的有关尺寸确定比例，画出各层楼梯的层高线、休息平台高度线、定位轴线，如图3-6-4（步骤一）所示。当有标准层时，可只画其中一层，其余用折断线省去。

② 画各梯段踏步的踏面、踢面线等，如图3-6-4（步骤二）所示。

③ 画其他细部，如图3-6-4（步骤三）所示。

④ 标注尺寸、标高、符号、文字说明，加深加粗图线，完成作图，如图3-6-4（步骤四）所示。

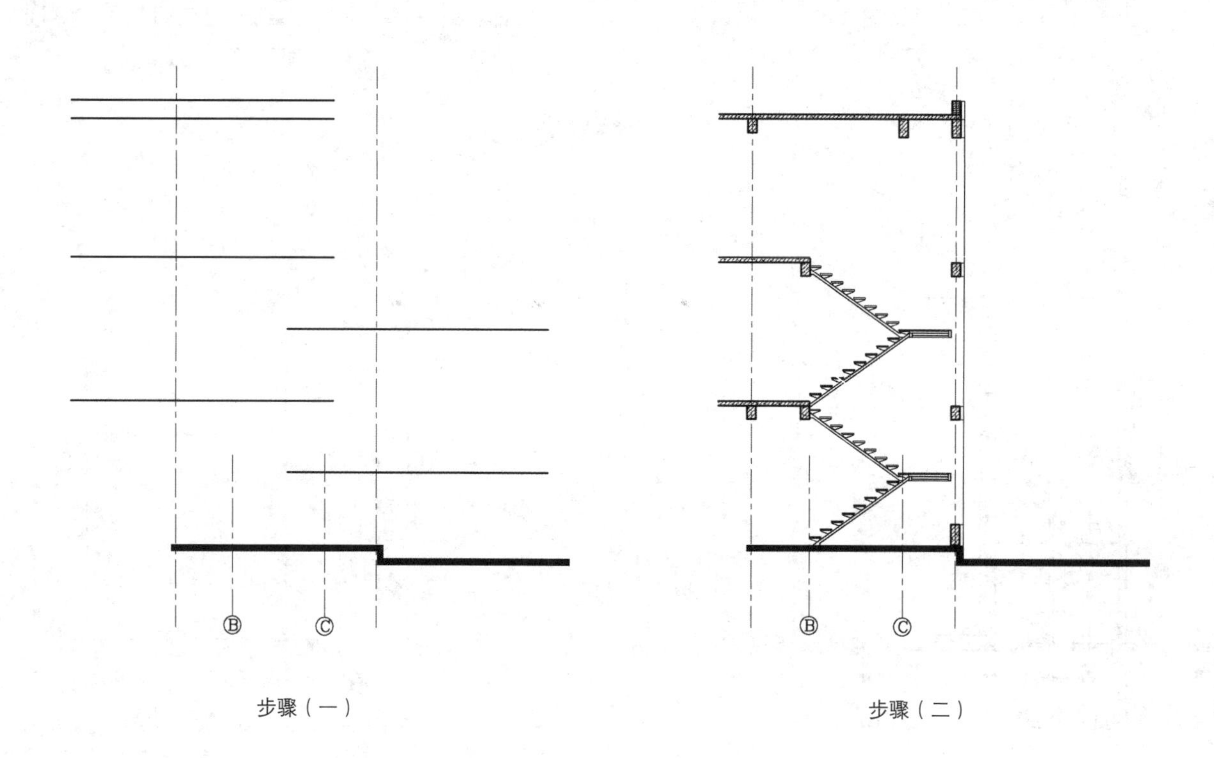

图3-6-4 楼梯剖面图绘图步骤

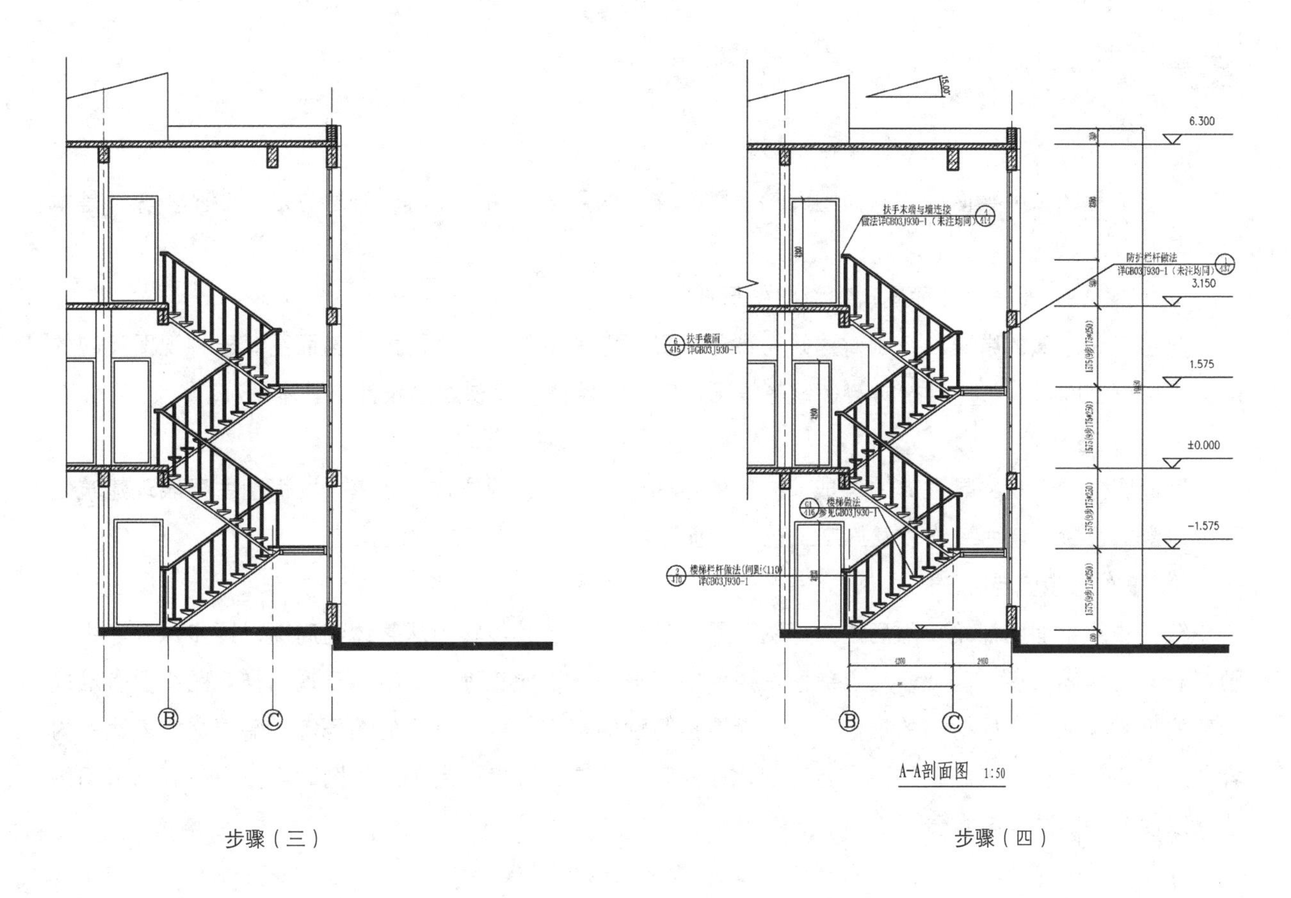

步骤（三） 步骤（四）

图3-6-4 楼梯剖面图绘图步骤（续）

建筑工程图纸中平面图、立面图、剖面图、详图的用途、图示内容、表达方法和绘图步骤，是本章学习的重点。

（1）建筑平面图、立面图、剖面图的形成

利用正投影法的原理，分别对建筑物进行投影，即得平面图、立面图、剖面图。三种视图反映的是新建房屋空间形状与尺寸、材料装修等情况，它们从整体上反映建筑设计的基本情况。

（2）绘图内容

平面图主要表现的是建筑的构成、内部的空间分割、门窗的位置关系等；立面图主要表现建筑立面中门窗的位置、墙面装饰以及施工工艺；剖面图则用来表现建筑内部的构造。

（3）绘图步骤与方法

绘图先从平面图开始，然后是立面图，最后是剖面图。其步骤为从整体到局部，逐步深入。由于图纸表达的内容较多，因此，应当熟悉常用的图例符号，以便正确、清晰地表现图样。图纸要有准确细致的尺寸标注，包括材料的规格尺寸、带有控制性的标高、索引符号的编号等。需要文字表达的内容，如材料颜色、施工工艺、图样名称等，应注写得简洁、准确、完善。绘图时应按规范要求运用图线，以便最终的图样内容表示正确，层次分明。

思考题

1. 建筑的构造组成有哪些？它们的主要作用是什么？
2. 建筑图例的表达方法及各自代表的意义是什么？
3. 建筑平面图是怎样形成的？图示内容有哪些？
4. 建筑立面图是怎样形成的？图示内容有哪些？
5. 建筑剖面图是怎样形成的？图示内容有哪些？
6. 阅读一套绘制不规范的建筑施工图，找出图纸中的错误及不符合制图规范之处，并改正。

在2号硫酸图纸上绘制一套某别墅的建筑施工图。内容包括：地下层平面图、一层平面图、二层平面图、顶层平面图、各方向立面图、1—1剖面图、2—2剖面图（选用1：100比例）、外墙节点大样图（选用1：20比例）、楼梯平面图（选用1：50比例，包括底层、二层、顶层平面图）。

4 室内设计施工图

教学导引

教学目标

通过本章的学习，使学生了解室内设计工程制图与建筑工程制图的异同；明确室内设计工程图应包含的主要内容与技术要求；熟练掌握室内设计工程图的绘制方法。

教学手段

通过室内设计工程制图的理论讲解和图纸案例识读，掌握室内设计工程制图的特点和绘图方法；通过观察周围的建筑构造与室内装修结构，印证所学知识；结合案例图纸抄绘，提高室内设计绘图和识图的能力。

教学重点

1. 室内设计工程图的图示内容。
2. 国家标准与相关规范以及绘图方法。

能力培养

通过本章的学习，使学生能够熟练地识读室内设计工程图纸，并能够综合运用制图技能，完成测绘图纸的绘制。

人们通常认为室内设计是建筑设计的延伸和深化，室内设计的核心内容即室内空间的组合、形态的设计和室内空间的界面设计。而其中的室内空间的组合、形态的设计是室内设计的精髓。建筑是室内空间存在的基础和前提，没有建筑设计，室内设计就无从谈起。要了解室内设计图的表示方法，则必须了解建筑设计图的表示方法，况且室内设计图的视图秉承了建筑设计图的视图原理，是建立在建筑设计图的视图概念基础上的。同时，随着室内设计的发展及设计新观念的引入，如“室内设计与建筑设计一体化”“室内空间‘室外化’”等的设计思想，室内设计体系和理论也日趋成熟和完善，在室内设计图的表达方面涉及的面也将更加丰富多样。

目前，国家对于装饰设计的图例还没有一个完整的规范标准，所以更多的要参考建筑设计制图规范，如《房屋建筑制图统一标准》（GB/T 50001—2017）、《建筑制图标准》（GB/T 50104—2010）、《建筑装饰装修工程质量验收标准》（GB 50210—2018）、《建筑设计防火规范》（GB 50016—2014）等。在室内设计制图中结合实际情况，增加各种常用的图框、图标、文字、图例、符号等，均制作样图，保证出图纸和图纸符号文字统一，实现室内设计工程图的规范统一。

4.1 室内设计施工图的内容

室内设计施工图是室内装饰工程的指导图样，是研究设计方案、指导和组织施工及检验、验收不可缺少的依据。在工程正式实施之前，设计师在图纸上以一种图纸语言符号将工程预先完整地实施一遍，包括装饰造型、装饰材料、施工工艺、构配件的种类、型号和必要的尺寸标注和文字说明。

因此，室内设计项目无论规模大小、繁简程度如何都需要按照图纸的编制逻辑顺序，遵守统一的规定来实施。一般来说，成套的施工图应包含以下内容：

① 封面：项目名称、业主名称、设计单位等。

② 目录：项目名称、序号、图号、图名、图幅、图号说明、备注等，可以列表形式表示。

③ 文字说明：项目名称、项目概况、设计规范、设计依据、常规做法说明、关于防火及环保等方面的专篇说明。

④ 图表：材料表、门窗表（含五金件）、洁具表、家具表及灯具表等。

⑤ 平面图：包括建筑总平面、室内平面布置图、地面铺装平面、墙体施工图等，可根据项目要求有所增减。

⑥ 天花图：天花造型平面、天花灯具布置图等内容，可根据项目要求有所增减。

⑦ 立面图：装修立面图、家具立面图和机电立面图等。

⑧ 剖立面图：根据工程的复杂程度确定剖立面图的数量。

⑨ 节点大样详图：构造详图、图样大样等。

⑩ 配套专业图纸：水、暖、通风及空调的布置等系统施工图。

室内设计图的绘制，先从平面开始，然后再画天花、立面及剖面、详图等。画图时要从大到小，从整体到局部，逐步深入。绘制室内设计图必须注意整套图纸前后的完整性和统一性，不要漏画，漏标注，甚至有对应不上或相矛盾的地方。

4.2 室内平面图

室内平面图是室内设计施工图中最基本、最主要的图纸，其他图纸（天花图、立面图、剖面图及详图）都是以此为依据派生和深化而成的，同时平面图也是其他相关工种（结构、设备、水暖、消防、照明、配电等）进行分项设计与制图的重要依据，也就是说其他工种的技术要求也是主要在平面图中表示。因此，平面图与其他施工图纸相比，更为复杂，绘图要求更全面、准确、简明。

4.2.1 室内平面图的用途

室内平面图是室内设计工程图中的主要图样，一般用于综合表达室内设计的功能布局。图纸内容一般包括建筑结构、隔墙、隔断、家具陈设、固定设施、地面装修材料等。

当前，建筑设计呈现出一种基本的发展趋势，采用大开间构架式的布局，从而使不同的用户可以根据其使用功能及其所需面积自行进行分隔。这就要求室内设计师在进行室内设计之前，要对建筑结构的各部分构件及其尺寸有个详细的了解。一般需要和建筑设计师沟通并取得建筑平面图，然后根据已有的建筑空间及用户的要求进行室内空间功能布置及设计构思。所以，室内平面图是基于室内设计全局做出的方案构思，是进行室内设计的第一步。目前有些工程特别是一些大型公共建筑工程，已将此项工作提前到建筑设计阶段，以期达到理想的建筑室内空间效果。

4.2.2 室内平面图的形成

从制图角度看，室内平面图是一种水平全剖面图，就是用一个假想的水平剖切面，在窗台上方，把房间切开，移去上面的部分，由上向下看，对剩余部分画正投影图。

室内平面图与建筑工程图中的平面图形成方法相同，表达内容有所区别：建筑平面图以建筑空间平面组合、建筑面积、标准、位置、朝向、地域特点等为设计重点，重在表现建筑实体及墙、柱、门、窗等构配件；室内平面图则以室内环境为主，重在表现室内空间设计要素，如隔断、隔墙、家具、陈设、灯具、绿化等。因此，在多数情况下，均不表示室外的东西，如台阶、散水、明沟与雨棚等。

4.2.3 室内平面图的内容

在室内设计中，平面图是施工图中的重要组成部分，一般放在整套图纸的最前面，利于把握室内设计的整体方案构思。平面图是室内设计工程制图的主要图样，大型工程项目的平面图一般包括总平面图、所有楼层的平面布置图、墙体平面图、地面铺装图、索引图等。

4.2.3.1 所有平面图应共同包括的内容

① 柱网、墙体、轴线和编号。轴线、编号应保持与原建筑图一致，并注明轴线间尺寸及总尺寸。

② 室内外墙体、门窗、管井、变形缝、电梯和自动扶梯、楼梯、防火卷帘、平台和阳台等的位置，并标明楼梯和台阶的上下方向，存在立面造型的部位应标明其投影线。

③ 固定和活动的装饰造型、隔断、构件、家具、卫生洁具、照明灯具、花台、水池、陈设以及其他固定装饰配置和部品的位置。

④ 门窗编号及门、窗、橱柜或其他构件的开启方向和方式。

⑤ 空间的名称、各部位的尺寸、各楼层地面和主要楼梯平台的标高。

⑥ 相应的索引号和编号、图纸名称和制图比例。

以下所有平面图除了包括以上所有内容之外，还有其自身的侧重点。

4.2.3.2 总平面图

① 建筑的总体情况，包括建筑楼层数、建筑总标高、绿化环境、建筑周边道路、设备等内容。

② 文字说明项目概况和主要经济技术指标。

③ 指北针。

4.2.3.3 平面布置图

平面布置图是室内设计工程中不可缺少的图样（图4-2-1），其内容相对复杂。规模较大的项目，其平面布置图除了所有平面图应共同包括的内容之外，还可包括家具布置图、软装及艺术品布置图、卫生洁具布置图、电气设施布置图、防火布置图等图纸。

（1）家具布置图

标明所有可移动的家具和隔断的位置、布置方向、柜门或橱门开启方向以及家具上摆放物品的位置，如电话、电脑、台灯、各种电器等。

（2）软装及艺术品布置图

软装及艺术品布置图可与家具布置图合并；较复杂的项目，则必须根据建设方需要，另请专业单位出图。一般情况下应标注活动家具、陈设艺术、装饰画、窗帘、绿化、水池、室内小品等软装部品的位置、布置方向以及其他必要的说明，标注定位尺寸和其他必要尺寸，并用文字或图片形式对其特性和数量进行描述。

（3）卫生洁具布置图

标明所有洁具、洗涤池、上下水立管、排污孔、地漏、地沟的位置，并注明洁具及装饰材料名称、排水方向、标高、定位尺寸和其他必要尺寸。

（4）电气设施布置图

电气设施布置图一般情况下可省略。如需绘制，则应标明地面和墙面上的电源插座、通信和电视信号插孔、开关、固定的地灯和壁灯、暗藏灯具等的位置，并以文字或图片形式标注必要的材料和产品编号或型号、定位尺寸（图4-2-2）。

（5）防火布置图

防火布置图一般情况下可省略。如需绘制，则应体现有关防火分区、消防通道、消防监控中心、防火门、消防前室、消防电梯、疏散楼梯、防火卷帘、消火栓、消防按钮、消防报警等的位置，并以文字形式标注必要的材料和设备编号或型号、定位尺寸和其他必要尺寸。

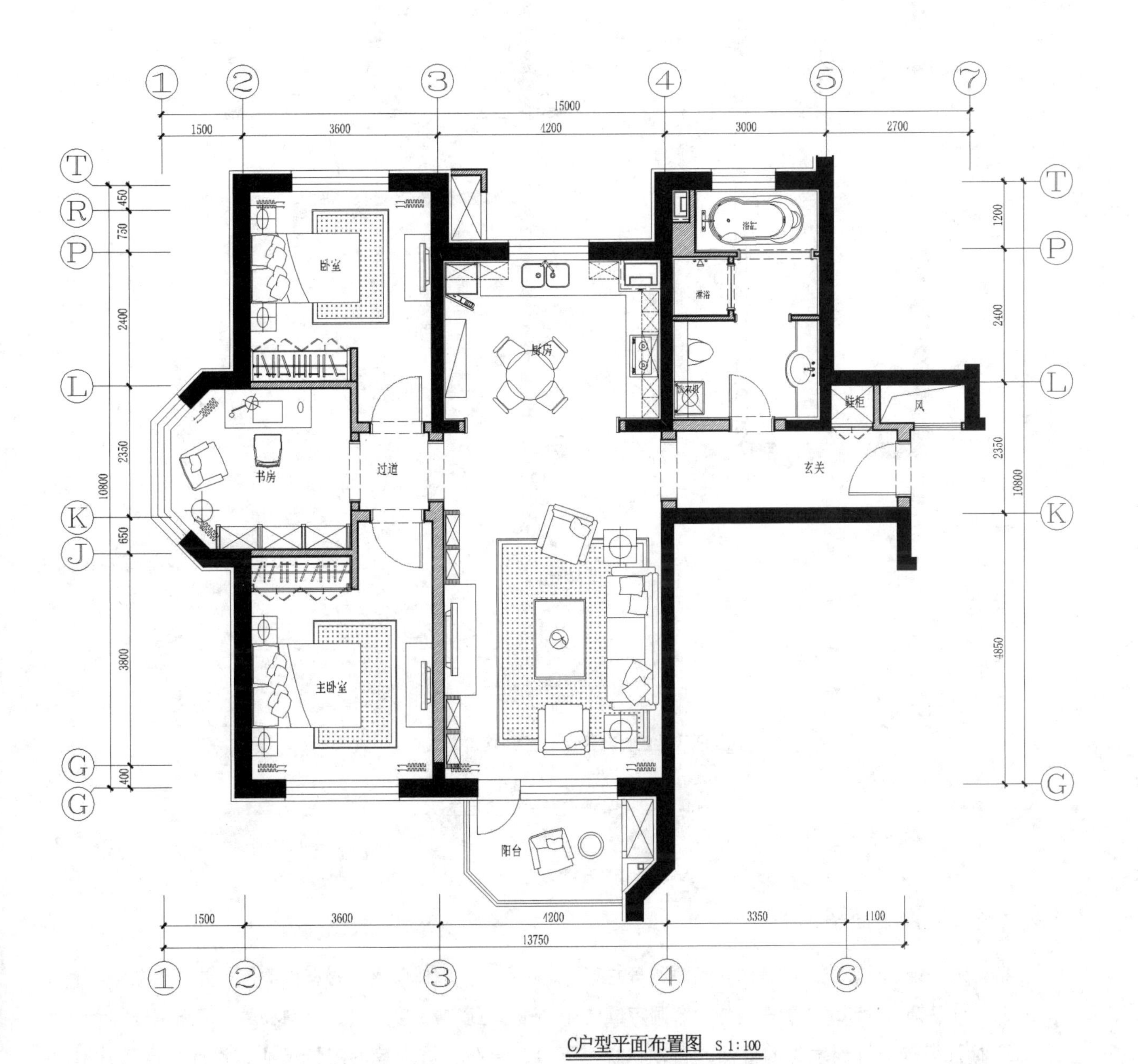

图4-2-1 某住宅平面布置图

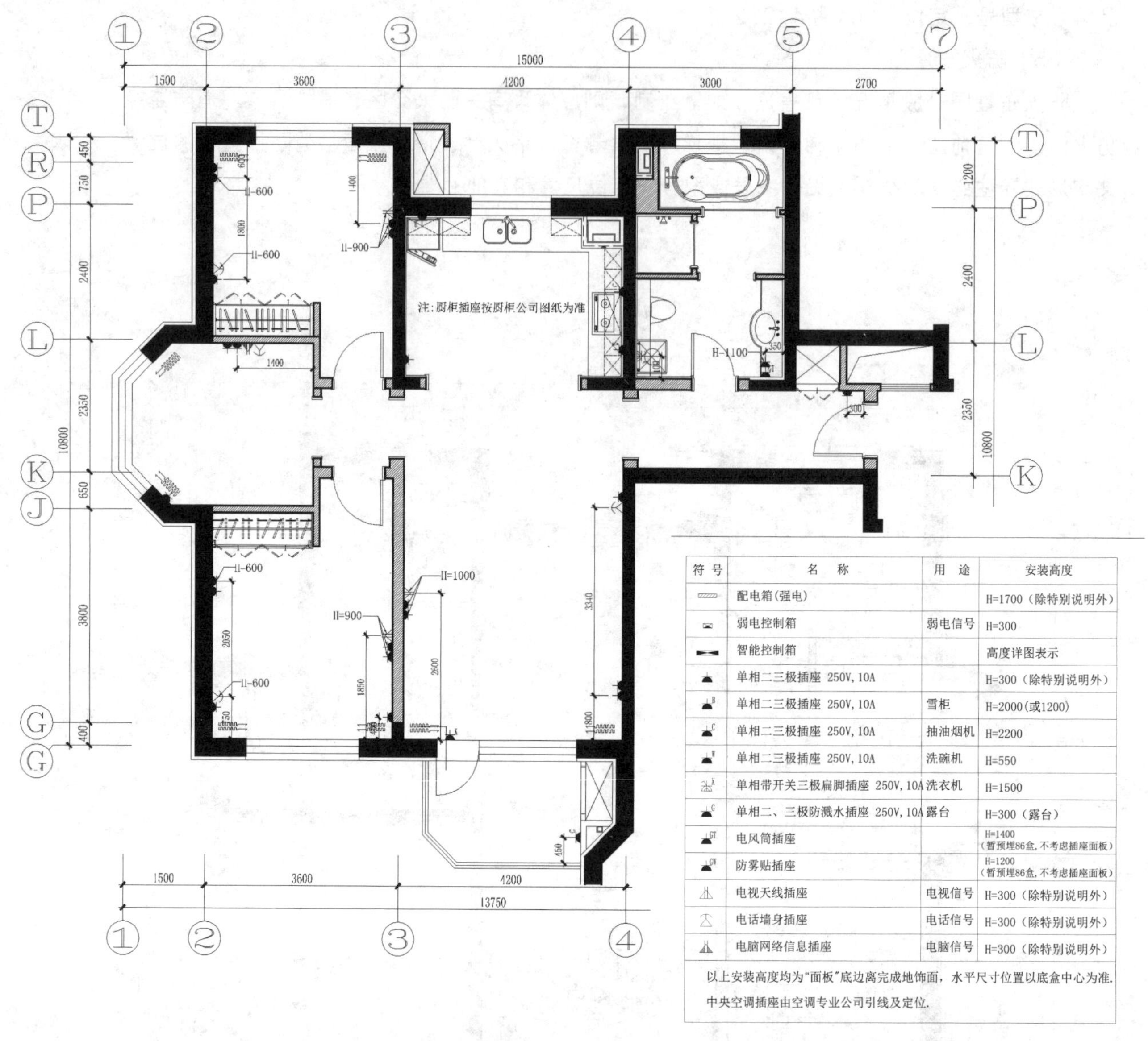

符号	名称	用途	安装高度
	配电箱(强电)		H=1700（除特别说明外）
	弱电控制箱	弱电信号	H=300
	智能控制箱		高度详图表示
	单相二三极插座 250V, 10A		H=300（除特别说明外）
	单相二三极插座 250V, 10A	雪柜	H=2000(或1200)
	单相二三极插座 250V, 10A	抽油烟机	H=2200
	单相二三极插座 250V, 10A	洗碗机	H=550
	单相带开关三极扁脚插座 250V, 10A	洗衣机	H=1500
	单相二、三极防溅水插座 250V, 10A	露台	H=300（露台）
	电风筒插座		H=1400（暂预埋86盒, 不考虑插座面板）
	防雾贴插座		H=1200（暂预埋86盒, 不考虑插座面板）
	电视天线插座	电视信号	H=300（除特别说明外）
	电话墙身插座	电话信号	H=300（除特别说明外）
	电脑网络信息插座	电脑信号	H=300（除特别说明外）

以上安装高度均为"面板"底边离完成地饰面，水平尺寸位置以底盒中心为准.
中央空调插座由空调专业公司引线及定位.

图4-2-2 某住宅开关插座定位图

4.2.3.4 墙体平面图

① 标注装饰设计新发生的室内外墙体和管井等的定位尺寸、墙体厚度与材料种类等，并注明做法。

② 标注装饰设计新发生的室内外门窗洞定位尺寸、洞口宽度与高度尺寸、材料种类、门窗编号等。

③ 标注装饰设计新发生的楼梯、自动扶梯、平台、台阶、坡道等的定位尺寸、设计标高及其他必要尺寸等，并注明材料及其做法。

④ 标注固定隔断、固定家具、装饰造型、台面、栏杆等的定位尺寸和其他必要尺寸等，并注明材料及其做法。

⑤ 设计时如果对墙体、门窗、楼梯等原建筑构件进行改动，应提供一张新、旧构件的区分图（图4-2-3）。

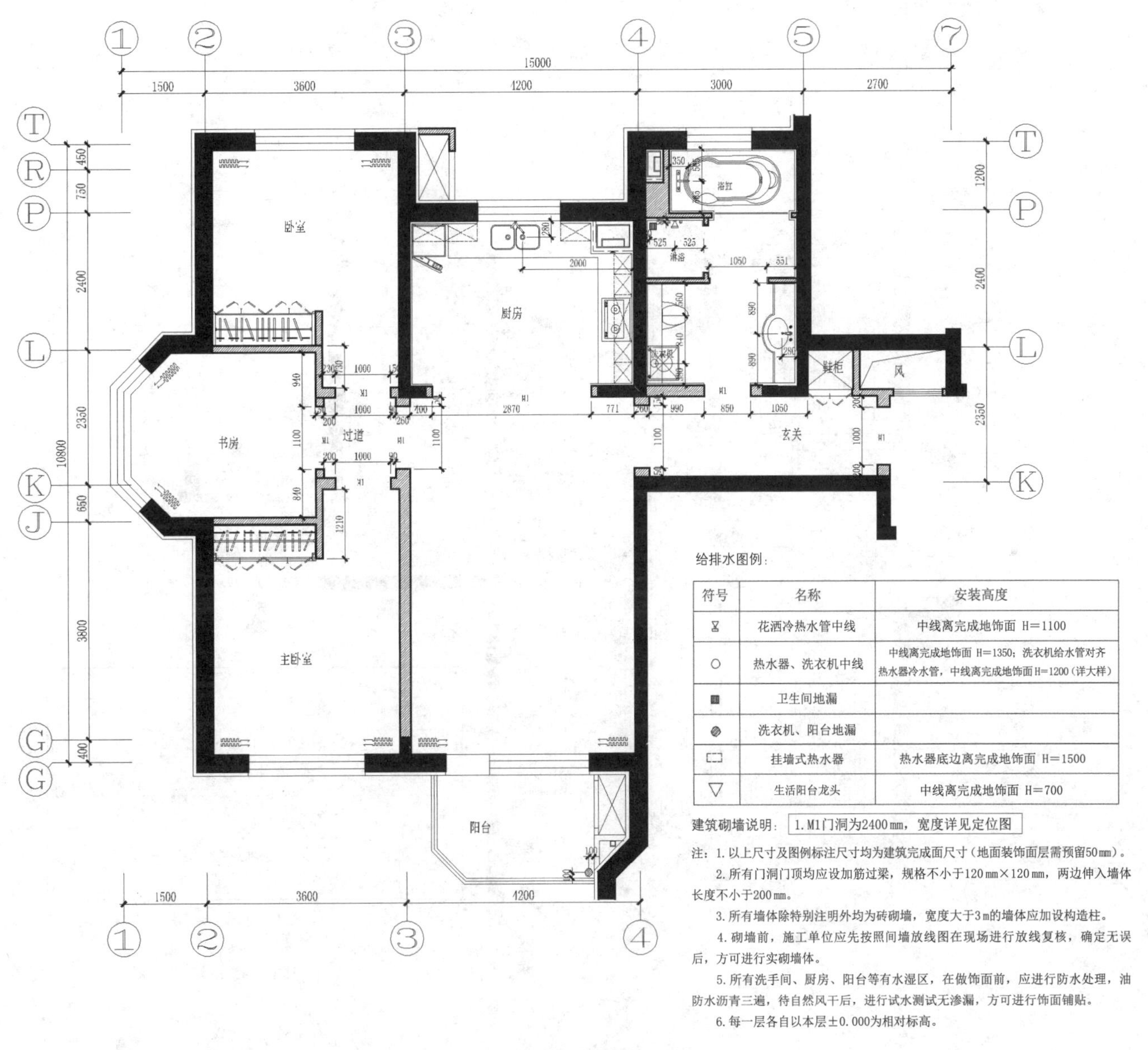

符号	名称	安装高度
⌛	花洒冷热水管中线	中线离完成地饰面 H=1100
○	热水器、洗衣机中线	中线离完成地饰面 H=1350；洗衣机给水管对齐热水器冷水管，中线离完成地饰面 H=1200（详大样）
▦	卫生间地漏	
●	洗衣机、阳台地漏	
⊏⊐	挂墙式热水器	热水器底边离完成地饰面 H=1500
▽	生活阳台龙头	中线离完成地饰面 H=700

建筑砌墙说明：1. M1门洞为2400 mm，宽度详见定位图

注：1. 以上尺寸及图例标注尺寸均为建筑完成面尺寸（地面装饰面层需预留50 mm）。

2. 所有门洞门顶均应设加筋过梁，规格不小于120 mm×120 mm，两边伸入墙体长度不小于200 mm。

3. 所有墙体除特别注明外均为砖砌墙，宽度大于3 m的墙体应加设构造柱。

4. 砌墙前，施工单位应先按照间墙放线图在现场进行放线复核，确定无误后，方可进行实砌墙体。

5. 所有洗手间、厨房、阳台等有水湿区，在做饰面前，应进行防水处理，油防水沥青三遍，待自然风干后，进行试水测试无渗漏，方可进行饰面铺贴。

6. 每一层各自以本层±0.000为相对标高。

C户型间墙及给排水图 S 1:100

图4-2-3 某住宅墙体及给排水图

4.2.3.5 地面铺装图

地面铺装图是表示地面做法的图样。当地面做法比较复杂时，既有多种材料，又有多变的形式组合时，就需要制作地面铺装图（图4-2-4）。若地面做法非常简单时，在平面布置图上标注地面做法即可。主要内容如下。

① 地面铺装材料的种类、拼接图案、不同材料的分界线；

② 地面铺装的定位尺寸、标准和异形材料的单位尺寸及施工做法；

③ 地面铺装嵌条、台阶、门头石和梯段防滑条的定位尺寸、材料种类及做法。

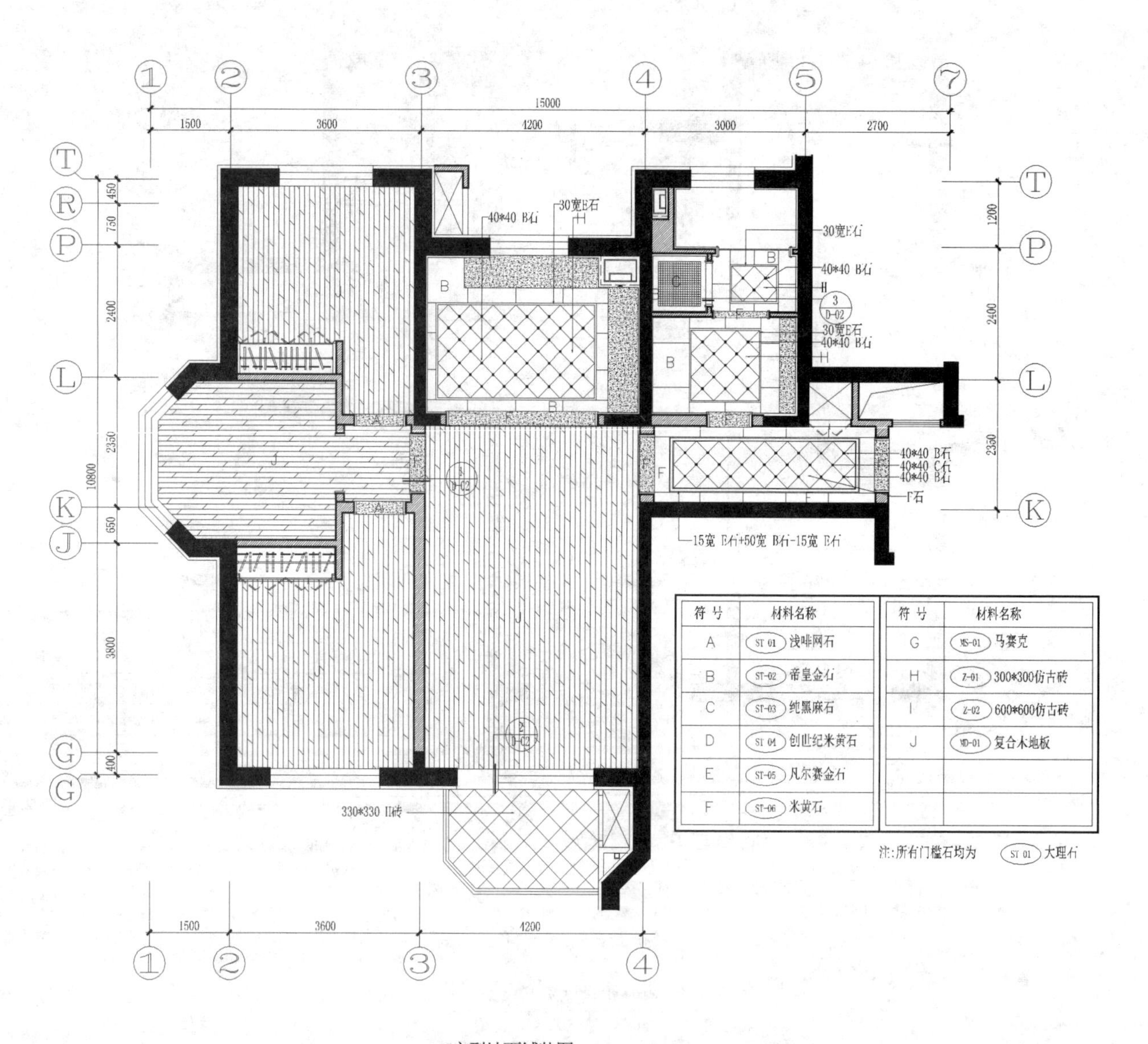

图4-2-4 某住宅地面铺装图

4.2.3.6 立面索引图

规模较大或设计复杂的装饰设计需单独绘制索引图（如果工程规模不大或设计较简单，可以与其他图纸合并）。立面索引图即在平面图中标示出立面索引符号和剖切符号的图纸。当立面图和剖切图较多时，需要用立面索引图来表达其空间位置关系。为表示室内立面图在平面图上的位置，应在图上用立面索引符号（立面指向符号）注明视点位置、方向及立面编号，必要时可增加文字说明帮助索引（图4-2-5）。

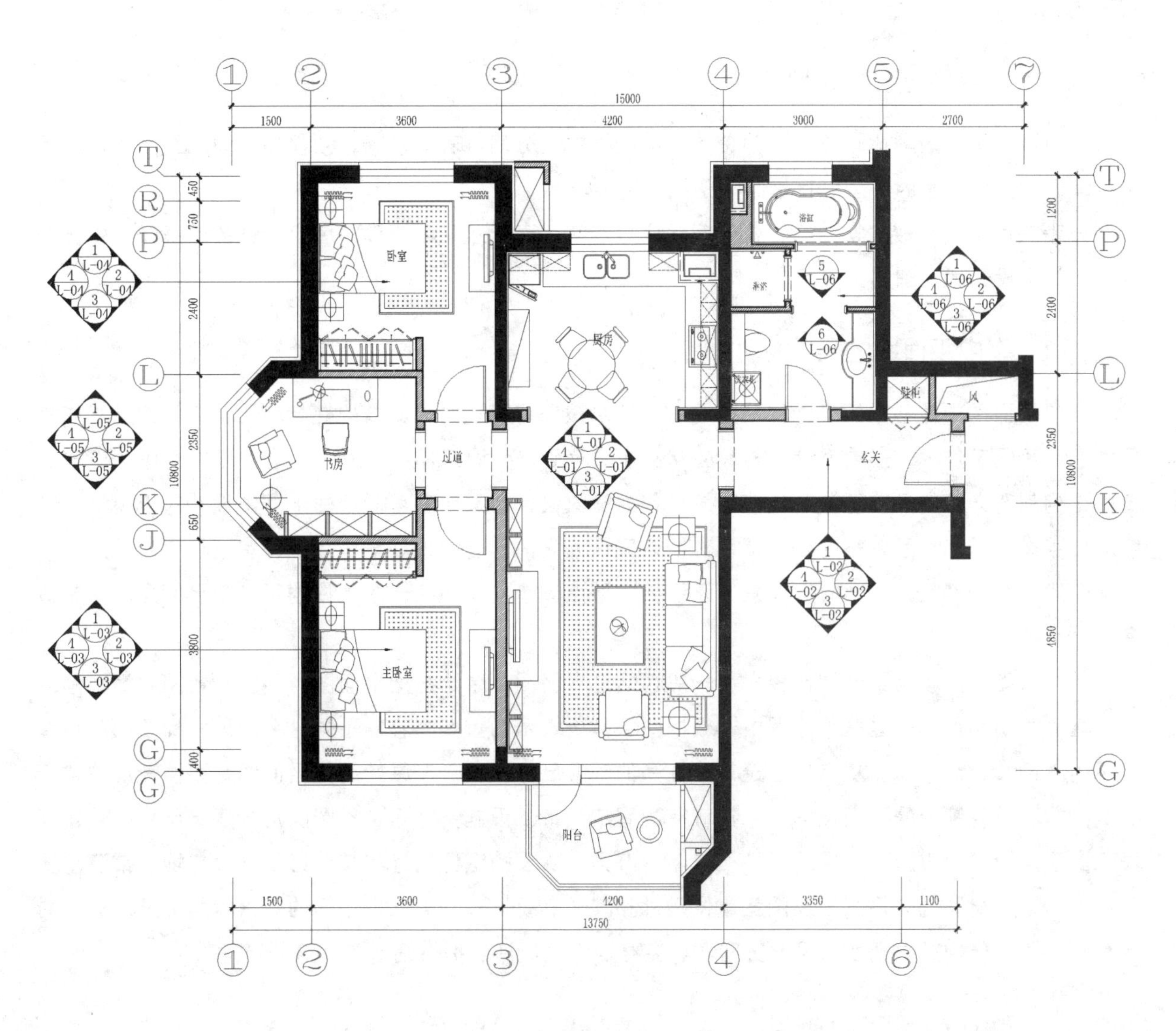

图4-2-5 某住宅立面索引图

4.2.4 室内平面图的制图规范

室内平面图和其他施工图一样，要遵守制图规范。下面介绍室内平面图的常用规范。

4.2.4.1 室内平面图的图名比例

室内平面图原始结构平面图、平面布置图、地面铺装图、立面索引图等，即室内平面图的具体图名。

室内平面图的常用比例有1：200、1：100、1：50。一般根据建筑面积大小及图纸幅面大小确定制图比例。

4.2.4.2 室内平面图的线型

室内平面图的内容比较复杂，为使绘制的图样主次分明，表达清晰，须使用不同的线型线宽。了解和掌握室内平面图的线型设置是绘制图纸的需要。

一般来讲，凡是被剖切的墙、柱轮廓线应用粗实线表示；家具陈设、固定设备的轮廓线用中实线表示；其余投影线用细实线表示。

4.2.4.3 室内平面图的尺寸标注

室内平面图中最基本的尺寸标注是原有建筑中被保留下来的和新增的柱与墙的轴线间的尺寸和总尺寸。在实际工作中，室内设计师一般会从业主方得到一套建筑图纸，其中包含建筑平面图，建筑的墙柱结构都有详细的尺寸标注。建筑图纸可作为室内设计的重要参考，但由于室内设计对于建筑室内空间尺寸要求很高，所以室内设计师在进行方案设计之前一般会现场量房。在量房过程中所得尺寸，即室内建筑结构净尺寸。此时应注意，还需要测量墙体厚度及房高，才能依据所测量尺寸画出完整的室内平面图。

一些大型工程项目平面图比较多，一般包括总平面图、原始结构平面图、平面布置图、地面铺装图、立面索引图等。在这些平面图中，根据图纸需要表示的重点内容的不同，图纸尺寸标注的侧重点也不同。例如，总平面图重点标出建筑墙柱间的轴线尺寸即可；而原始结构平面图则要清晰反映整个建筑结构和各种配件的平面尺寸，包括已有的固定设备、设施；平面布置图除基本建筑尺寸之外还要表示出固定设备、设施，重要的隔墙、隔断、家具、陈设的定位尺寸和其他必要尺寸；地面铺装图要重点标出地坪材料的分格大小及图案定位尺寸和其他必要尺寸。总之，不同的图纸类型，尺寸标注的侧重点不同，但都是要把室内设计方案表达完整，为现场施工提供细致、完整的尺寸数据。

4.2.5 室内平面图的画法

室内平面图与建筑平面图的画法基本相同。这里做一些基本的介绍。

4.2.5.1　画墙柱的定位轴线

首先，设置图形界限（若是AutoCAD制图）。确定图纸幅面以及需绘制的建筑总尺寸，从而确定合适的制图比例。

其次，设置线型，可以将实线部分全用细线画完整，然后再局部加粗。若是AutoCAD制图，还应设置图层和颜色。一般墙柱的定位轴线用细点画线，单独设置一个图层。

最后，绘制网轴。根据所设置线型及给定参考尺寸，在图纸或选定图层上绘制墙柱的定位轴线及编号。具体规范同建筑制图（具体参照建筑平面图的画法图2–3–3）。

4.2.5.2　绘制墙、柱、门、窗

首先，设置线型和图层（若是AutoCAD制图）。在平面图中墙与柱应用粗实线绘制（线的粗细用颜色来表示，一种颜色代表一种线宽），需要单独设置一个图层。一般先画外墙，后画内墙。为使图样清晰，可将砖墙、柱用粗实线绘制（砖墙和柱的轮廓线使用同一种颜色），钢筋混凝土墙、柱应以材料图例填充或涂成黑色。

其次，确定墙厚，画墙体。室内墙体一般情况下由承重墙体和非承重墙体构成。承重墙属于外墙，一般厚度为370 mm。非承重墙砖混结构内墙，厚度为240 mm，另外还有120 mm的隔墙等。一般情况下，不同材料的墙体相接或相交时，相接或相交处要画断，如图4–2–6（a）所示。反之，同种材料相接或相交时不必画断，如图4–2–6（b）所示。

当墙面、柱面用涂料、壁纸及面砖等材料装修时，墙、柱的外面可以不加线。当墙面、柱面用石材或木材等材料装修时，可参照装修层的厚度，在墙、柱的外面加画一条细实线。当墙、柱装修层的外轮廓与柱子的结构断面不同时，如直墙被装修成折线墙、方柱被包成圆柱或八角柱，一定要在墙、柱的外面用细实线画出装修层的外轮廓（图4–2–7）。

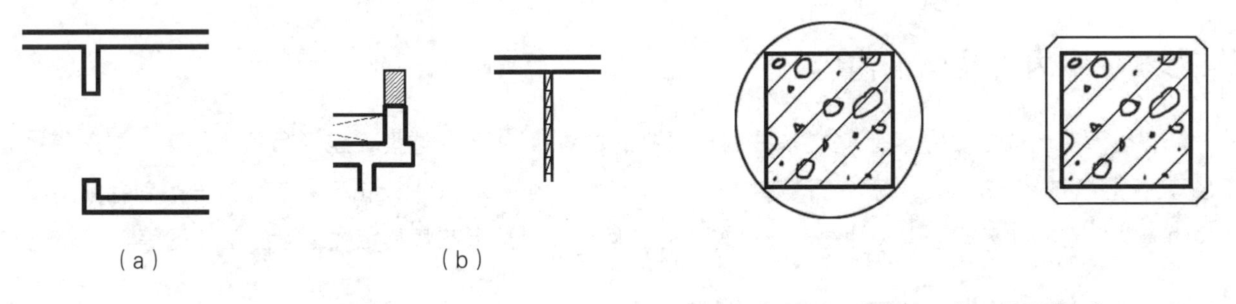

图4–2–6　绘制墙体

图4–2–7　柱子的外轮廓线

4.2.5.3　画室内设计细部内容

室内设计细部内容应用细实线绘制，包括家具与陈设、固定设备、设施、绿化、景观地面、灯具、壁画、浮雕等，一般可参考常用室内工程图例。

在比例尺较小的图样中，可以适当简化，画出家具、陈设或各类设施的外轮廓即可，在比例尺较大的图样中，可以详细绘制家具、陈设、设备设施的内容和样式，并视情况加画一些具有装饰意味的符号或图案，加注必要的文字说明。

4.2.5.4 标注尺寸、图名及比例

按照尺寸标注规范要求，对图纸进行尺寸标注，通常平面图图示内容的侧重点不同，尺寸标注的详略与重点也有所差异。最后在图样下方规范注写图名和比例，即作出一套完整的平面图。

4.3 室内天花图

室内天花图，又称顶棚平面图。室内设计的顶棚设计施工图由天花图来表现，要表达出天花的材料、造型、施工方法及结构配件的种类、型号等。在天花图中要注意标高及顶棚设备的定位、尺寸等标注。

4.3.1 室内天花图的用途

在室内设计中，天花设计常配合平面设计进行功能分区，并形成一套整体的空间设计。一般利用吊顶、灯光、浮雕、角线等来烘托气氛，达到理想的空间效果。室内天花图，包括天花装饰的平面形式、尺寸、材料、灯具和其他各种顶部的室内设施，是指导现场施工的重要图样。

4.3.2 室内天花图的形成

用一个假想的水平剖切面，从窗台上方把房间剖开，移去下面的部分，向顶棚方向看，并按正投影原理画图，详细表达出剖切线上面的内容，即得到室内天花图。

室内天花图和室内平面图的形成原理相同，只是投射方向恰好相反。

4.3.3 室内天花图的内容

室内天花图的主要内容有：① 墙柱门窗洞口的位置；② 天花造型，包括吊顶、线角、浮雕等；③ 天花上的灯具、通风口、扬声器、烟感、喷淋等设备的位置；④ 天花标高等。它一般包括所有楼层的天花布置图和天花造型尺寸图，规模较大的工程还应包括天花灯具定位及设施定位图等。

4.3.3.1 所有顶棚平面图应共同包括的内容

① 柱网和墙体、轴线和编号、轴线间尺寸和总尺寸；

② 室内外墙体、门窗、管井、电梯和自动扶梯、楼梯、消防卷帘、雨棚、阳台和天窗等在顶棚部分的位置和关系，注明必要部位的名称；

③ 照明灯具、装饰造型以及顶棚上其他装饰配置和部品的位置，并注明主要尺寸；

④ 风口、烟感、温感、喷淋、广播、检修口等设备；

⑤ 室内天花不同层次的标高，一般标注该层次距本层楼面的高度；

⑥ 相应的索引符号和编号、图纸名称和绘图比例。

4.3.3.2 天花布置图

天花布置图是室内工程图的主要图样，它一般能全面表示室内天花的所有造型、构造、灯具、设备等。天花布置图的主要内容如下。

① 剖切线上的建筑与室内空间的造型及其关系，门窗洞口的位置；

② 顶棚上主要装饰材料的名称和做法；

③ 灯具表（列表说明照明灯具的种类、型号，图4-3-1）。

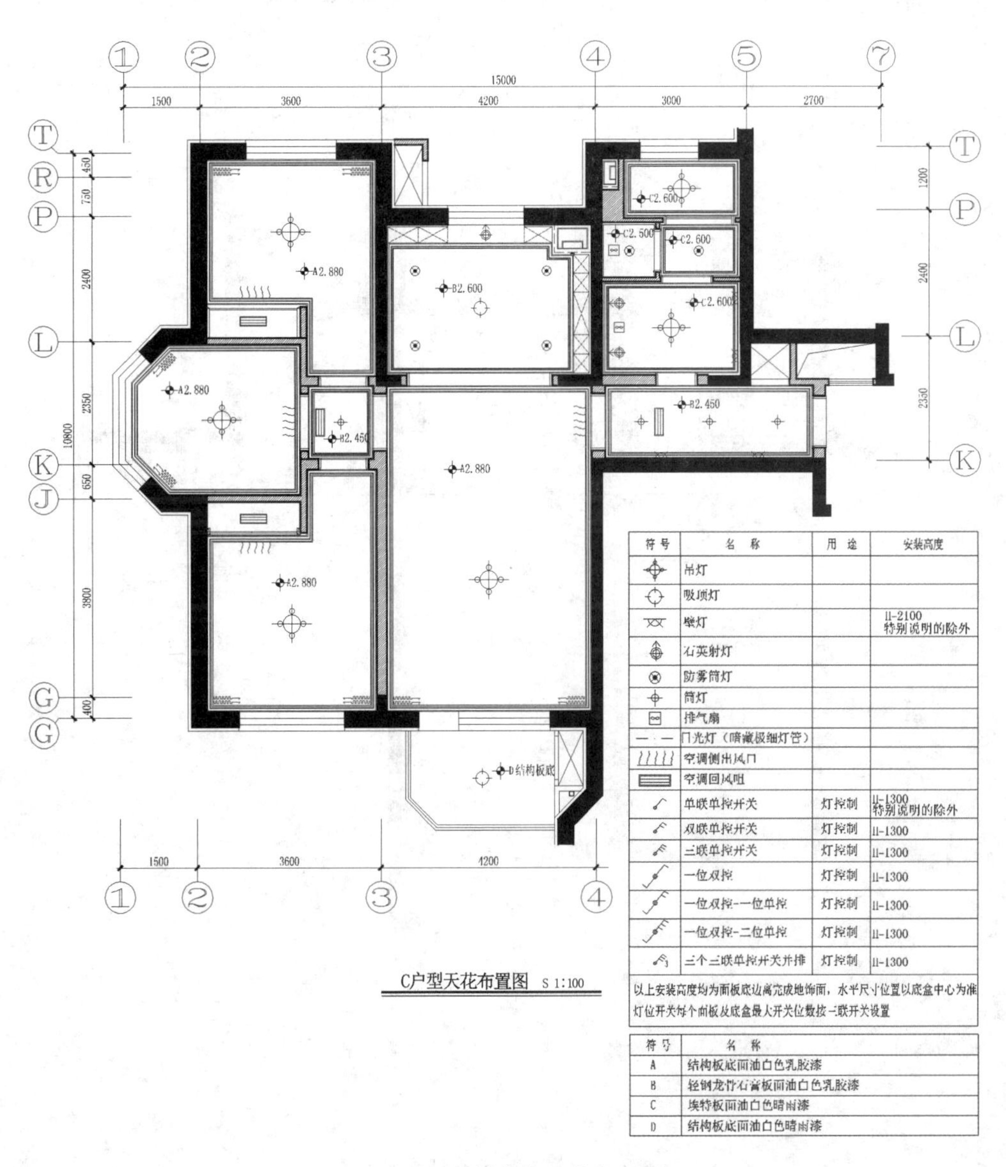

图4-3-1 某住宅天花布置图

4.3.3.3 天花造型尺寸图

当室内设计吊顶工程比较复杂时，为将设计意图表达清晰完整，一般需要天花造型尺寸图，其主要表达顶棚装饰的造型定位尺寸以及所使用的装饰材料，还包括窗帘、窗帘轨道及相关尺寸。

4.3.3.4 天花灯具定位及设施定位图

① 天花灯具的定位尺寸；

② 应急照明灯具、空调风口、喷淋、烟感器、扬声器、挡烟垂壁、防火挑檐、疏散和指示标志牌等的位置，标注其定位尺寸、材料、产品型号和编号等。

对于一般的室内装饰工程，通常只需要画出天花布置图即可。当遇到大型工程或比较复杂的天花装饰工程时，就需要另作天花造型尺寸图和其他天花图，来详细表示其工程做法及尺寸（图4-3-2、图4-3-3）。

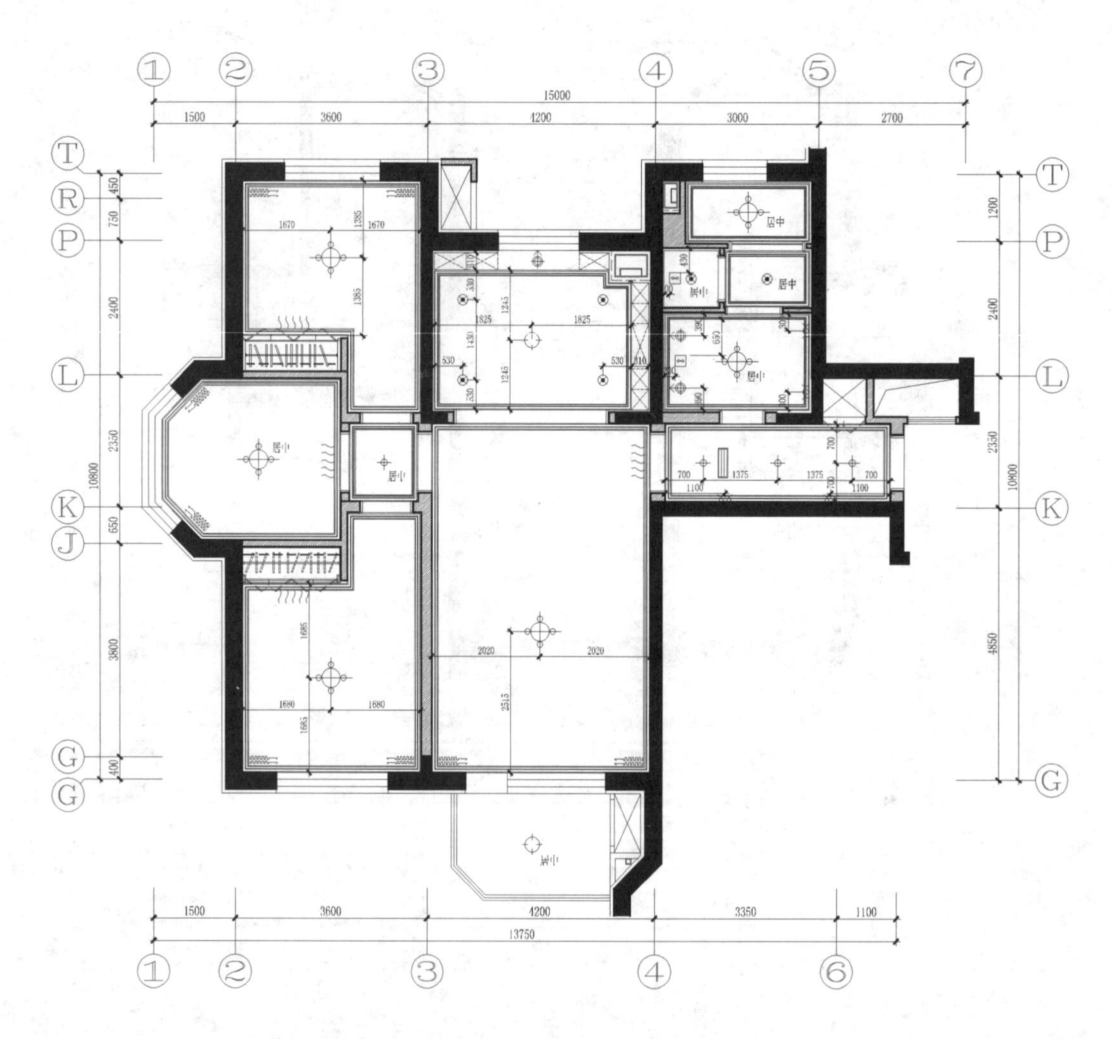

图4-3-2 某住宅天花灯具定位图

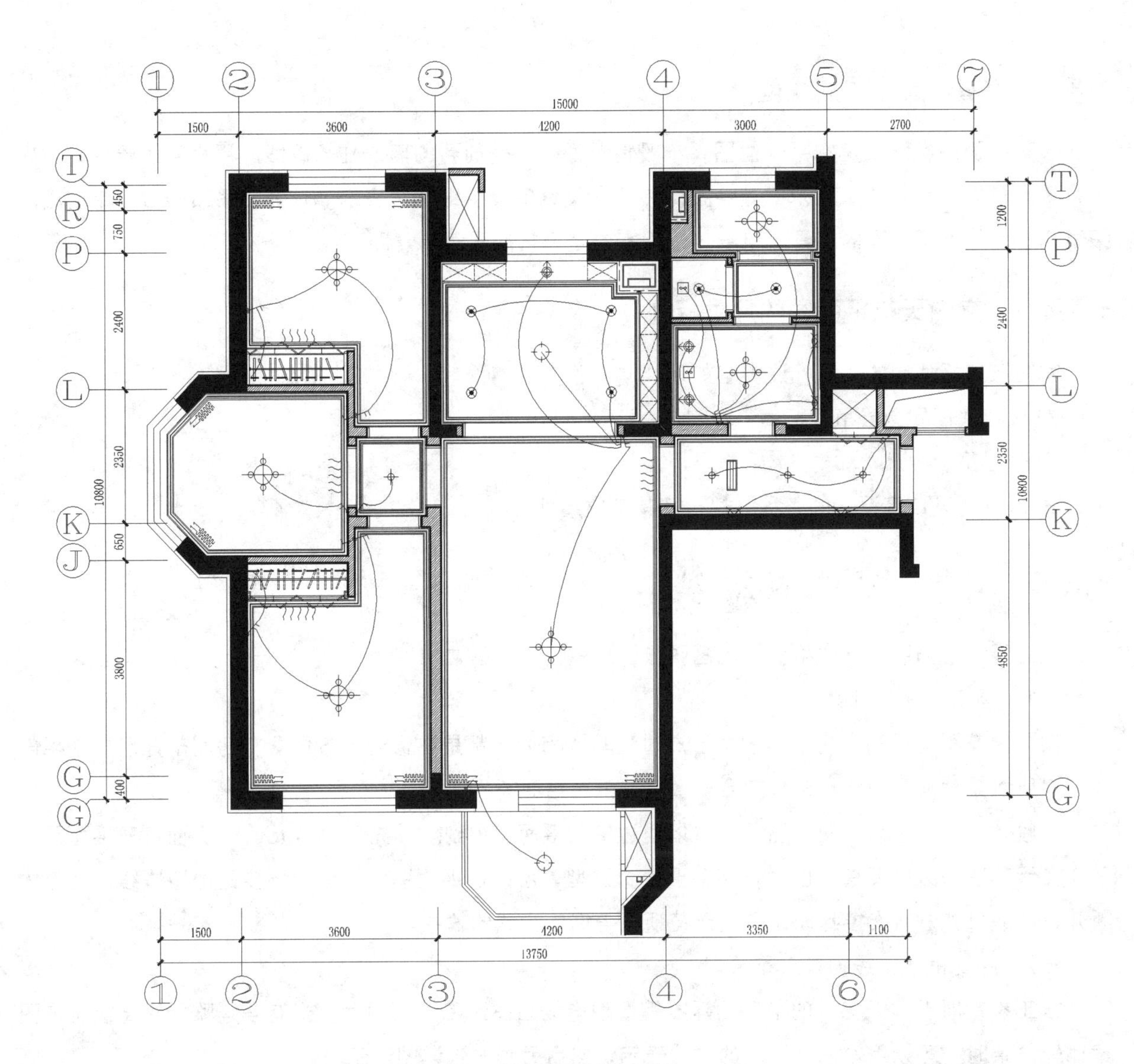

图4-3-3 某住宅天花灯位连线图

4.3.4 室内天花图的制图规范

室内天花平面图和天花图的制图规范比较类似，下面做一些简单的介绍。

4.3.4.1 室内天花平面图的图名比例

室内天花图包括天花布置图和天花造型尺寸图。室内天花图的比例与平面图一致，常用比例有1：200、1：100、1：50，一般根据建筑面积大小及图纸幅面大小确定绘图比例。

4.3.4.2 室内天花图的线型

天花平面图实际上是水平剖面图，一般情况下，凡是剖到的墙、柱轮廓线应用粗实线表示，室内天花造型投影线用中实线表示，其余投影线及各类设备等用细实线表示。注意，吊顶暗藏灯带用细虚线表示，其他不同类型的灯具、电器一般用室内装饰常用图例示意即可。

4.3.4.3 室内天花平面图的尺寸标注

室内天花平面图的尺寸标注内容如下。

① 天花底面和分层吊顶标高；

② 分层吊顶的尺寸和材料；

③ 灯具、风口等设备的名称、规格及其定位尺寸。

4.3.5 室内天花图的画法

室内天花平面图和室内平面图的画图步骤比较相似，画法如下。

（1）画墙、柱、门窗洞口

室内天花平面图和室内平面图的形成过程基本相同，都是在窗台上方位置将房间剖开形成水平剖面图，所以其剖切到的墙、柱线完全一致，画法也相同。

一般情况下，绘制天花平面图，可以通过修改平面图得到。首先，在AutoCAD界面打开平面图，因为在天花图中只需要墙体图形，不需要门窗造型，所以在平面图的门洞处需要延伸墙体线，将墙体断开口的缺口处进行连接封闭，得到天花顶面与墙体交线的效果。

（2）绘制吊顶、线脚等天花造型

按正投影原理，天花上的吊顶、浮雕等造型均应画在天花平面图上。当有些浮雕、线脚或装饰图案比较复杂时，可以用轮廓线示意的方法表示，然后另画一张详图表示。

（3）绘制灯具、通风口、烟感器和喷淋等设备

室内常用的灯具一般有花枝吊灯、筒灯、射灯、吸顶灯、镜前灯、灯带等类型，种类繁多，因此在目前的装饰行业基本形成了统一的灯具图例（表4-3-1）。在绘制天花平面图时直接引用图例即可。

通风口、烟感器、喷淋等也同样可以引用图例，但由于其专业性强，一般需要相关资料和技术人员的配合才能完成，如果条件不具备，可暂且不画。

（4）天花装饰材料填充及文字标注

吊顶的装饰材料，一般有石膏板、格栅、木板、木线、PVC、铝扣板、桑拿板等。对于不同材料的装饰吊顶，需要用线条、网格或其他形式表示。将材料填充之后，对于特殊材料和工艺的装饰部分，需要进行必要的文字标注。

表4-3-1 灯具图例

灯具、设备表:

使用地点	学术报告厅										
名称	圆形筒灯	荧光灯	投光灯	多媒体投影机	面光灯	自动跟踪摄像机	吸顶扬声器	声柱(音响)	地面指示灯	格栅灯	格栅灯
规格尺寸	直径170 mm									600×1200	600×600
材质	金属表面白色烤漆凸边		金属灯罩								
图例											
光源	节能管		节能管							日光灯管	日光灯管
功率	1×18 W	30 W或40 W	4×18 W							40 W×3	20 W×3
数量	27个	31 m(净长)	25只	1个	8个	1个	12个	2个	28个	6个	8个

(5)室内标高

标高是建筑制图中常用的符号，标高采用米为单位，标高符号用细线画出，一般标注该层距本层楼面的高度。

(6)尺寸标注，图名比例

参照室内天花图的制图规范进行尺寸标注，最后在图下方标注图名和比例尺。

4.4 室内立面图

室内立面图是用来表示垂直界面的装饰设计图，是室内设计中不可缺少的工程图样。室内立面图作为室内设计工程的指导图样，应该画出所设计的室内空间中所有的墙面，与墙面造型的复杂程度无关，也就是说，有几个墙面就要画出几个墙面，保证图纸设计的完整性。在室内立面图中，应将墙面的装修做法，包括材料、工艺、造型、尺寸等标注翔实，对于结构复杂或标注不清楚的装修细部，可以加注详图索引符号，在详图中另作图样。

4.4.1 室内立面图的作用

室内设计工程图中的立面图，是一种与垂直界面平行的正投影图。它能够反映垂直界面的形状、装修造型及做法和室内家具陈设，可以直观、翔实地表达出室内设计的立面空间效果。

室内立面图要求表达出墙、柱面门窗隔断及立面造型的装修做法，包括材料、工艺、造型、尺寸等。立面图是施工现场的重要指导图样，所以立面图的施工图纸规范也显得尤为重要。

4.4.2 室内立面图的形成

室内立面图是在室内设计中，平行于某空间立面方向，假设有一个竖直平面从顶至底将该空间剖切后所得到的正投影图。剖切线上的物体（一般为墙体、天花、楼板）只需画出其内表面，位于剖切线后的物体以截立面形式表示，它的形成实质是某一方向墙面的正视图。

4.4.3 室内立面图的内容

室内立面图一般需要表达出室内某立面的界面形式、装修内容及家具陈设等（图4-4-1至图4-4-4），其主要内容如下。

① 墙柱面的装修做法，包括材料、造型、尺寸等。

② 门窗及窗帘的形式和尺寸。

③ 剖视方向的可视装修内容和固定家具、灯具及其他。如果没有单独的陈设立面图，则在本图上表示出活动家具、灯具等立面造型，比如隔断、屏风等的外观和尺寸；表示墙柱面上的灯具、挂件、壁画等装饰；表示山石、水体、绿化的做法形式等。

④ 表达出重点图示内容的尺寸、定位尺寸及标高。

⑤ 装修材料的编号及必要的文字说明。

⑥ 节点剖切索引符号、大样索引符号。

⑦ 该立面图的轴号、轴线尺寸等。

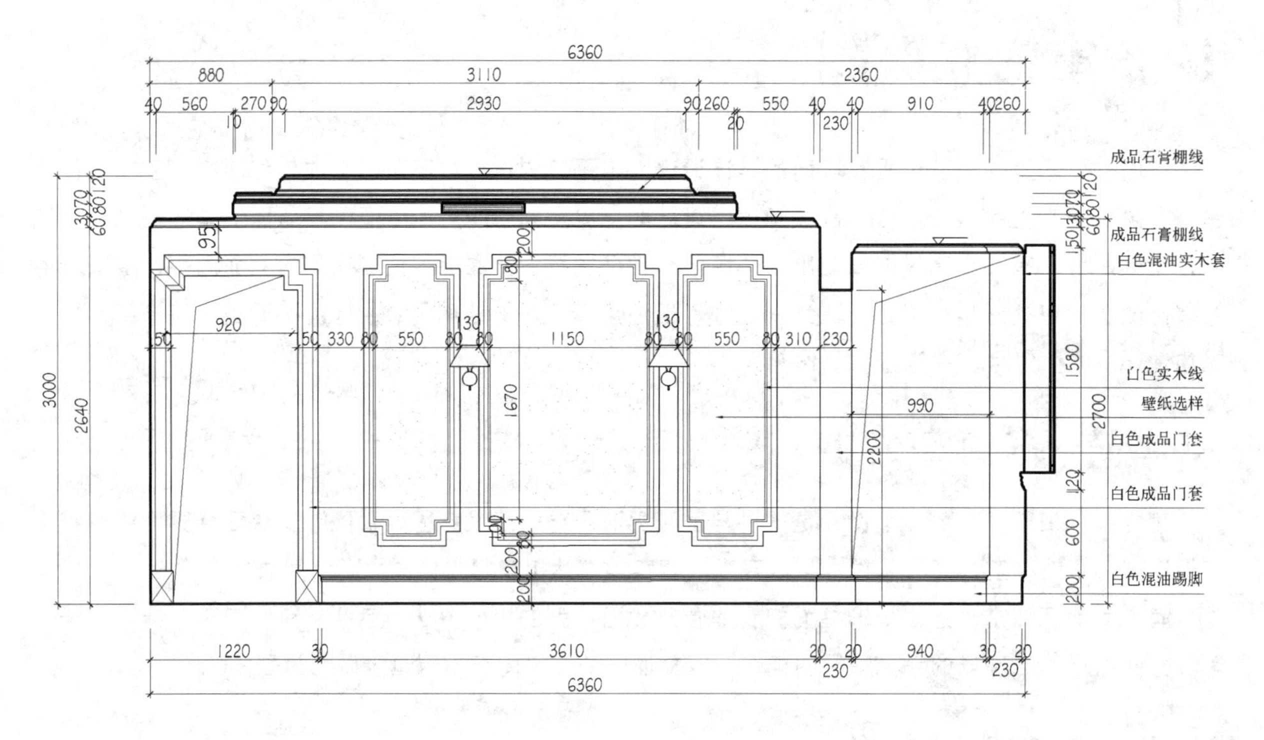

图4-4-1 某别墅主卧A向立面图

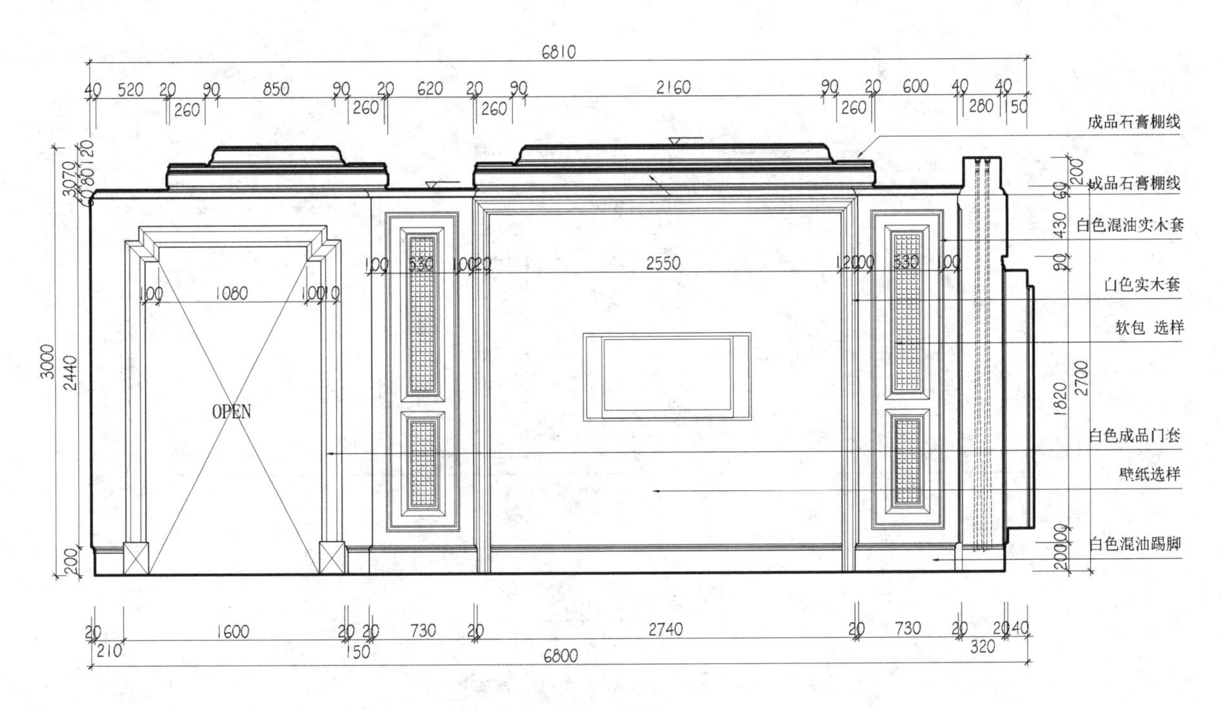

图4-4-2 某别墅主卧B向立面图

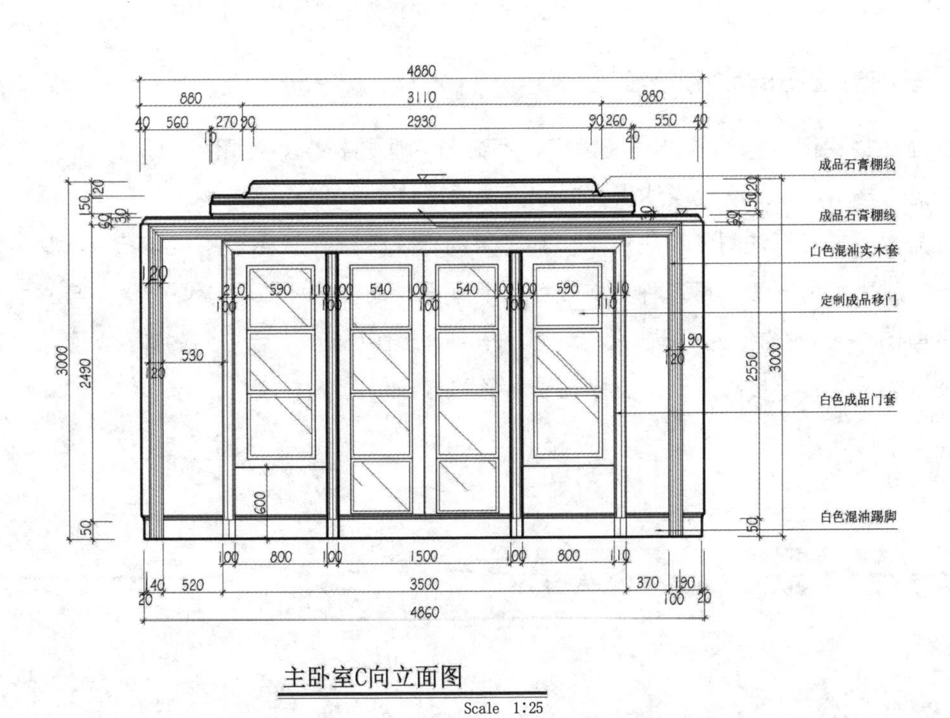

图4-4-3 某别墅主卧C向立面图

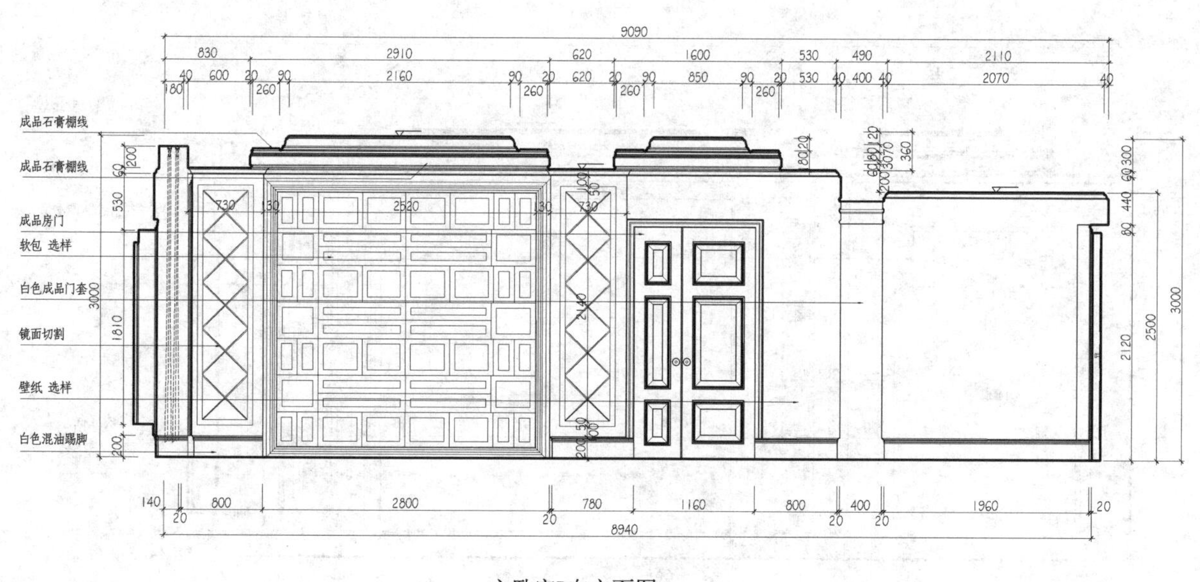

主卧室D向立面图
Scale 1:25

图4-4-4　某别墅主卧D向立面图

4.4.4　室内立面图的制图规范

4.4.4.1　室内立面图的比例图名

室内立面图的比例根据其复杂程度设定，不必与平面图相同。常用比例是1∶50、1∶30。在这个比例范围内，基本可以清晰地表达出室内立面上的形体。

室内立面图下方应标注图名和比例尺，其常用的标注方法有三种（图4-4-5）。其中，第一种方法书写方便，故为常用方法。第二种方法能够指明平面图所在的图纸号，便于查到与立面图相关的平面图。若平面图中无轴线标注，可按视向命名，在平面图中标注所示方向，如A立面。另外也可以按平面图中轴线编号命名（与建筑施工图以轴号命名的方法相同）。

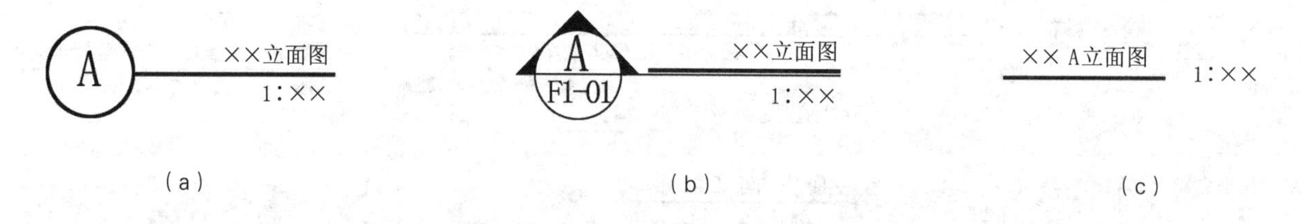

图4-4-5　立面图的图名

4.4.4.2　立面图的绘制要求

① 室内各方向界面的立面应画全。

② 立面图是表现室内墙面布置的图样，除了画出固定墙面装修外，还可以画出墙面上可灵活移动的灯具、挂件、壁画等装饰品。地面上可移动的家具、艺术品陈设、装饰物品等一般无需绘制，如果需要表示与立面的位置关系和尺度关系，只需画出外轮廓线，原则上不影响立面造型的表达。

③ 平面形状曲折的建筑物可绘制展开室内立面图；多边形平面的建筑物，可分段展开绘制室内立面图，但均应在图名后加注“展开”两字。

④ 完全对称的立面图，可只画一半，在对称轴处加绘对称符号即可。

⑤ 当垂直界面较长，而某个部位又用处不大时，允许截选其中的一段，并在断掉的地方画折断线（图4-4-6）。

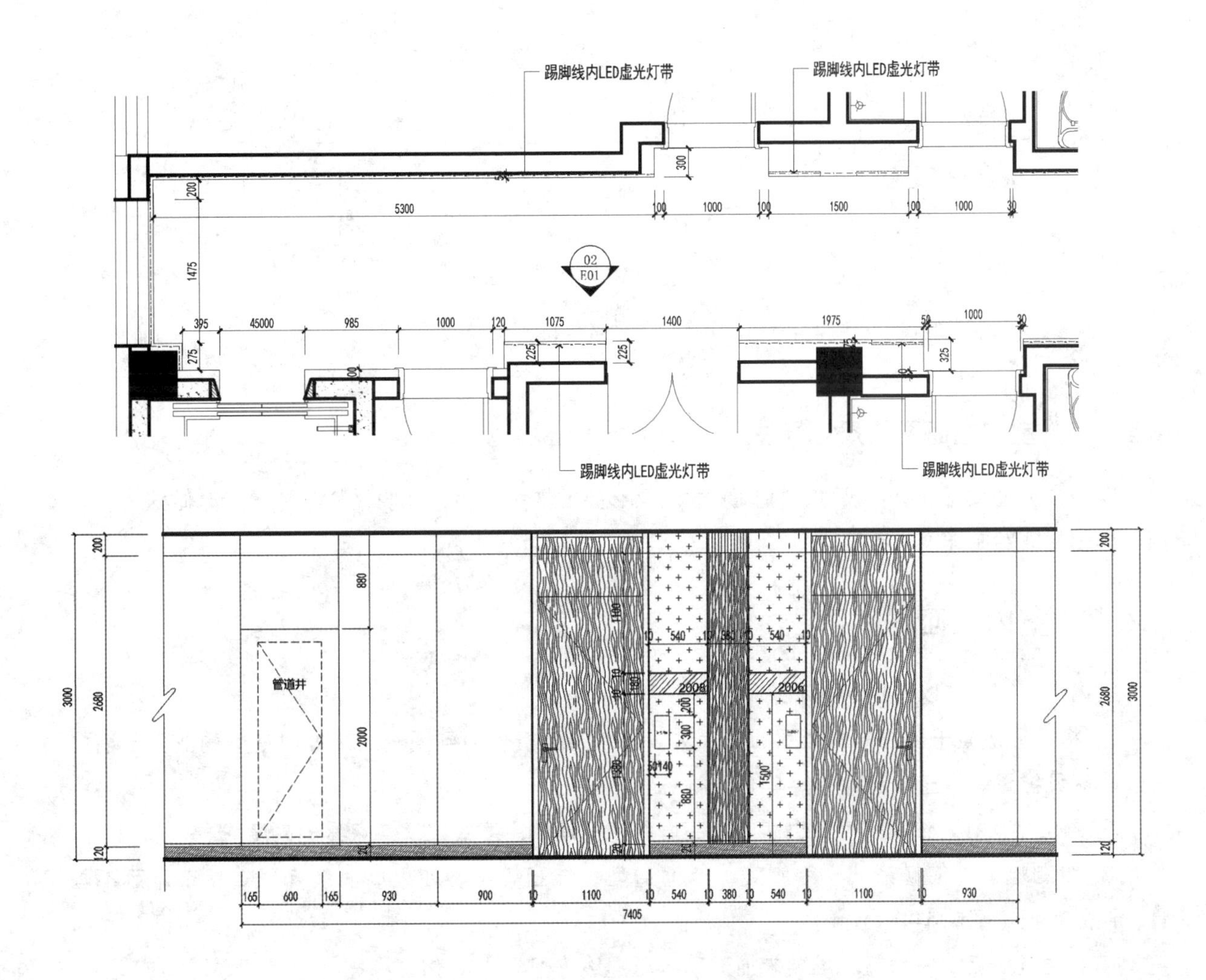

图4-4-6　走廊平面与立面图

4.4.4.3 室内立面图的线型

立面外轮廓线为粗实线，门窗洞、立面墙体的转折等可用中实线绘制，装饰线脚、细部分割线、引出线、填充等内容可用细实线。立面活动家具及活动艺术品陈设应以虚线表示（图4-4-7）。

注：立面外轮廓线应为装修完成面，即饰面装修材料的外轮廓线（图4-4-1至图4-4-4）。

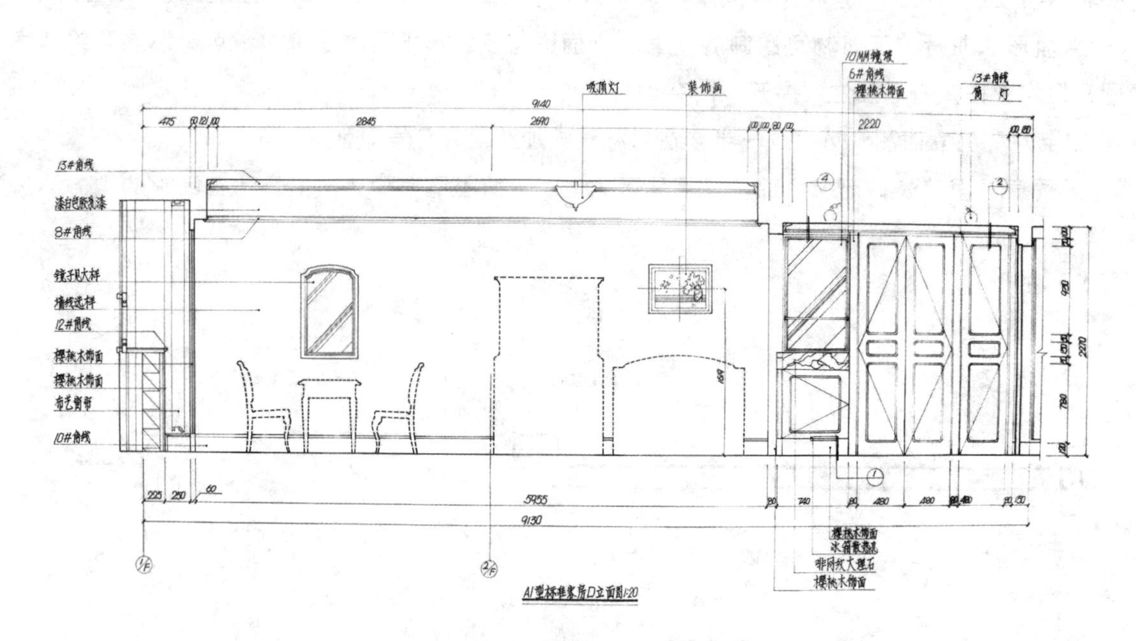

图4-4-7 客房立面图

4.4.4.4 室内立面图的尺寸标注

室内立面图要标注纵向尺寸、横向尺寸以及必要的文字说明，注明材料名称、工艺做法等，需要绘制详图的要绘制详图索引符号。

4.4.5 室内立面图的画法

室内立面图应按以下提示方法绘制。

① 将平面图置于要画的立面图的正上方，将其尺寸直接引到图稿上，此时房间的宽度、墙体的厚度、家具位置等均已确定（图4-4-8（a））。

② 画出地面线，依据尺寸绘出房间的高度线、吊顶的高度线以及各家具的高度线。

③ 绘制墙面的装修形式（踢脚线、墙面造型、挂画等）。如果墙面装修形式复杂，可不画家具，以免遮挡（图4-4-8（b））。

④ 检查无误后，按线宽标准要求加深和修剪图线（图4-4-8（c））。

⑤ 标注尺寸、文字说明、图名及比例。

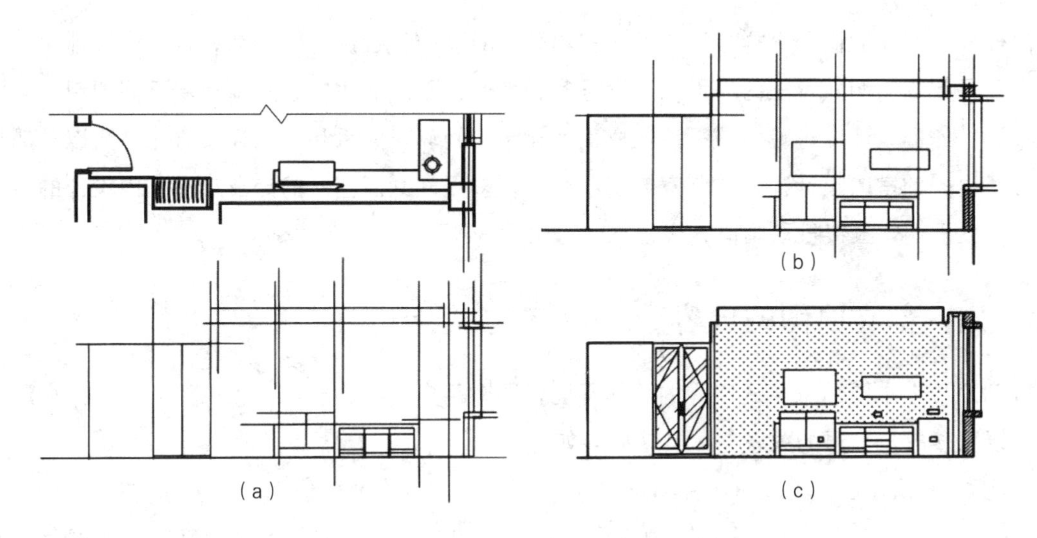

图4-4-8 立面图的绘图步骤

4.5 室内剖立面图

在室内设计中，一般有两种不同的图样反映垂直界面的状况：一种是立面图，另一种是剖立面图。其主要区别在于，剖立面图需要画出被剖的墙、柱、天花、楼板及吊顶等；而立面图是直接绘制垂直界面的正投影图，画出侧墙内表面，不必画侧墙及楼板等。

4.5.1 室内剖立面图的作用

通常情况下，剖面图因其表达内容不同可分为两种，一种是表示空间关系的大剖面图，另一种是表示构配件具体构造的局部剖面图。本节所讲的室内剖面图属于前者，用来表示室内空间关系，反映房屋和室内设计具体情况的剖立面图。

4.5.2 室内剖立面图的形成

室内剖立面图是指房屋的垂直剖面图，就是用假想的竖直平面剖切房屋，移去靠近视点的部分，对剩余部分按正投影原理绘制正投影图。剖立面图应包括被垂直剖切面剖到的部分，也应该包括虽未剖到但能看到的部分，如门窗、家具、设备等。

剖面图的数量与剖切位置视房屋和室内设计的具体情况而定，总的原则是能够充分表达设计意图。在室内界面中，有些界面非常简单，可不必绘制剖立面图。选择剖切位置时，应选择最有效的部位，既能充分反映房屋建筑结构形式，又能反映出室内设计的装饰、装修部位，把室内设计最精彩、最有代表性的部分表示出来。注意，剖切位置最好贯通平面图的全长，且剖切面不要穿过柱子和墙体。

室内剖立面图和立面图一样，同属表达室内垂直界面的正投影图。那么，在室内设计中，究竟用剖立面图还是用立面图表示室内界面，不同国家和地区、不同的室内设计师有着不同的制图习惯。从事建筑设计工作的设计师一般习惯采用剖立面图显示空间环境关系和结构连接方法，所以早期从建筑设计中分离出来的室内设计师在绘制室内工程图时，多用剖立面图；而专业从事室内设计的设计师则多习惯采用立面图，直接截取画面，表现灵活、生动。

4.5.3 室内剖立面图的内容

室内剖立面图主要用来表达空间的总体环境，即图示空间与邻里宅间的关系、墙上门窗洞口、楼板的做法以及楼板与吊顶的关系等。具体内容如下。

① 轴线、轴线编号、轴线间尺寸和总尺寸。

② 被剖墙体及其上的门窗洞口，顶界面和底界面的内轮廓，主要标高，空间净高度及其他必要尺寸。

③ 按剖切位置和剖视方向可以看到的墙柱、门窗、家具、陈设及电视机、冰箱等，它们的定位尺寸和其他必要尺寸。

④ 墙、柱、门窗及图示重要装饰造型的材料与做法。

⑤ 图示编号及索引符号。

⑥ 图名与比例。

4.5.4 室内剖立面图的制图规范

（1）比例

剖立面图的比例可与立面图相同，也可选用比立面图大的比例，因为剖立面图表达的内容更为详尽。

（2）定位轴线

在剖立面图中，凡被剖切到的承重墙柱都应画出定位轴线，并注写与平面图相对应的编号，立面图中一些重要的建筑构造造型（如没被剖到的墙或柱），也可与定位轴线关联标注以保证其他定位的准确性。

（3）图线

在剖立面图中，被剖到的顶、地、墙外轮廓线为粗实线，立面主要结构转折线、门窗洞口可用中实线，填充分割线等可用细实线，活动家具及陈设可用虚线（表达空间关系）表示。

（4）尺寸标注

① 高度尺寸。应注明空间总高度，门窗高度及各种造型、材质转折面高度，注明机电开关、插座高度。

② 水平尺寸。注明承重墙、柱定位轴线的距离尺寸，注明门窗洞口间距，注明造型、材质转折面的间距。

（5）文字标注

材料或材料编号内容应尽量在尺寸标注界线内，应对照平面索引注明立面图编号、图名以及图纸所应用的比例。

（6）索引符号

鉴于剖视位置多选在室内空间比较复杂、最有代表性的部位，因此墙身大样或局部节点应从剖立面图中引出，对应放大绘制，以表达清楚（图4-5-1）。

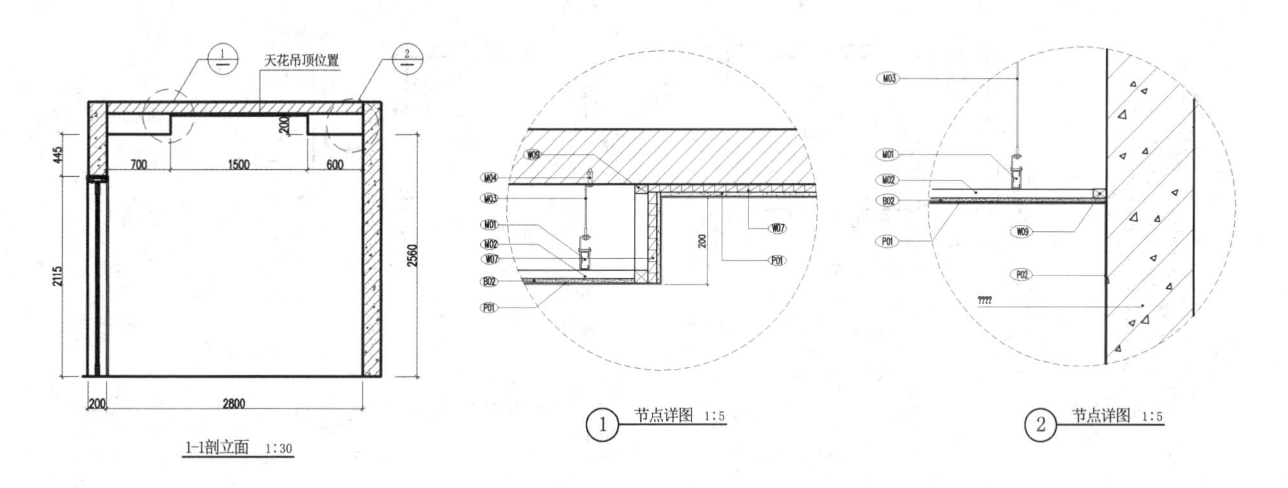

图4-5-1 某室内空间剖立面图

4.5.5 室内剖立面图剖切面的选取

剖切符号的标注和剖切位置的选取对于室内剖立面图的表达非常重要。

① 剖切位置应选在最有效的部位，最好能贯通平面图全长（图4-5-2（a））。如果没有必要，也应贯通某个空间的全宽或全长，保证剖面图的两侧均有被剖到的墙体（图4-5-2（b））。要避免剖切面从空间的中间起止。因为这种情况下产生的剖面图两侧无墙，范围不明确，容易产生误解，如图4-5-2（c）所示。

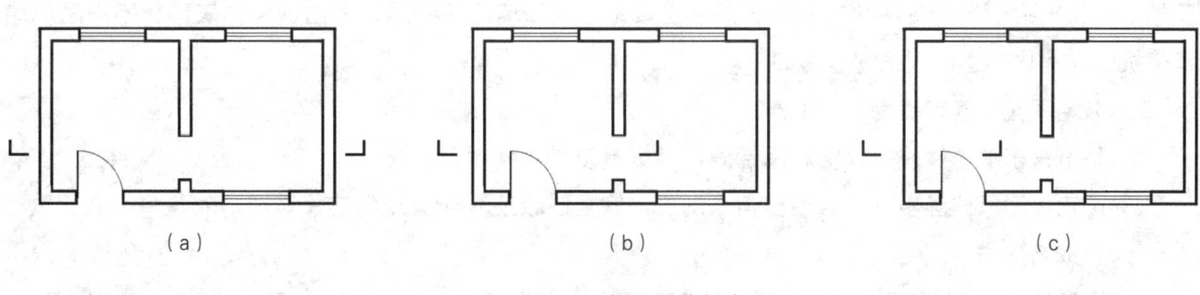

图4-5-2 剖面图的起止

② 剖切面不要穿过柱子和墙体（图4–5–3（b）），因为这样不能反映墙柱的装修做法，也不能反映柱面与墙面上的装饰和陈设。

③ 剖切面转折，为了更好地表现重要的立面内容，可以用阶梯剖来表示，但最多只能转折一次（图4–5–4）。

④ 垂直界面为折面或曲面时，可将不与剖切面平行的部分旋转到与剖切面平行的位置，再按正投影图绘制原理绘制剖面图，但必须在图名后面加注“展开”两字（图4–5–5）。

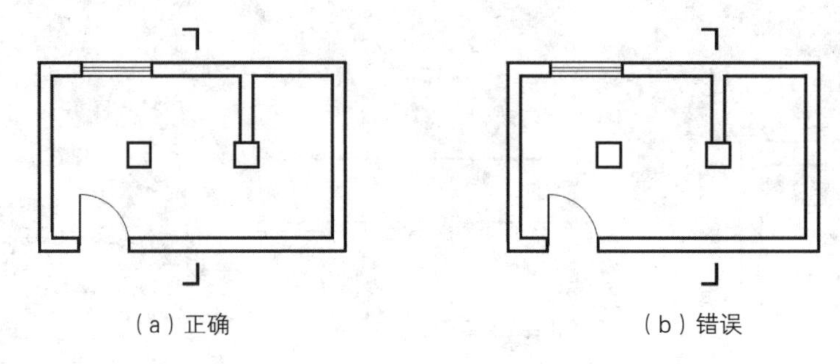

（a）正确　　（b）错误

图4–5–3　剖切面不要从墙、柱中间穿过

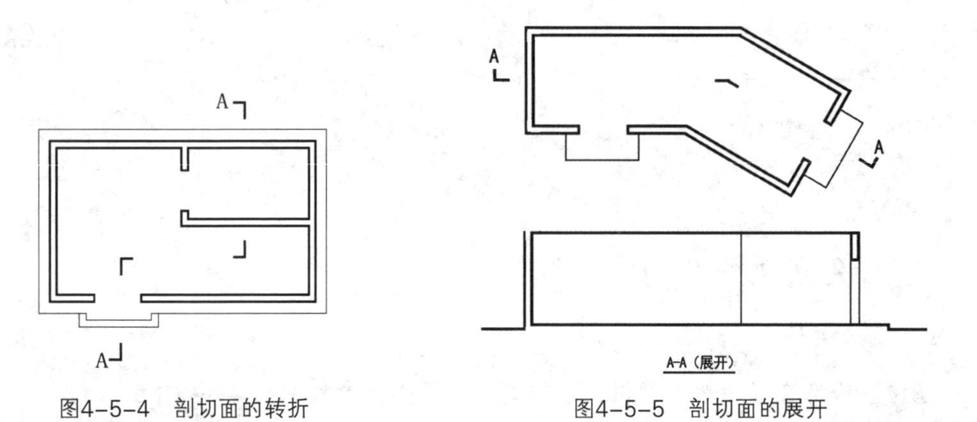

图4–5–4　剖切面的转折

图4–5–5　剖切面的展开

4.5.6　室内剖面图的画法

室内剖面图与立面图的画法类似，其主要区别在于，剖面图需要画出被剖的墙、柱、天花、楼板及吊顶等；而立面图是直接绘制垂直界面的正投影图，即墙面正投影，画出侧墙内表面，不必画侧墙及楼板等。室内剖立面图画图步骤如下。

① 选定图幅，确定比例。

② 画出被剖墙、柱、门、窗和固定隔断、家具及其他构件。

③ 按正投影原理画出从视点看到但未剖到的家具陈设及其他设施的正投影图。

④ 完成细部作图。

⑤ 检查后，擦去多余图线并接线型、线宽加深图线（图4–5–6至图4–5–9）。

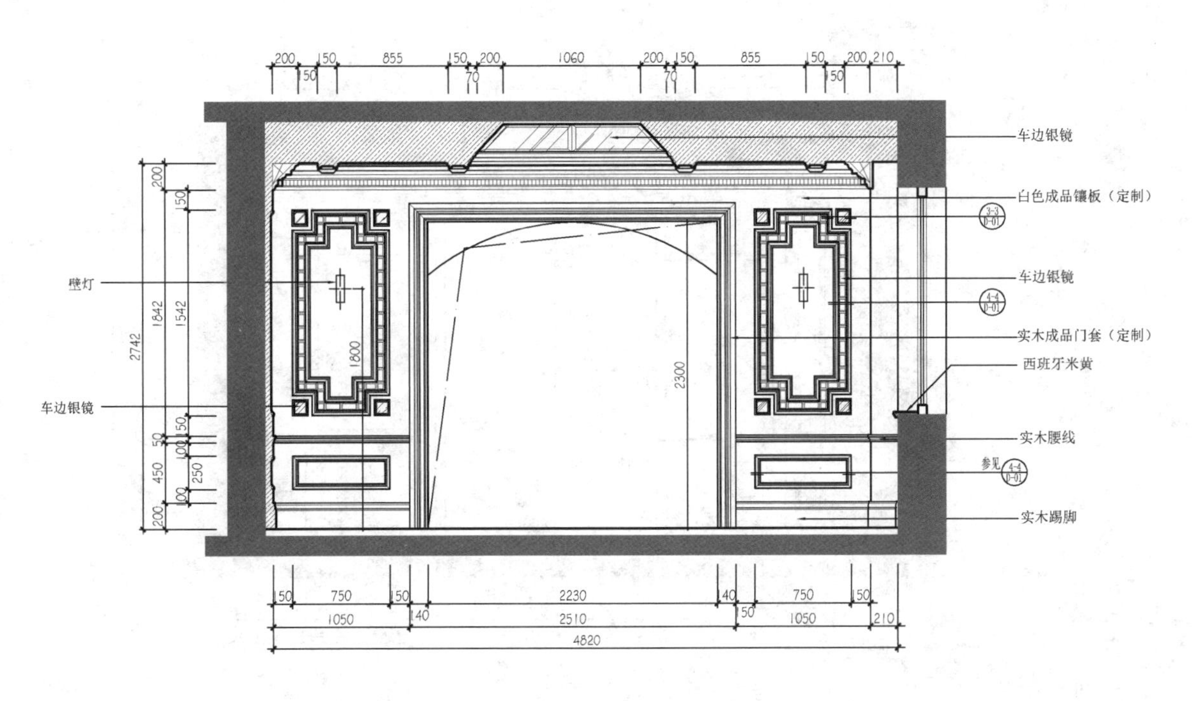

图4-5-6 某别墅餐厅A向剖立面图

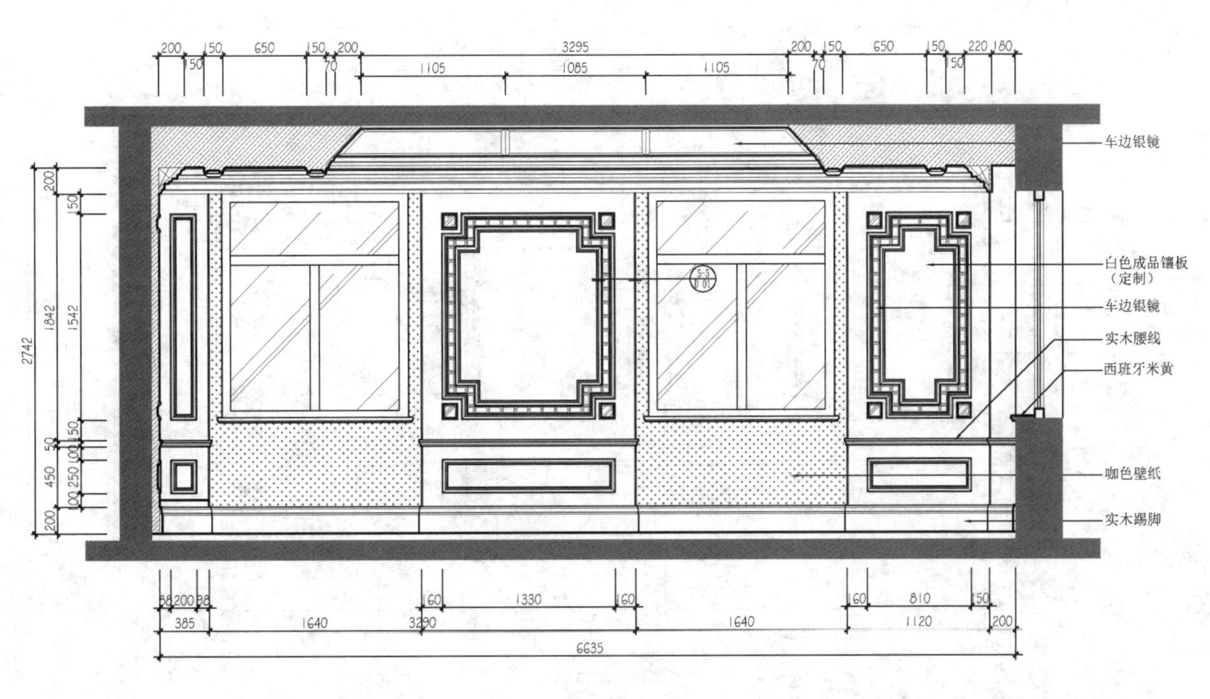

图4-5-7 某别墅餐厅B向剖立面图

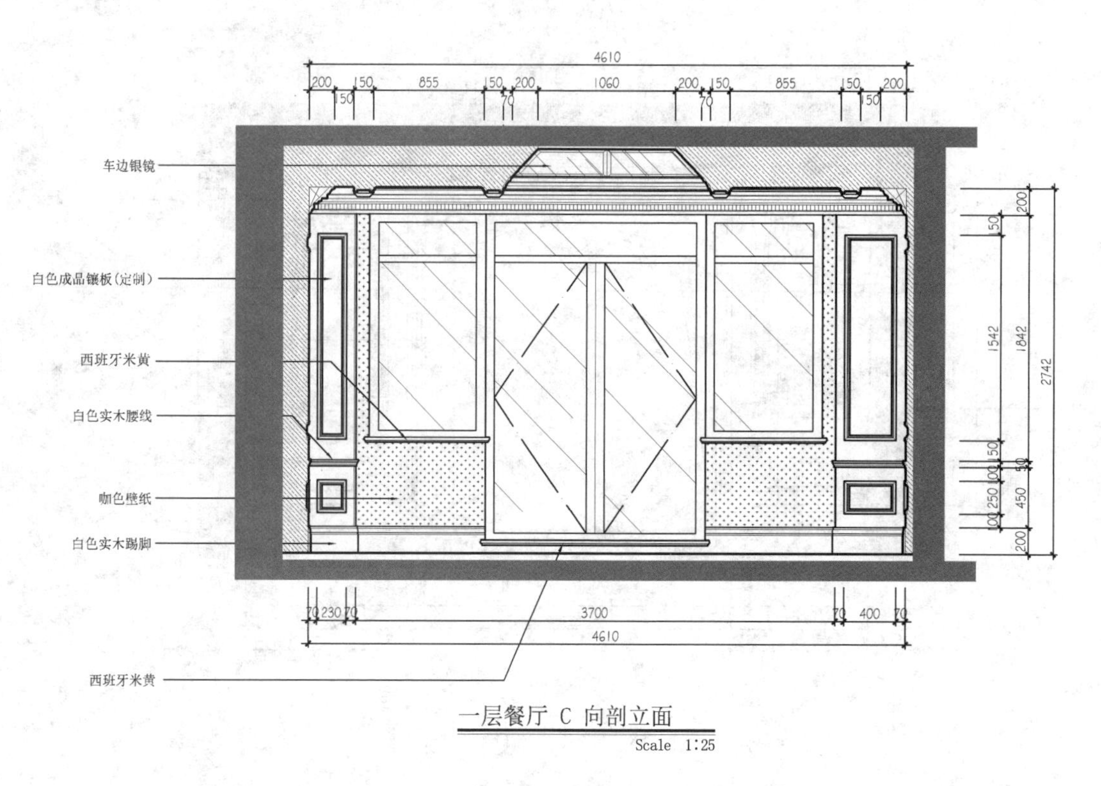

图4-5-8 某别墅餐厅C向剖立面图

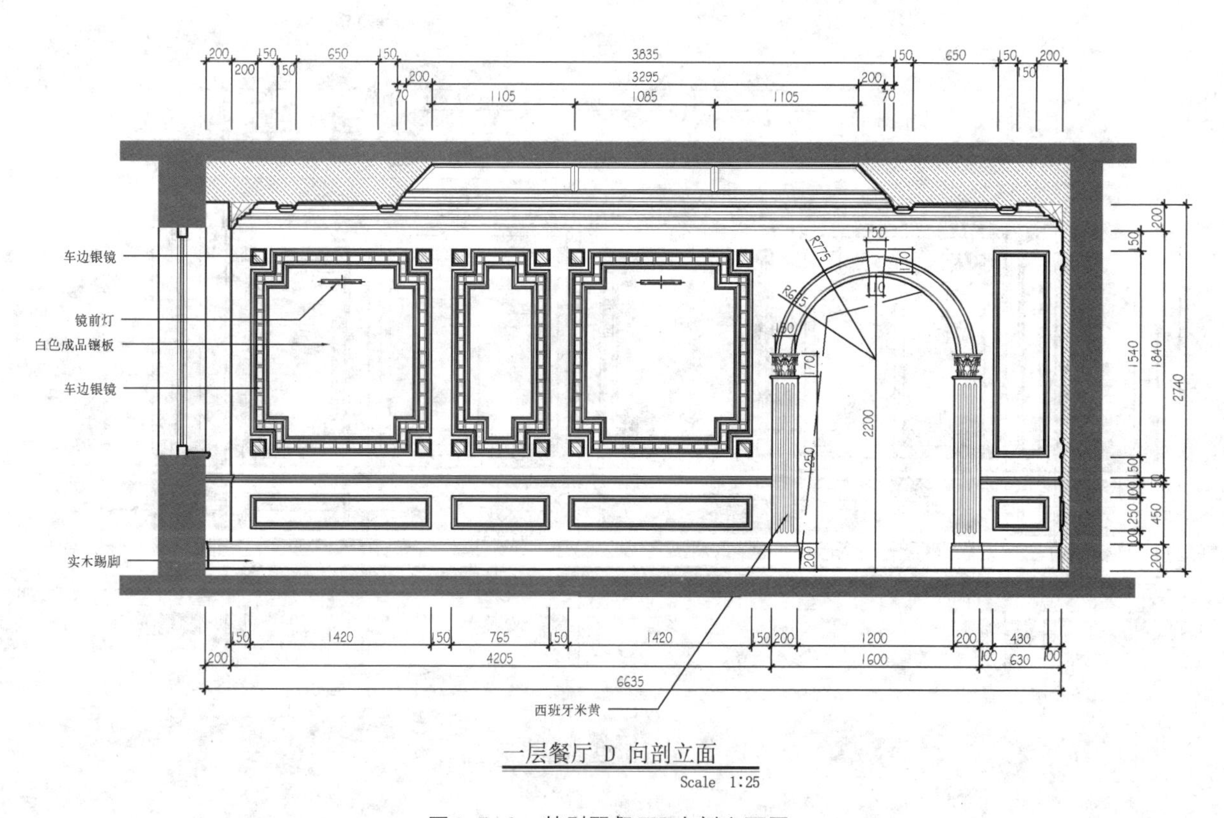

图4-5-9 某别墅餐厅D向剖立面图

4.6 室内详图

4.6.1 详图的概念与分类

详图指局部详细图样，是室内设计中重点部分的放大图和结构做法图。

详图是室内设计工程图样中不可缺少的一部分。平面图、天花图、立面图、剖面图的图纸比例较小，不能把所有要素都画清楚，因此必须用更大的比例绘制某些构配件和装饰细部的详图。一套室内设计施工图需要画多少详图，画哪些部位的详图，要根据设计情况和工程的大小及复杂程度而定。

通常情况下，详图由大样图和节点图两类图纸组成。

（1）大样图

大样图是指把平面图、天花图、立面图、剖面图中某些需要详细表达的设计部分局部放大的比例图样。局部大样图应能更详细地反映该部位的尺寸、工艺做法、材料名称以及各组成部分间的关系、连接方式等，并应标注索引符号和编号、大样图编号及比例（图4-6-1）。

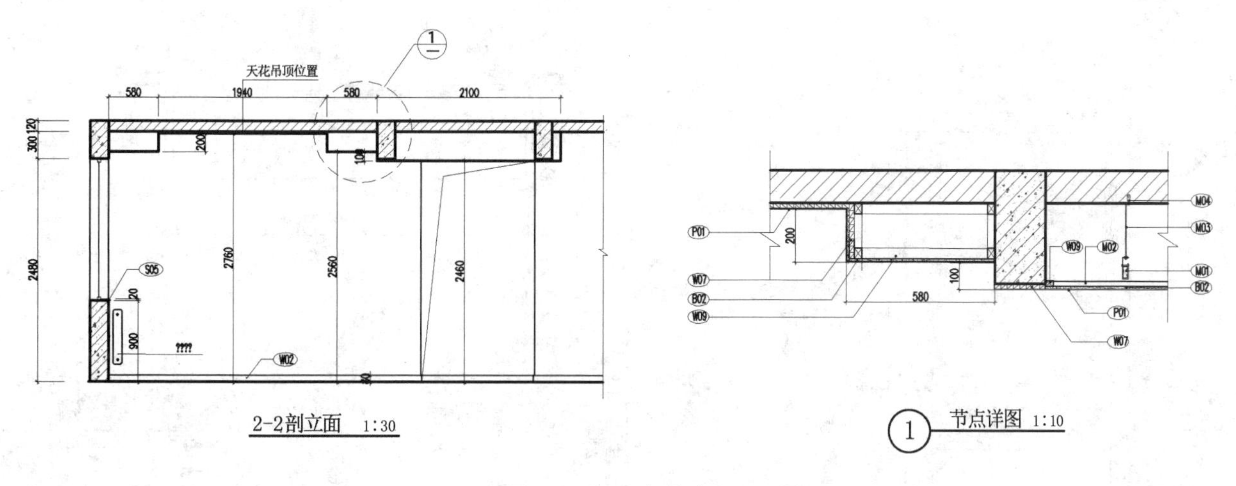

图4-6-1 局部放大图

（2）节点图

节点图是反映某设计造型局部的施工构造截面图，又称构造详图。它一般需要综合使用多种图样以完整地反映某些构配件、连接点或设计造型的构造。节点图应更能详细表达出被剖切面从结构体至面饰层装饰材料之间的连接方式、连接材料、连接构件等，标注装饰材料的收口、封边以及详细尺寸和做法，并应标注索引符号和编号、节点详图编号及比例（图4-6-2）。

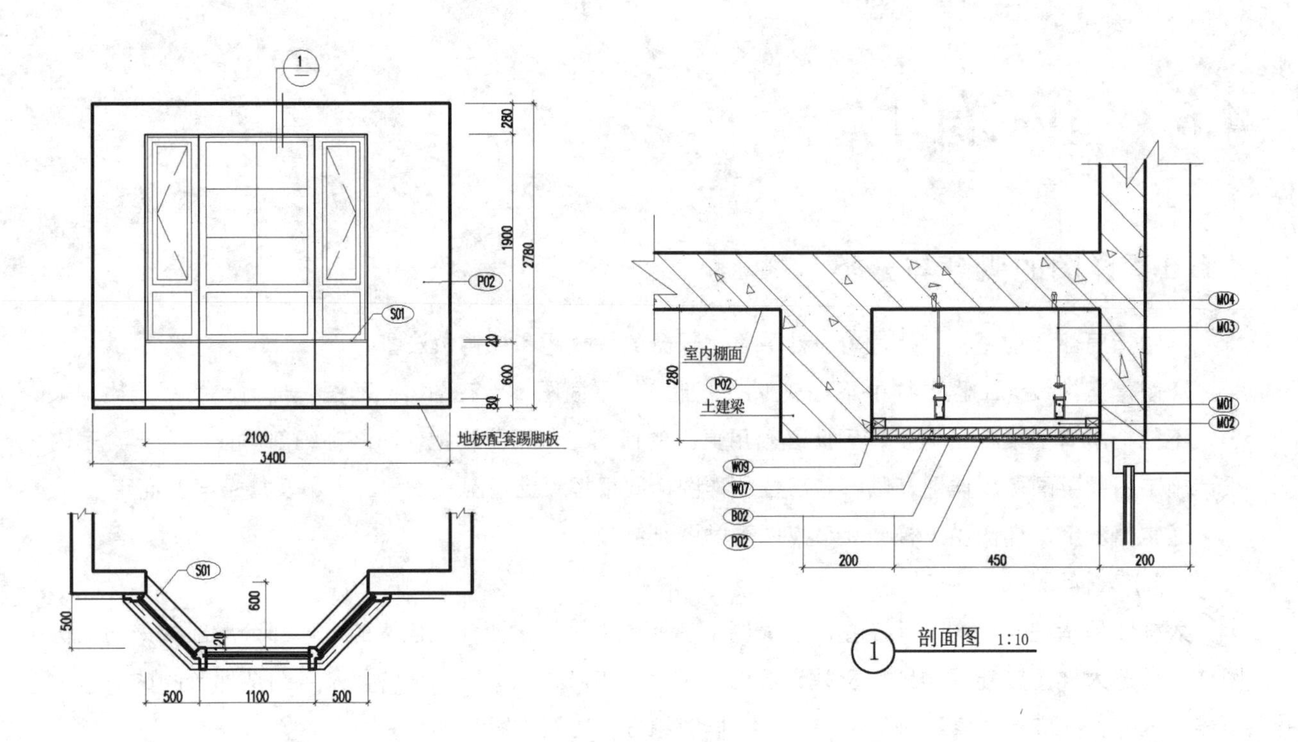

图4-6-2 窗户详图和节点图

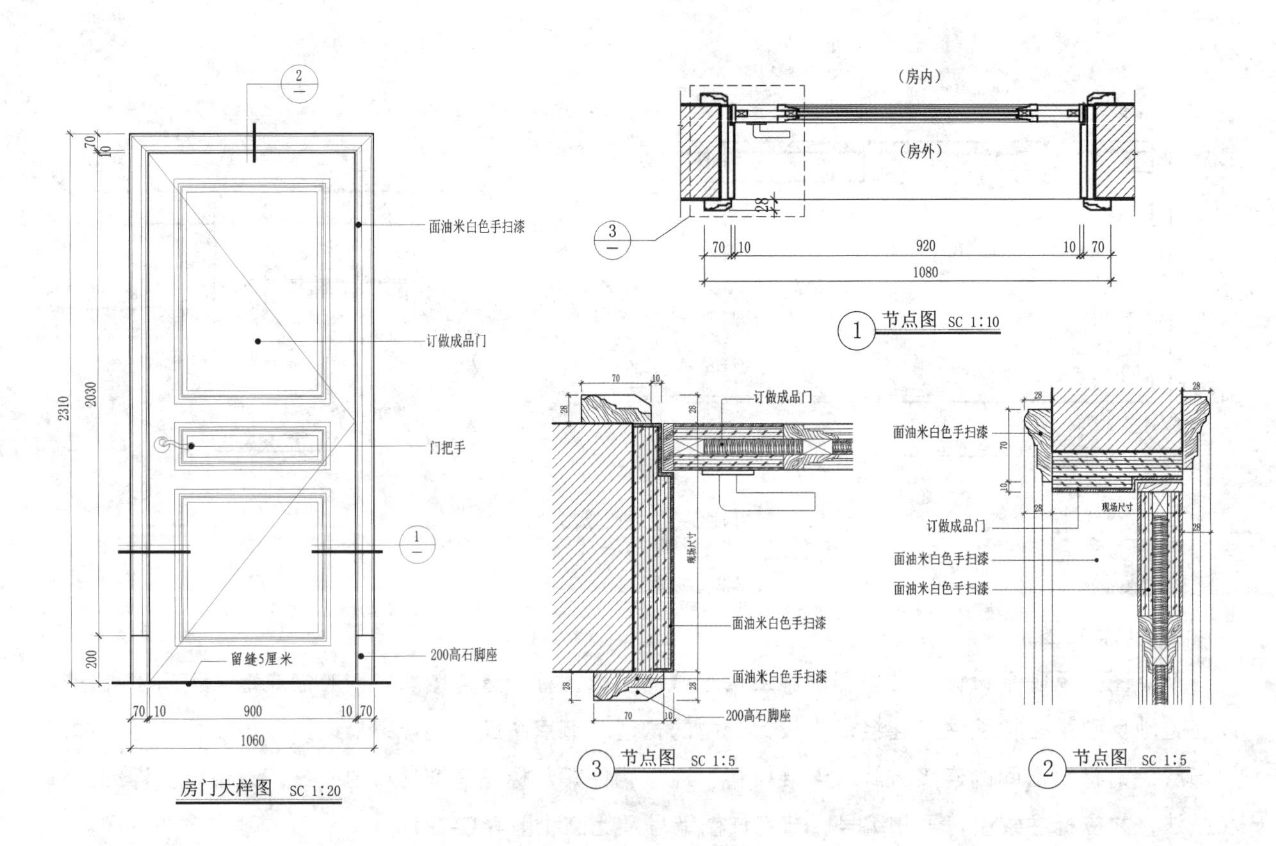

图4-6-3 房门详图和节点图

4.6.2 详图表达的主要内容

一般装饰工程详图，需要绘制墙面详图、柱面详图、特殊的门、窗、隔断、暖气罩和天花、吊顶等建筑构配件详图；服务台、酒吧台、壁柜、洗面池等固定设施、设备详图；水池、喷泉、假山、花池等造景详图；专门为该工程设计的家具、灯具详图等。

4.6.3 详图的制图规范

大多数详图中都是局部剖面图，即节点图，凡是剖到的建筑结构和材料的断面轮廓线均以粗实线绘制，没被剖到的结构以中粗线绘制，其余的用细实线绘制。详图的线型、线宽及材料图例与建筑详图相同，当绘制较简单的详图时，可采用线宽比为b：0.5b的两种线宽（图4-6-1至图4-6-3）。

室内详图应画出构件间的连接方式，应详细标注加工尺寸、材料名称以及工程做法。

4.7 室内设计施工图的编制

按照设计过程，室内设计图纸可以分为方案图、施工图和竣工图。

按照图纸表现方式，室内设计图纸可以分为概念草图、分析图、效果图、工程图等。

按照出图和成果方式，室内设计图纸可以分为文本和展板。

在同一专业的一套完整图纸中也包含多种内容，这些不同的图纸内容要按照一定的顺序编制：先整体，后局部；先主要，后次要；布置图在先，构造图在后；底层在先，上层在后。

一套完整的室内设计施工图纸应包括装饰和设备安装两大部分。涉及结构改造的还需相应的结构图纸。其编排顺序如图4-7-1所示。

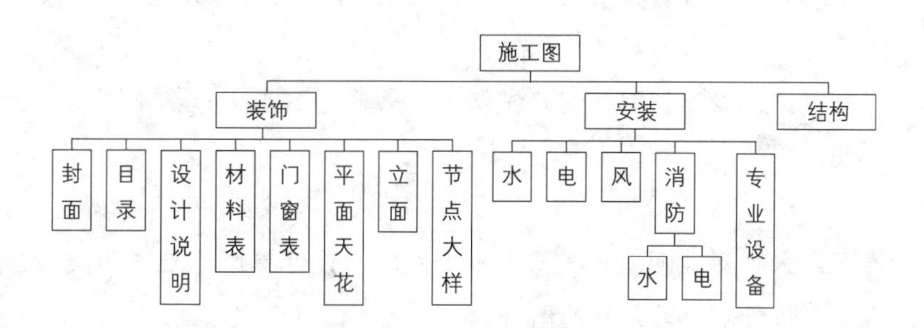

图4-7-1　室内设计施工图纸的内容编排

装修施工图设计应根据已批准的初步设计方案进行编制，内容以图纸为主，其编排顺序为：封面；图纸目录；设计说明（或首页）；材料表、门窗表；图纸（平、立、剖面图及大样图、详图）；工程预算书以及工程施工阶段的材料样板。同时，各类专业的图纸应该按图纸内容的主次关系、逻辑关系，有序排列。

4.7.1 室内设计施工图编制的内容与顺序

室内设计施工图一般有以下内容（按先后顺序）。

① 图纸封面：主要表达图纸的基本信息，包括项目名称、建设单位名称、设计单位名称、设计编制时间。

② 图纸目录：主要表达图号、图纸名称、图纸幅面、图纸数量。

③ 设计说明：主要表达设计依据、工程概况、图纸描述、工程做法、施工事项。

④ 材料做法表：主要表达工程各分项的墙面、地面、顶面、踢脚线材料的规格、做法等。

⑤ 门窗表。

⑥ 平面布置图：主要表达空间交通、各功能空间布置、装修做法完成面等，同时设计立面、剖面索引。

⑦ 天花布置图：主要表达顶棚造型、照明布置等。

⑧ 地面铺装图：主要表达地面材料铺设排版。

⑨ 墙体定位图：主要表达新建改造墙体定位。

⑩ 综合天花图：主要表达天花消防、空调、照明等各专业的配合。

⑪ 剖面图：主要表达空间标高关系。

⑫ 立面详图：主要表达立面做法、尺寸、材料。

⑬ 节点详图：主要表达具体分项做法、详细尺寸问题。

4.7.2 图纸目录编排应注意的问题

图纸目录是施工图纸的明细和索引，应排列在施工图纸的最前面，且不编入图纸序号内，其目的在于出图后增加或修改图纸时，方便目录的续编。

图纸目录应先列新绘图纸，后列选用的标准图或重复利用图，在编排时应注意以下几点。

① 新绘图。

新绘图纸应依次按首页（设计说明、材料做法表、装修门窗表），基本图（平、立、剖面图）和详图三大部类编排目录。

② 标准图。

目前有国家标准图、大区标准图、省（市）标准图、本设计单位标准图四类。选用的标准图一般只写图册号及图册名称，数量多时可只写图册号。

③ 重复利用图。

利用本单位其他工程项目图纸，应随新绘图纸出图，重复利用图必须在目录中写明项目名称、图别、图号、图名。

④ 新绘图、标准图、重复利用图三部分目录之间应留有空格，以便补图或变更图单时加填。

⑤ 应注意目录上的图号、图名应与相应图纸上的图号、图名一致。设计工程名称、单位名称应与合同及初步设计一致。

⑥ 图号应从“1”开始依次编排，不得从“0”开始。

⑦ 图纸规格应根据复杂程度确定大小适当的图幅，并尽量统一，以便施工现场使用。

4.7.3 图纸首页的内容与要求

（1）设计说明

设计说明主要介绍工程概况、设计依据、设计范围及分工、施工及制作时应注意的事项，其内容包括以下几点。

① 本项工程施工图的设计依据。

② 根据初步的方案设计，说明本项工程的概况，其内容一般包括工程项目名称、项目地点、建设单位、建筑面积、耐火等级、设计依据、设计构思等。

③ 对工程项目中特殊要求的做法说明。

④ 对采用的新材料、新做法的说明。

（2）工程材料做法表

工程材料做法表应包含本设计范围内各部位的装饰用料及构造做法，以文字逐层叙述的方法为主或者引用标准图的做法与编号，否则应另绘详图交代。设计部分除文字说明外，也可用表格形式表达，在表格里填写相应的做法或编号。

编写工程材料做法表，应注意以下几点。

① 表格中做法名称应与被索引图册的做法名称、内容一致，否则应加注“参见”二字，并在备注中说明变更内容。

② 详细做法无标准图可引时，应另行书写交代，并加以索引。

③ 应选用可靠的新材料、新工艺。

（3）装修门窗表

门窗表是一个子项中所有门窗的汇总与索引，目的在于方便工程施工、编写预算及厂家制作。在编写门窗表时应注意以下几点。

① 在装修中，所涉及的门窗表的设计编号，建议按材质、功能或特征分类编写，以便分别加工和增减数量。

② 在装修中，所涉及的洞口尺寸应与平、立、剖面图及门窗详图中相应尺寸一致。

③ 在装修中，所涉及的各类门窗栏内应留空格，以便增补调整。

④ 在装修中，所涉及的各类门窗应连续编号。

4.7.4 图块在图纸上的排布

在图纸上图块的放置位置不可随意为之，图块与图块之间需要保持一定的对位关系，如保持位置持平，对齐或临近关系，这既是美观上的需要，也是读图时尺寸参照、空间位置比对的需要。总之，必须首先保证方便读图。

比如，当平面图和天花图并置时，保持持平放置的两个图可以为读图者提供更多关于平面、天花对应位置关系的信息，而不保持位置对应的两个图块则仅具有图块自身的信息而丧失了位置上的尺度对应关系（图4-7-2）；又如，当相同比例的平面图和立面图放置在一起时，保持位置对应的平面图和立面图比缺乏对应关系的图块并置更易于读图者理解空间的位置关系，把握空间整体效果；当某空间的四个连续立面放置在一起时，把平面上两两相邻的立面按顺时针方向排布，比按逆时针或混乱排布更易于为读图者建立连贯而明确的空间概念。

由此可见，图的排布不仅关乎图纸空间的大小和美观，还可通过各图之间的位置与邻近关系为读图者建立一定的空间逻辑和参照，这就需要在图纸排布时进行预先的设计和思考。

图块对位关系如图4-7-2至图4-7-4所示。

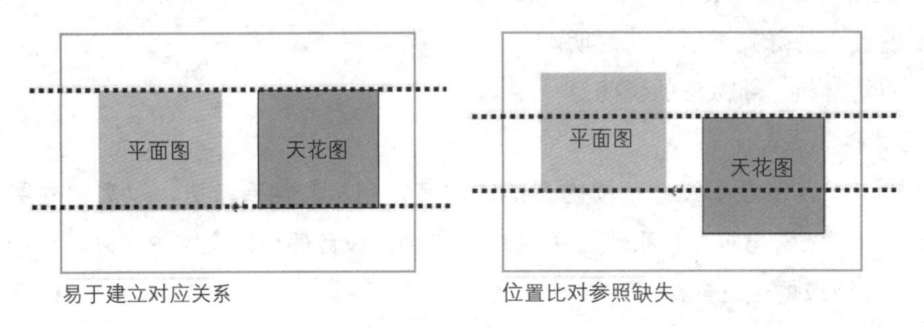

图4-7-2　平面图和天花图并置

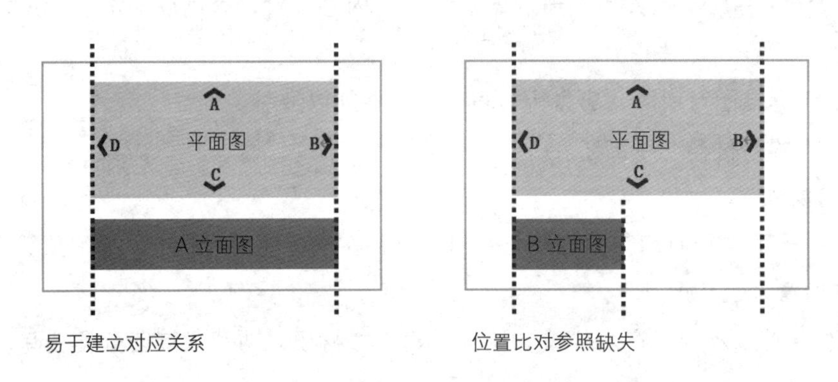

图4-7-3　平面图和立面图并置

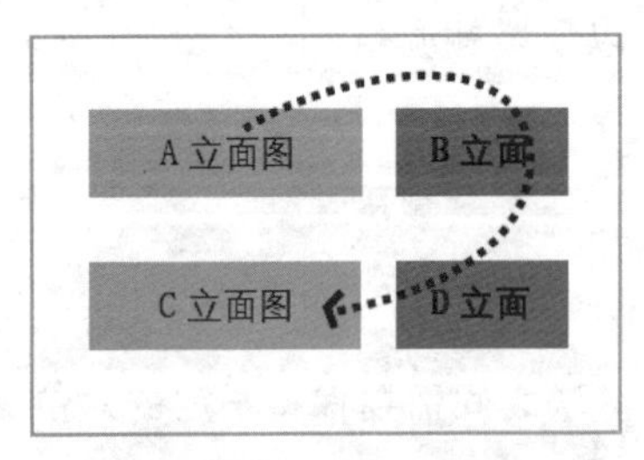

易于建立对应关系

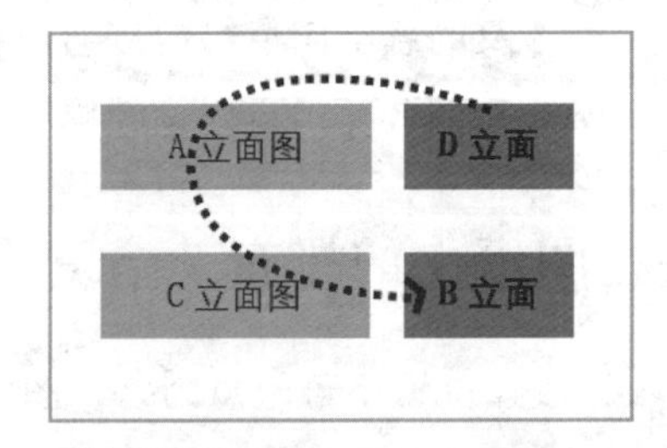

空间关系混乱

图4-7-4　四个连续立面并置

室内设计图中各种图纸的用途、图示内容、表达方法和绘图步骤，是本章学习的重点。

（1）室内空间界面图的形成

利用平行正投影法的原理，分别对室内空间界面进行投射，即得平面图、立面图、剖面图。三种视图反映的是新建房屋空间形状与尺寸、内部布置、材料装修等情况，它们从整体上反映出室内设计装修的基本情况。

（2）图示内容

平面图主要表现的是建筑构成状况、室内家具布置以及装修材料与工艺；立面图主要表现房屋门窗的位置、墙面装饰造型以及施工工艺；详图则用来表现室内装修的细部构造，是平面图、立面图、剖面图的补充和深化。

（3）绘图步骤与方法

绘图先从平面布置图开始，然后是地坪、顶面图、立面图及剖面图、详图。其步骤为从整体到局部，逐步深入。由于图纸表达的内容较多，因此，应当熟悉常用的图例符号，以便正确、清晰地表现图样。图纸要有准确细致的尺寸标注，包括材料的规格尺寸、带有控制性的标高、索引符号的编号等。需要文字表达的内容，如材料颜色、施工工艺、图样名称等，应注写得简洁、准确、完善。绘图时应按规范要求运用图线，以便使最终的图样内容表示正确，层次分明。

（4）图纸识读

识读系列图纸时，必须掌握正确的识读方法和步骤，这就是“总体了解、顺序识读、前后对照、重点细读”。

思考题

1. 室内设计工程图有哪些主要内容?
2. 室内设计工程制图与建筑工程制图有什么异同?
3. 室内设计工程图中的平面图应包括哪些? 平面图是怎样形成的? 有什么作用?
4. 天花图的主要内容有哪些?
5. 立面图是怎样形成的? 怎样命名? 有什么作用?
6. 立面图的内容有哪些? 其画法应注意什么?
7. 室内设计工程详图应包括哪些? 有什么作用?

抄绘练习

抄绘一套居住空间设计工程图，包括平面图、顶面图、立面图及详图，要求图面比例适当、尺寸标注正确、图线粗细明确、图例符号准确、文字标写规范、图样画面整洁。

5 景观设计工程图

教学导引

教学目标

通过本章的学习，使学生能够认识景观设计工程图并初步了解其特点及相应的绘制方法；掌握施工总平面图、施工放线图、竖向施工图、景观植物配置图的绘制与表现；了解其他设计工程图如给排水施工图、照明电气工程图的内容和图示方法，通过抄绘和施工现场的考察，训练学生能够正确规范地绘制景观园林道路铺装图、山石工程图、驳岸设计工程图、建筑小品工程图，培养正确的制图习惯。

教学手段

本章对景观设计工程图的知识要点进行梳理分析，以大量图纸案例来加深学生理解，通过施工现场考察与图纸进行对照来巩固本章知识框架。

教学重点

1. 施工总平面图、施工放线图、竖向施工图、景观植物配置图的内容与绘制方法。
2. 景观园林道路铺装图、山石工程图、驳岸设计工程图、建筑小品工程图的内容与绘制方法。

能力培养

通过本章的学习，使学生能够掌握景观设计施工图的内容与画法，并能在实际的项目设计中合理地运用与实践。

5.1 景观设计的程序与特点

5.1.1 景观设计的程序

（1）场地的调研与分析

对景观园林目标场地实际情况的现场勘察与调研是景观设计的第一步工作，其主要目的是了解场地所在城市或区域中的位置，了解场地周边的人文、地理环境，收集相关资料，分析归纳目标场地的综合情况。

（2）概念设计

通过调研与分析，对目标场地进行初步的整体设计，提出初步设计理念及功能分区设计。

（3）方案设计

概念设计通过之后，在保证市政、路网等系统功能正常使用的基础上，对目标场地进行具体设计。

（4）技术设计

方案设计通过之后，根据设计条件，对绿植、管线、电气、建筑、设施小品等技术内容进行深入设计。

（5）施工图绘制

上述程序完成后，将设计内容准确无误地表达在图纸上，并以此图纸作为施工的主要依据。

5.1.2 景观设计的特点

景观设计是美学、艺术、建筑、文学的综合体，它以自然景观为设计源泉，通过人为的艺术提炼和升华，用人工的手段创造出符合人性美的环境，它体现了人类对美、对自然、对文化的追求，也综合了美学、艺术、建筑、文学等方面的理论，是多个学科的综合体现。

景观设计内容复杂，涉及面广，它包含了树木、水体、道路、山石、广场、建筑、设施小品等多项内容，还涉及建筑、结构、水电等多个专业，表现的对象形态各异，表现的内容复杂多样，是多专业协同设计的艺术。按照室外空间环境的特点，景观设计主要包括居住区环境设计、旅游区和风景名胜区设计、纪念性区域环境设计、文化区环境设计、体育区环境设计、工业区环境设计及商业区环境设计等。

景观设计比例尺度差别大，形态大多为不规则形体，较难用统一的标准绘制。为了满足设计要求，充分表达设计思想，徒手绘画成为设计表达的一种重要手段，同时，运用现代化的计算机绘图软件进行设计是目前比较成熟的一种表达方法。

由于景观制图涉及多个专业，其表现内容也多种多样，故景观设计制图涉及的制图标注及规范也较多。

5.1.3　工程图绘制前的准备工作

5.1.3.1　打印总图

① 了解设计师的设计意图、整体布局和各节点代表的意义。

② 打印一张总平面图，标出各节点名称、主次干道、园路、消防道、各景观节点的设计理念。相同的节点在其名称中编入标号（景墙1、景墙2……）。注意尺寸是否合理。

③ 打印一张总平面图，写上铺装的标号，为铺装意向图、CAD绘制总平铺装图以及图库等资料的寻找和总结做好准备。

5.1.3.2　了解原始资料

了解建设单位提供的所有施工图纸，包括建筑、结构、管网等整套图纸；了解管网（有压输水系统）、竖向红线（各种用地的边界线）以及地下车库范围；整理原始资料，如有需要进行现场勘察，了解哪些已经做完的，哪些还没做的，方案设计当中没注意到的问题，等等。

5.1.3.3　参照（BASE）

① 图纸上保留资料：一层的文字说明（建筑名称）、楼号、楼层数等。

② 观察原始资料经济技术指标，如停车数量等（这点在方案阶段就该注意了）。

③ 道路系统是否合理，消防登高面处的景观设计要求是否合理。

④ 建筑物、构筑物要把底层平面放进去。

⑤ 网格图和坐标图的放样基准点、基准轴先移动到（0，0）点，而后对齐。

⑥ 抓出比例，添加文字。

5.2　施工总平面图和施工放线图

5.2.1　施工总平面图的内容

① 指北针（或风玫瑰图），绘图比例（比例尺），文字说明，景点、建筑物或者构筑物的名称标注，图例表。

② 建筑物的编号，建筑物、构筑物、出入口、围墙的位置；建筑物及构筑物在总平面图中用轮廓线表示，采用粗实线。

③ 停车库（场）的车位位置，绿化、小品、道路及广场的位置示意；当有地下车库时，地下车库的位置应用中粗虚线表示出来；小品中的花架及景亭应采用顶平面图在总平面图中示意。

④ 道路、铺装的位置、尺度、主要点的坐标、标高以及定位尺寸。

⑤ 小品主要控制点坐标及小品的定位、定型尺寸。

⑥ 地形、水体的主要控制点坐标、标高及控制尺寸。

⑦ 植物种植区域轮廓。

⑧ 对无法用标注尺寸准确定位的自由曲线园路、广场、水体等，应给出该部分局部放线详图，用放线网表示，并标注控制点坐标。

⑨ 应用粗虚线将建筑红线表示出来（图5-2-1）。

图5-2-1 某别墅庭院景观设计总平面图

5.2.2 施工总平面图绘制的要求

（1）布局与比例

图纸应按上北下南方向绘制，根据场地形状和布局，可向左或右偏转，但不宜超过45°。施工总平面图一般采用1：500、1：1000、1：2000的比例绘制，对于面积较小的场地可以采用1：200、1：300的比例。

（2）图例

《总图制图标准》中列出了建筑物、构筑物、道路、铁路以及植物等的图例，具体内容参见相应的制图标准。如果由于某些原因必须另行设定图例时，应该在总图上绘制专门的图例表进行说明。

（3）图线

在绘制总图时应该根据具体内容采用不同的图线，具体内容参照第1章图线的使用。

（4）单位

① 施工总平面图中的坐标、标高、距离以米为单位，并应至少取至小数点后两位，不足时以“0”补齐。详图以毫米为单位，如不以毫米为单位，应另加说明。

② 建筑物、构筑物、铁路、道路方位角（或方向角）和铁路、道路转向角的度数，宜注写到“秒”，特殊情况，应另加说明。

③ 道路纵坡度、场地平整坡度、排水沟沟底纵坡度宜以百分计，并应取至小数点后一位，不足时以“0”补齐。

（5）坐标网格

坐标分为测量坐标和施工坐标。

① 测量坐标为绝对坐标，测量坐标网应画成交叉“十”字线，坐标代号宜用“X、Y”表示。施工坐标为相对坐标，相对零点通常选用已有建筑物的交叉点或道路的交叉点。为区别于绝对坐标，施工坐标用大写英文字母“A、B”表示。

② 施工坐标网格应以细实线绘制，一般画成100 m×100 m或者50 m×50 m的方格网，当然也可以根据需要调整，对于面积较小的场地可以采用5 m×5 m或者10 m×10 m的施工坐标网，或者更小的坐标网格，如图5-2-2中采用的就是2 m×2 m的网格。

（6）坐标标注

① 坐标宜直接标注在图上，如图面无足够位置，也可列表标注，如坐标数字的位数太多时，可将前面相同的位数省略，其省略位数应在附注中加以说明。

② 建筑物、构筑物、铁路、道路等应标注下列部位的坐标：建筑物、构筑物的定位轴线（或外墙线）或其交点；圆形建筑物、构筑物的中心；挡土墙墙顶外边缘线或转折点。表示建筑物、构筑物位置的坐标，宜注其三个角的坐标，如果建筑物、构筑物与坐标轴线平行，可注对角坐标。

③ 平面图上有测量和施工两种坐标系统时，应在附注中注明两种坐标系统的换算公式。

（7）标高标注

① 施工图中标注的标高应为绝对标高，如标注相对标高，则应注明相对标高与绝对标高的关系。

② 建筑物、构筑物、铁路、道路等应按以下规定标注标高：建筑物室内地坪，标注图中±0.00处的标高，对不同高度的地坪，分别标注其标高；建筑物室外散水，标注建筑物四周转角或两对角的散水坡脚处标高；构筑物标注其有代表性的标高，并用文字注明标高所指的位置；道路标注路面中心线交点及变坡点标高；挡土墙标注墙顶和墙趾标高，路堤、边坡标注坡顶和坡脚标高，排水沟标注沟顶和沟底标高；场地平整标注其控制位置标高，铺砌场地标注其铺砌面标高。

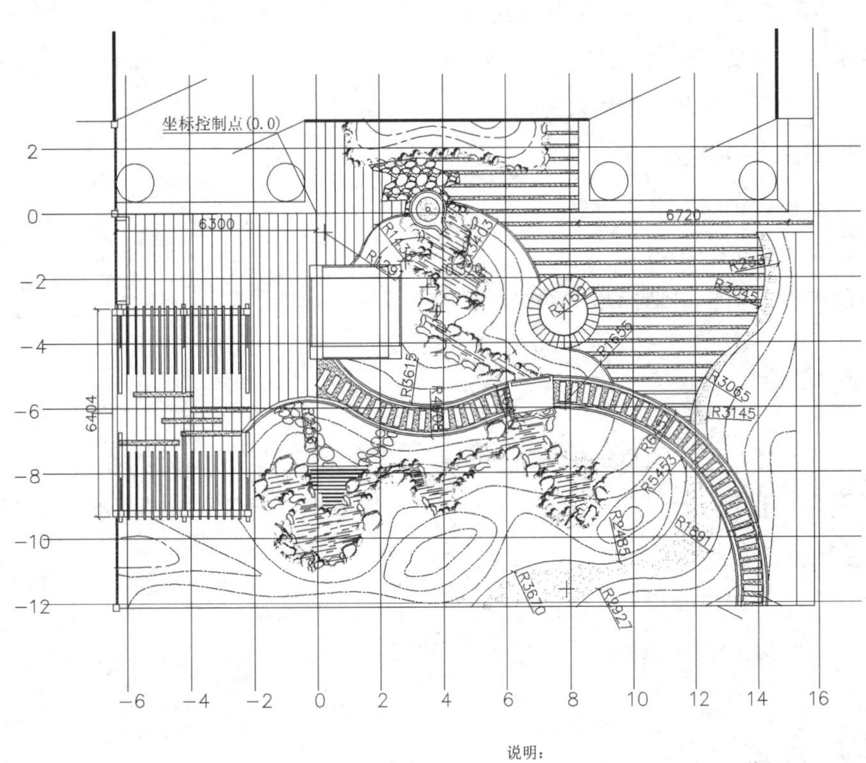

别墅庭院网格放线平面图　1:200

说明：
1. 本图中方格网为2×2，单位为米。图中标注尺寸均为毫米。
2. 要求放线时严格按照所标注尺寸和方格网来确定位置。
3. 曲线和弧线放线要求圆滑平顺，不能出现硬拐曲折。

图5-2-2　某别墅庭院景观施工放线图

5.2.3　施工总平面图的绘制方法

① 绘制设计平面图。

② 根据需要确定坐标原点及坐标网格的精度，绘制测量和施工坐标网。

③ 标注尺寸、标高。

④ 绘制图框、比例尺、指北针，填写标题、标题栏、会签栏，编写说明及图例表。

5.2.4　施工放线图的内容与作用

放线网格及定位坐标应采用相对坐标。为区别于绝对坐标，相对坐标用大写英文字母“*A*、*B*”表示；相对坐标的起点宜为建筑物的交叉点或道路的交叉点。

尺寸标注单位可为米或毫米，定位时应采用相对坐标与绝对尺寸相结合进行定位。放线定位图中应包括以下内容（图5-2-2）。

① 路宽大于等于4 m时，应用道路中线定位道路；道路定位时应包括道路中线的起点、终点、交叉点、转折点的坐标，转弯半径，路宽（应包含道路两侧道牙）。对于园林小路，可用道路一侧距离

建筑物的相对距离定位，路宽已包含路两侧道牙宽度。

② 广场控制点坐标及广场尺度。

③ 小品控制点坐标及小品的控制尺寸。

④ 水景的控制点坐标及控制尺寸。

⑤ 用放线网表示，但须有控制点坐标。

⑥ 指北针、绘图比例。

⑦ 图纸说明中应注明相对坐标与绝对坐标的关系。

5.2.5 注意事项

① 坐标原点的选择：固定的建筑物构筑物角点，或者道路交点，或者水准点等。

② 网格的间距：根据实际面积的大小及其图形的复杂程度不仅要对平面尺寸进行标注，同时还要对立面高程进行标注（高程、标高）。

③ 写清楚各个小品或铺装所对应的详图标号。

④ 对于面积较大的区域给出索引图（对应分区形式）。

5.3 竖向施工图

竖向设计图是根据设计平面图及原地形图绘制的地形详图，它借助标注高程的方法表示地形在竖直方向上的变化情况及各造园要素之间位置高低的相互关系。它主要表现地形、地貌、建筑物、植物和园林道路系统的高程等内容。它是设计者从景观的实用功能出发，统筹安排园内各种景点、设施和地貌景观之间的关系，使地上设施和地下设施之间、山水之间、园内与园外之间在高程上有合理的关系所进行的综合竖向设计。

5.3.1 竖向施工图的内容

竖向设计图包括竖向设计平面图、剖面图及断面图等，内容如下。

① 指北针、图例、比例、文字说明、图名。文字说明中应该包括标注单位、绘图比例、高程系统的名称、补充图例等。

② 现状与原地形标高、地形等高线。设计等高线的等高距一般取0.25～0.5 m，当地形较为复杂时，需要绘制地形等高线放样网格。

③ 最高点或者某些特殊点的坐标及该点的标高。如道路的起点、变坡点、转折点和终点等的设计标高（道路在路面中、阴沟在沟顶和沟底）；纵坡度、纵坡距、纵坡向、平曲线要素、竖曲线半径、关键点坐标；建筑物、构筑物室内外设计标高；挡土墙、护坡或土坡等构筑物的坡顶和坡脚的设计标高；水体驳岸、岸顶、岸底标高，池底标高，水面最低、最高及常水位。

④ 地形的汇水线和分水线，或用坡向箭头标明设计地面坡向，指明地表排水的方向、排水的坡度等。

⑤ 绘制重点地区、坡度变化复杂地段的地形断面图，并标注标高、比例尺等（图5-3-1至图5-3-3）。

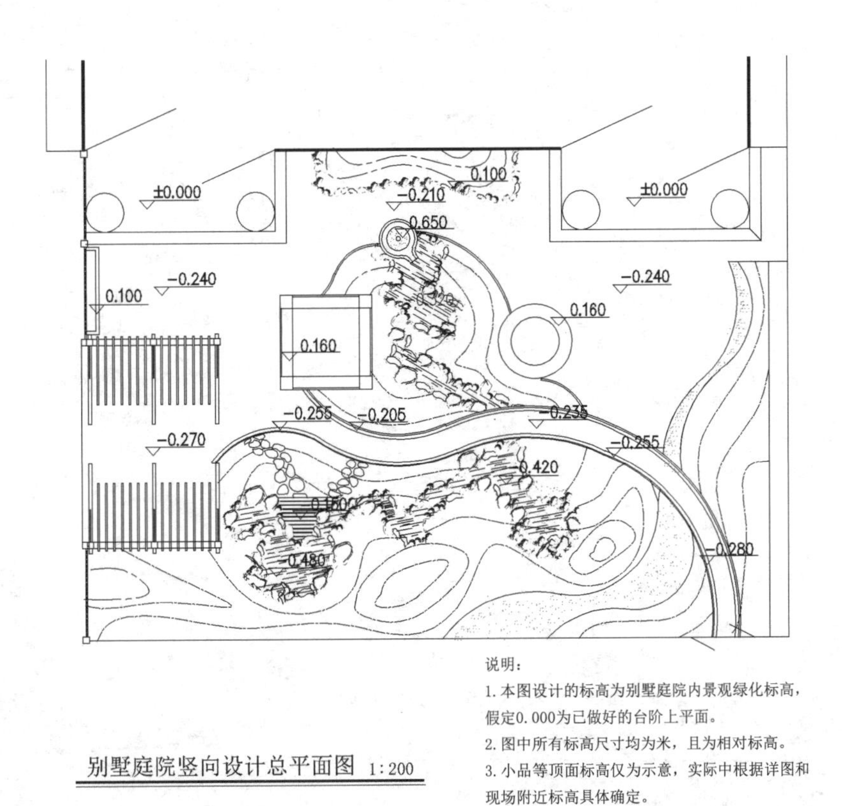

图5-3-1 某别墅庭院景观竖向设计总平面图

图5-3-2 某别墅庭院景观竖向设计西立面图

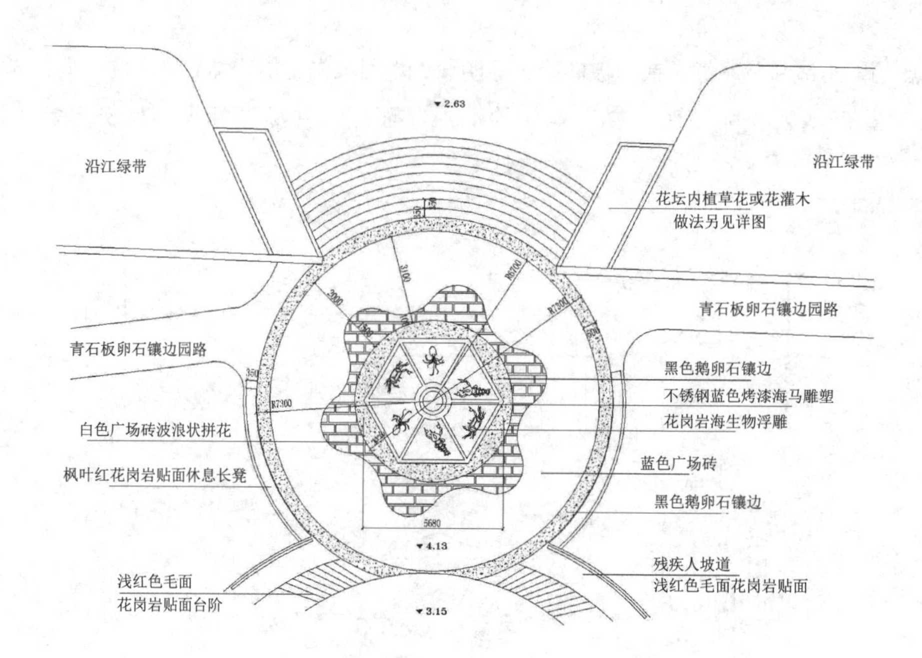

滨海小广场平面图 1:100

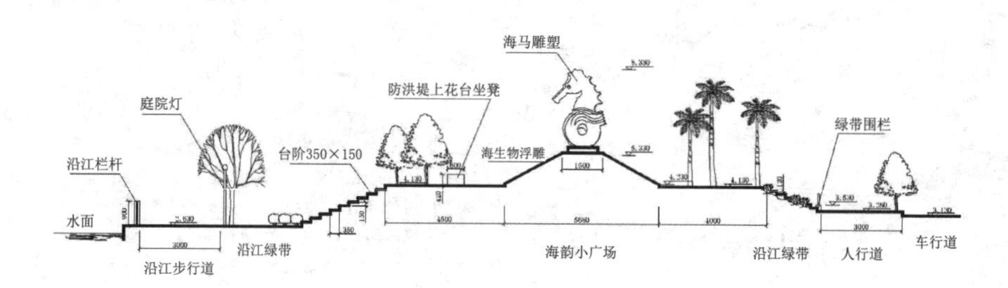

滨海小广场横断面 1:100

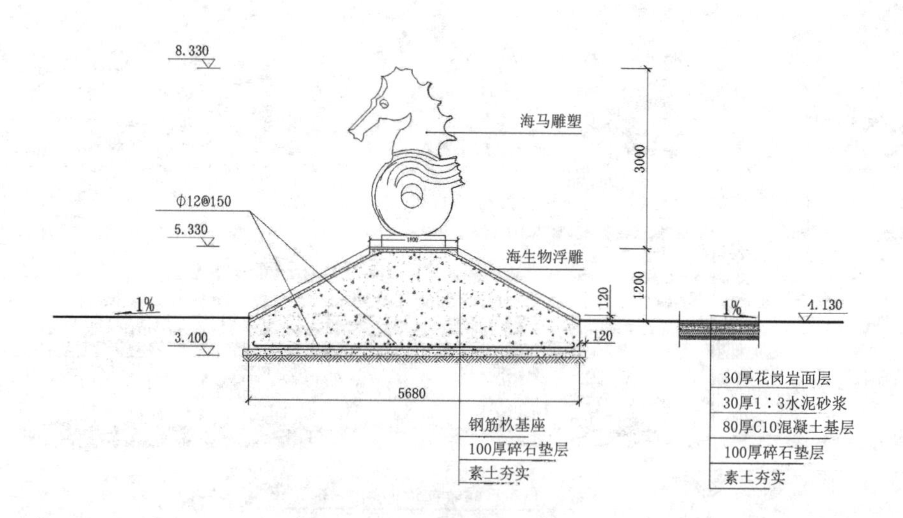

滨海小广场中心雕塑基座剖面图 1:50

图5-3-3 某海滨小广场景观竖向施工图

5.3.2 竖向施工图的具体要求

（1）计量单位

通常，标高的标注单位为米，如果有特殊要求的话应该在设计说明中注明。

（2）线型

竖向设计图中比较重要的就是地形等高线，设计等高线用细实线绘制，原有地形等高线用细虚线绘制，汇水线和分水线用细单点长画线绘制。

（3）坐标网格及其标注

坐标网格采用细实线绘制，网格间距取决于施工的需要以及图形的复杂程度，一般采用与施工放线图相同的坐标网体系。对于局部的不规则等高线，可单独作出施工放线图，或者在竖向设计图纸中局部缩小网格间距，提高放线精度。竖向设计图的标注方法同施工放线图，针对地形中的最高点、建筑物角点或者特殊点进行标注。

（4）地表排水方向和排水坡度

利用箭头表示排水方向，并在箭头上标注排水坡度，如图5-3-4、图5-3-5所示。对于道路或者铺装等区域除了要标注排水方向和排水坡度之外，还要标注坡长，一般排水坡度标注在坡度线的上方，坡长标注在坡度线的下方，如表示坡长45.23 m，坡度为0.3%。

其他方面的绘制要求与施工总平面图相同。

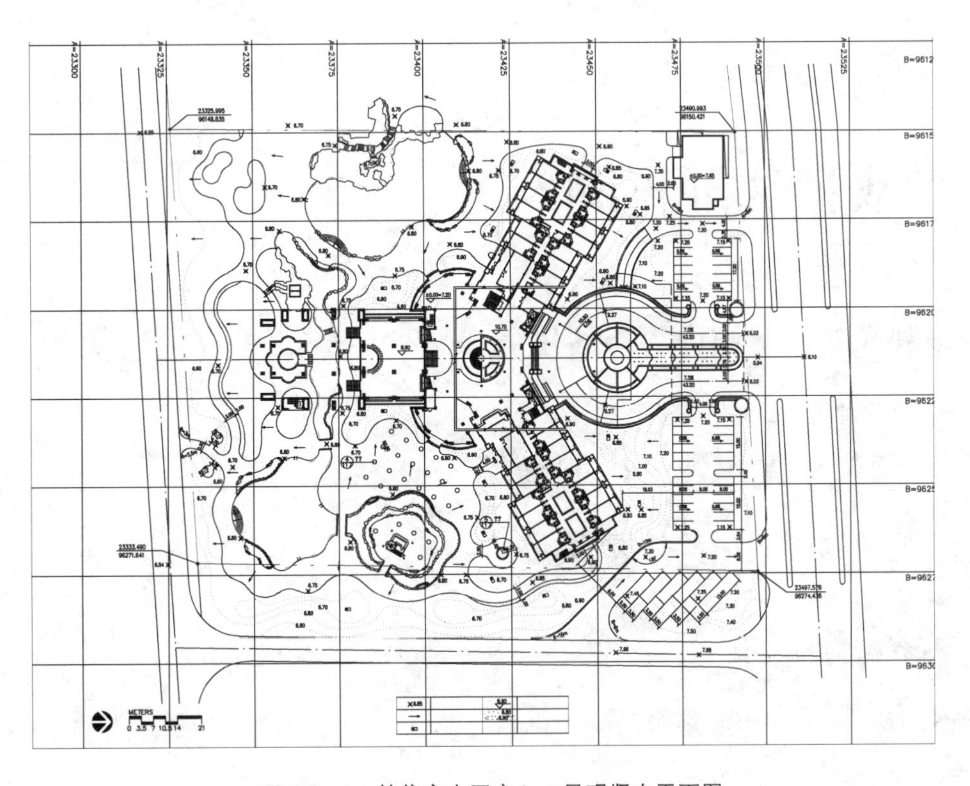

图5-3-4 某住宅小区主入口景观竖向平面图

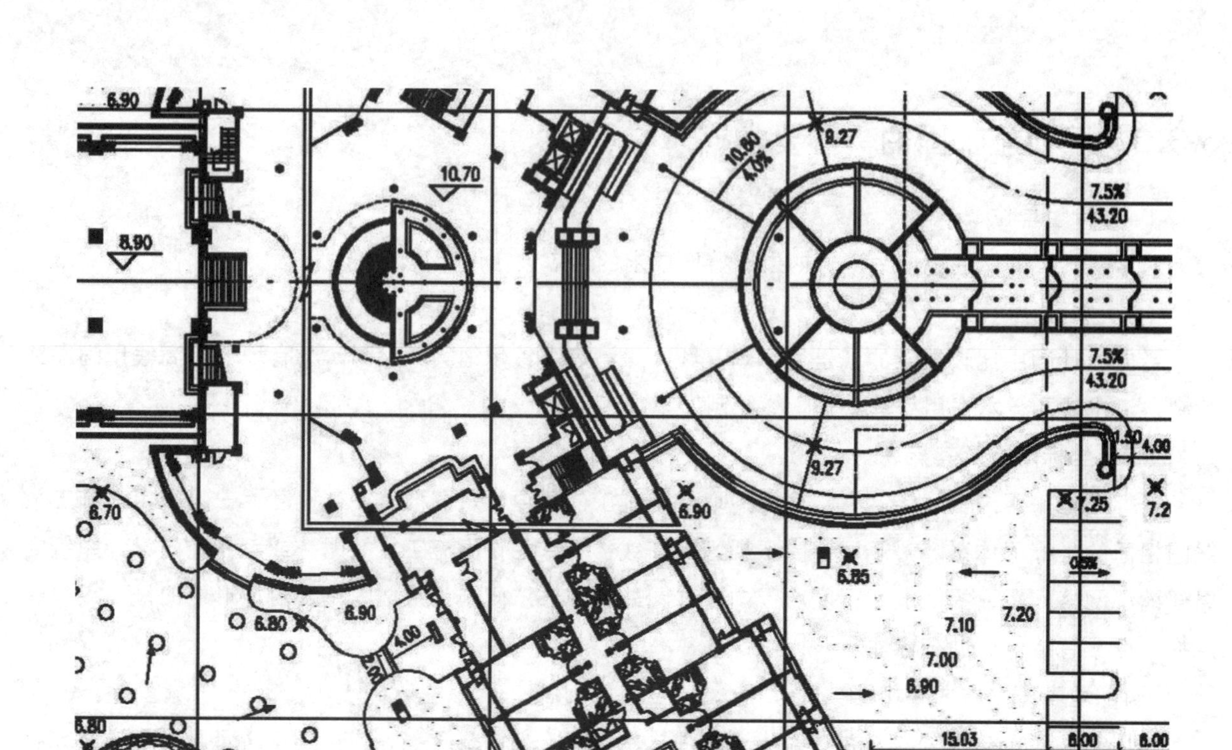

图5-3-5　某住宅小区主入口景观竖向平面局部放大图

5.4　景观植物配置图

5.4.1　景观植物配置图内容与作用

① 内容：植物种类、规格、配置形式及其他特殊要求。

② 作用：苗木购买、苗木栽植、工程量计算。

5.4.2　景观植物配置图具体要求

5.4.2.1　现状植物的表示

如图5-4-1所示，含绿化苗木统计表。

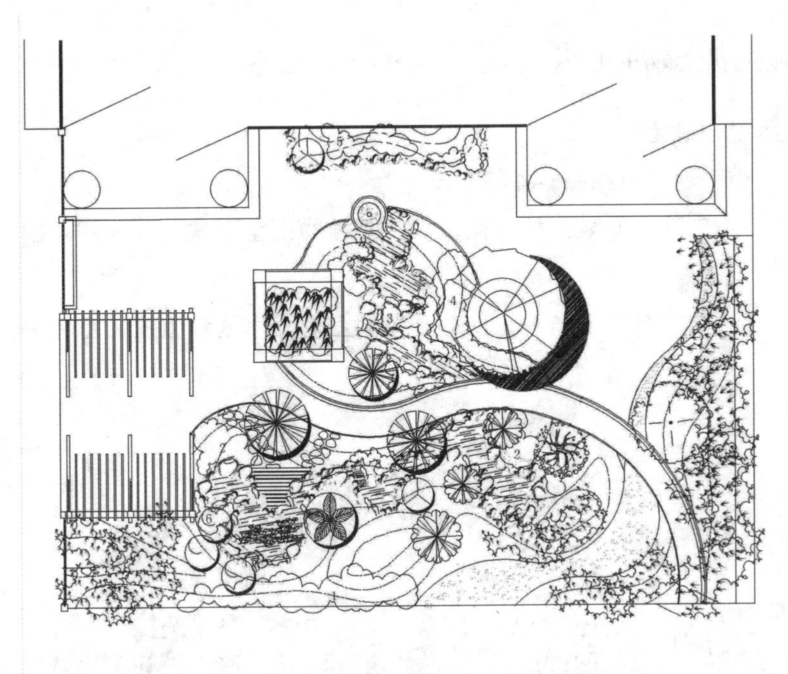

别墅庭院绿化配植总平面图 1:200

绿化苗木统计表

图例	名称	规格	单位	数量
	合欢	φ15～17 cm	株	1
	大叶黄杨	D 120 cm	株	2
	垂枝碧桃	φ5～7 cm	株	4
	白玉兰	φ8～10 cm	株	1
	红枫	φ4～6 cm	株	1
	腊梅	D 150 cm，H 120 cm	株	3
	桂花	D 120 cm，H 160 cm	株	3
	斑竹	H 250 cm 以上	丛	220
	银杏	φ6～8 cm	株	1
	珍珠梅	D 40 cm，H 60 cm	株	12
	南天竹	D 30 cm，H 40 cm	株	35
	鸢尾	三年生	株	120
	迎春	三年生	株	45
	金银花	D 40 cm，H 60 cm	株	7
	石楠	D 40 cm，H 60 cm	株	5
	五叶地锦	三年生	株	120
	睡莲	三年生	缸	3
	细叶麦冬	三年生	平方米	足量密植
	毛竹	H 400 cm 以上，φ8 cm	株	18

图5-4-1 某别墅庭院景观植物配置图

5.4.2.2 图例及尺寸标注

（1）行列式栽植

对于行列式的种植形式（如行道树、树阵）可用尺寸标注出株行距，始、末树种植点与参照物的距离。

（2）自然式栽植

对于自然式的种植形式（如孤植树），可用坐标标注种植点的位置或采用三角形标注法进行标注。孤植树往往对植物的造型与规格要求较严格，应在施工图中表达清楚，除利用立面图、剖面图表示以外，可与苗木表相结合，用文字来加以标注。

（3）片植、丛植

施工图应绘出清晰的种植范围边界线，标明植物名称、规格、密度等。对于边缘线呈规则的几何形状的片状种植，可用尺寸标注方法标注，为施工放线提供依据，而对边缘线呈不规则的自由线的片状种植，应绘坐标网格，并结合文字标注。

（4）草皮种植

草皮是用打点的方法表示的，标注应标明其草坪名、规格及种植面积。

5.4.3 景观植物配置图绘制应注意的问题

① 植物的规格：图中为冠幅，根据说明确定。

② 借助网格定出种植点位置并写清植物数量，如图5-4-2所示。

③ 对于景观要求细致的种植局部，施工图应有表达植物高低关系、植物造型形式的立面图、剖面图、参考图或通过文字说明与标注。

④ 对于种植层次较为复杂的区域应该绘制分层种植图，即分别绘制上层乔木的种植施工图和中下层灌木地被等的种植施工图。

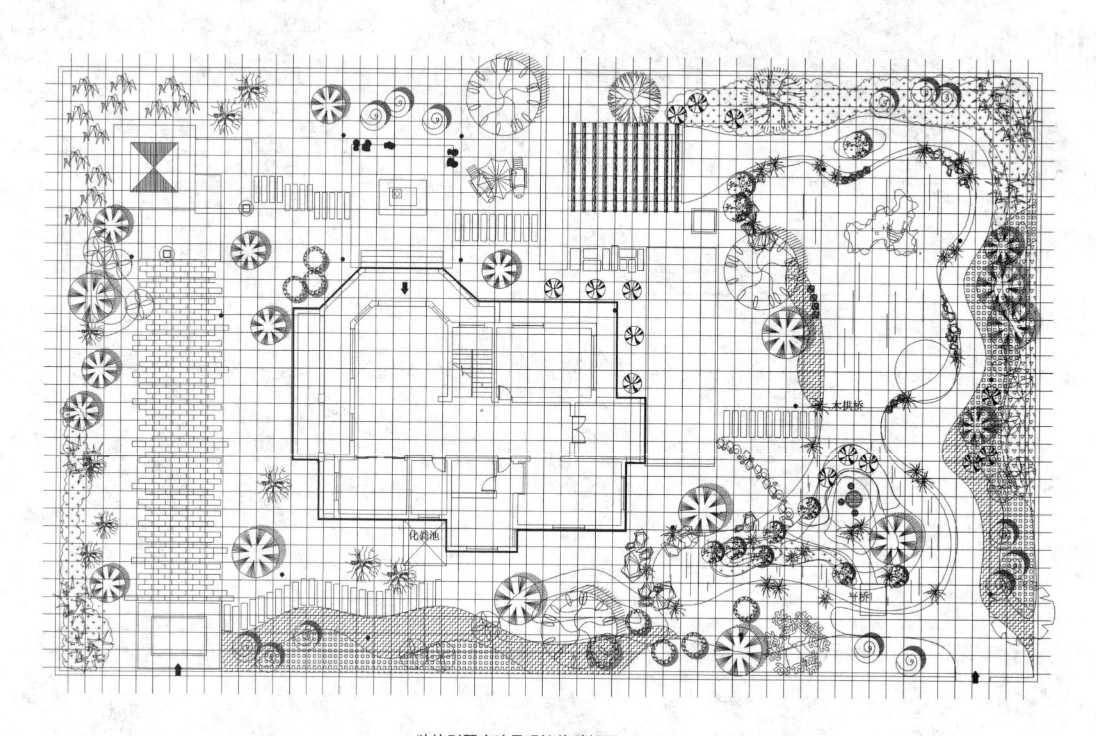

独栋别墅庭院景观植物种植图 1:200

图5-4-2 某别墅庭院景观植物配置图（借助网格）

5.5 其他设计工程图

5.5.1 给排水工程图

根据总平面图及竖向分析图，确定水系源头的位置及形态、溪流河湖位置及宽度、水循环方式。主要内容包括以下几个方面。

（1）给水总平面图

给水管道布置平面、管径标注及闸门井的位置（或坐标）编号、管段距离；水源接入点、水表井位置；详图索引符号。本图中应有乔、灌、草等植物的种植位置。

（2）排水总平面图

排水管径、管段长度、管底标高及坡度；检查井位置及编号；检查井处的设计地面及井底标高；与市政管网的接口处（市政检查井）的位置、标高、管径、水流方向；详图索引符号（图5-5-1）。

（3）子项详图

各种喷灌取水器位置、型号；水景喷泉配管平面，各管段管径；泵坑位置、尺寸，设备位置。水池的补水、溢水、泄水管道标高、位置；水池给排水管道相应的检查井、闸门井等给排水构筑物型号和位置。

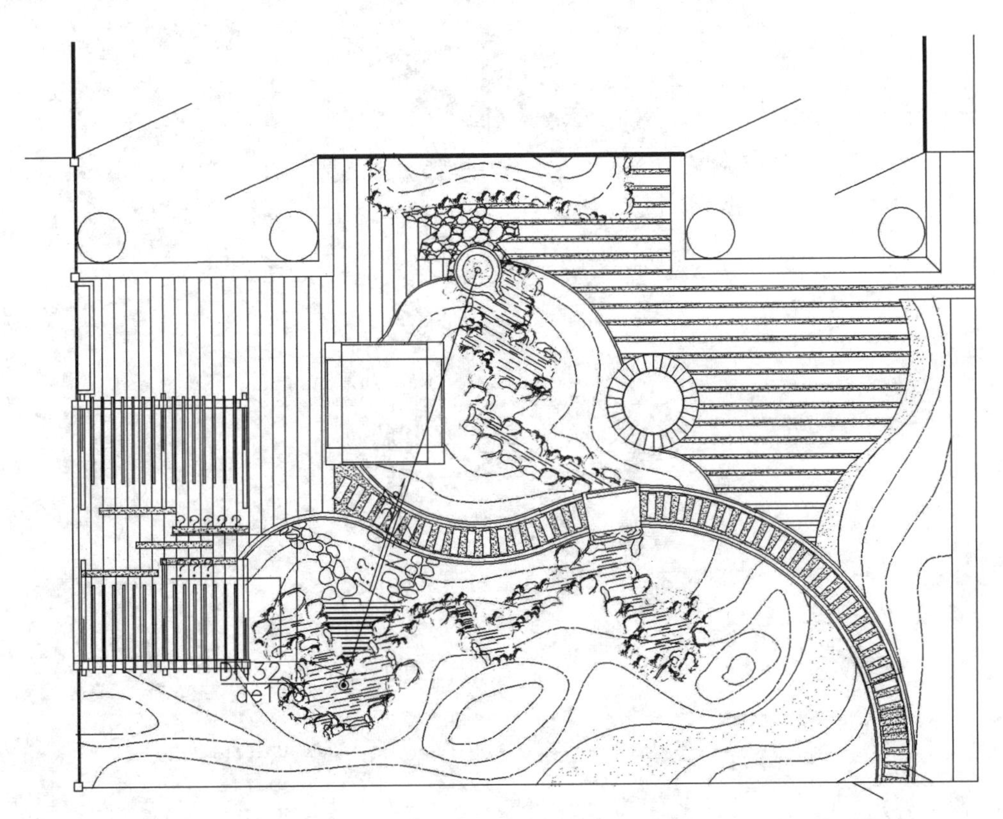

图5-5-1 某别墅庭院景观给排水图

（4）局部详图

设备间平面图、剖面图、系统图。设备间包括：水景泵房、绿化用水水质处理设备间；水池景观水循环过滤泵房；雨水收集利用设施等（图5-5-2）。

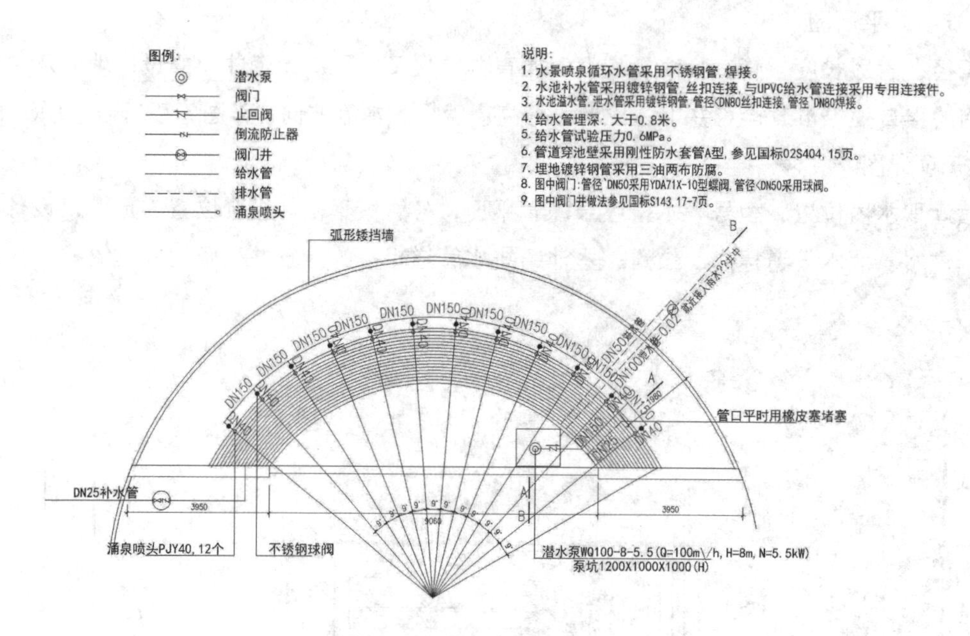

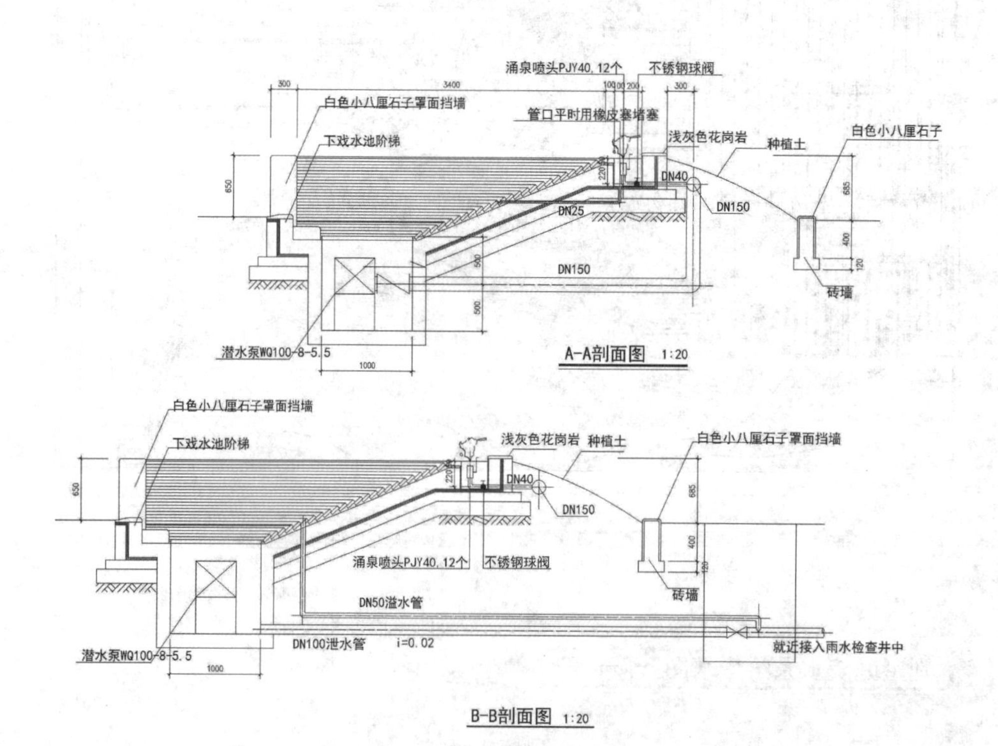

图5-5-2 某小区儿童戏水池给排水施工图

5.5.2 照明电气工程图

根据总平面图、植物设计图及竖向设计图，以大市政条件为基础，解决配电方式、用电总量、景观照明、灌溉用电、市政照明、通信方式、管线铺设等问题（图5-5-3）。

（1）设计说明及主要设备表

（2）系统图

系统图包括照明配电系统图、动力配电系统图。系统图应标注配电箱编号、型号；各开关型号、规格、整定值；配电回路编号、导线型号规格（对于单相负荷表明相别），各回路用户名称。

（3）平面图

平面图应标明配电箱、用电点、线路等平面位置，标明配电箱编号、干线、分支线回路编号、型号、规格、敷设方式、控制形式。本图中应有乔、灌、草等植物的种植位置图。

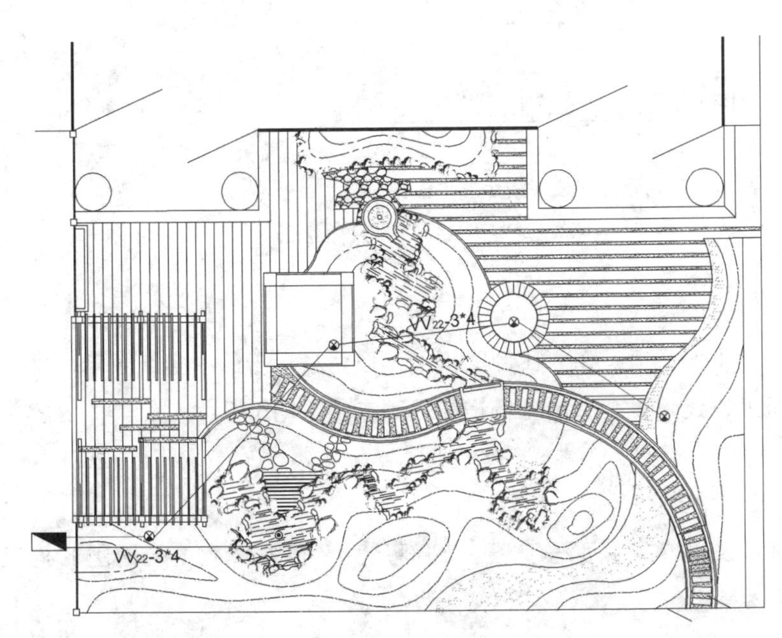

说明：
1. 本图设计范围为水系循环泵供电和埋地灯供电，电缆埋深为自然地坪以下0.7米。
2. 电缆采用直埋方式，过广场或较宽路面穿厚壁电工套管。
3. 配电柜位置仅为示意，现场根据现有电源确定。
4. 电路施工严格按照相关规范进行。

设备清单

图例	名称	规格型号	单位	数量
⊗	埋地灯	220V，80W	个	4
⊙	单项泵	3-5-1.5kW	台	1
—	电缆	VV22-3*4	米	足米
	配电柜	300*600*200	个	1

别墅庭院照明布置图 1:200

图5-5-3 某别墅庭院景观电气平面图

5.5.3 景观园林道路铺装图

景观园林道路是景观园林的骨架及脉络，是构成景观园林的重要组成部分，具有组织交通、划分空间、联络景观节点的作用。景观园林道路设计图是以总平面图为基础，表示道路位置、宽度、材质的平面图（图5-5-4至图5-5-6）。

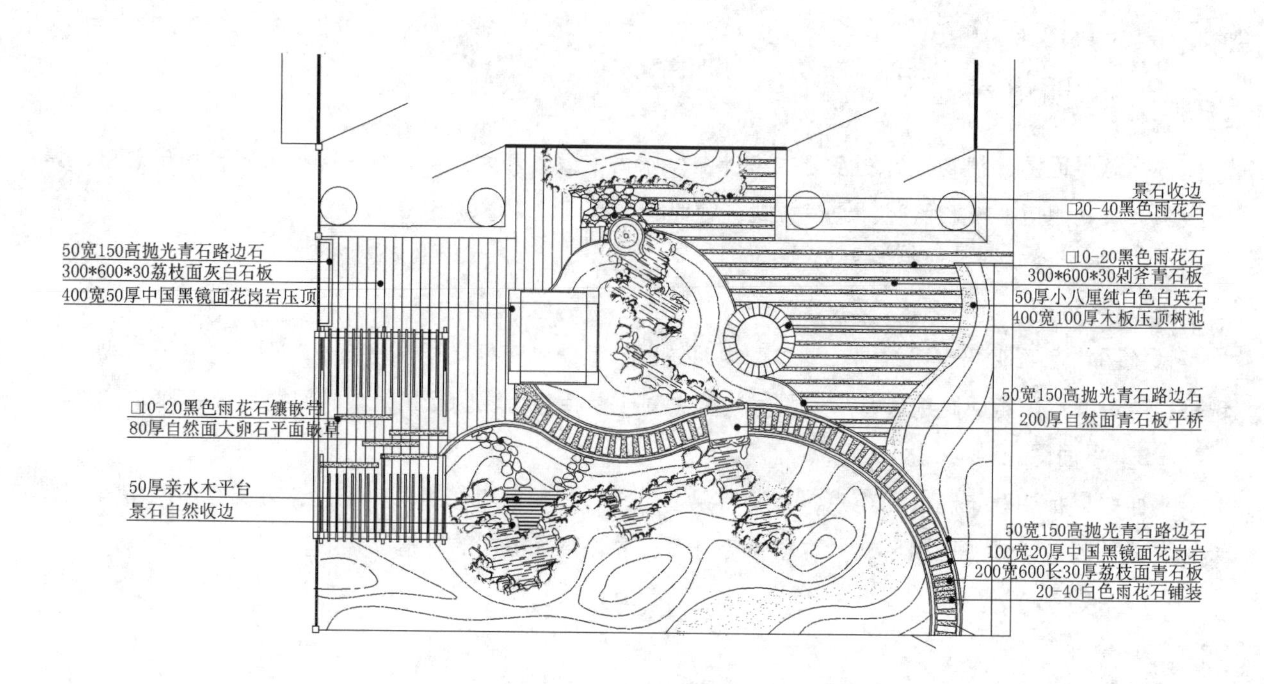

别墅庭院铺装形式总平面图 1:200

图5-5-4　某别墅庭院景观铺装总平面图

（1）景观园林道路铺装平面图

一般情况下，将道路按比例布置在平面图上。在大比例图纸上，以两条平行的中实线表示，平行线间距为道路的宽度；在小比例图纸上，还可以细分出人行道和机动车道（图5-5-4）。具体内容包括以下几点。

① 图的比例尺为1：20～1：1000。

② 铺装道路、广场、道牙的材质及颜色，路面总宽度、细部尺寸及横向坡度；与周围的构筑物、地上地下管线的距离尺寸及对应标高。

③ 路面及广场高程、路面纵向坡度、路中标高、广场中心及四周标高、排水方向。对不再进行铺装详图设计的铺装部分，应标明铺装的分格、材料规格、铺装方式，并对材料进行编号。

④ 雨水口位置、雨水口详图或注明标准图索引号。

⑤ 曲线园路线型标出转弯半径或以方格网2 m×2 m～10 m×10 m。

（2）景观园林道路铺装剖面图

① 图的比例尺为：1：20～1：500。

② 路面、广场纵横剖面上的标高。

③ 路面结构：表层、基础作法；路牙与路面结合部作法、路牙与绿地结合部高程作法；异形铺装块与道牙衔接处理（图5-5-5）。

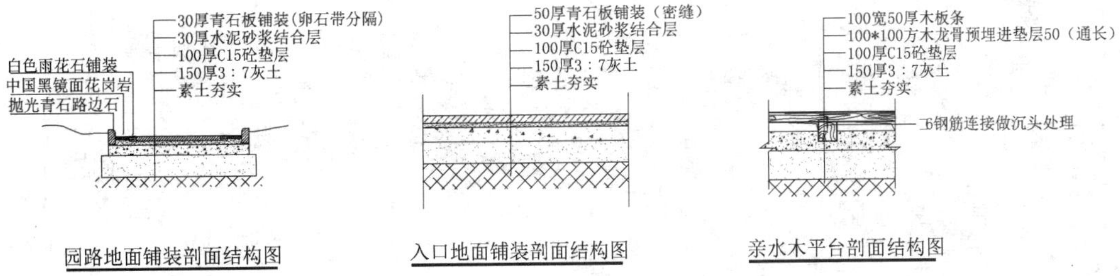

30厚青石板铺装(卵石带分隔)
30厚水泥砂浆结合层
100厚C15砼垫层
150厚3：7灰土
素土夯实
白色雨花石铺装
中国黑镜面花岗岩
抛光青石路边石
园路地面铺装剖面结构图
50厚青石板铺装（密缝）
30厚水泥砂浆结合层
100厚C15砼垫层
150厚3：7灰土
素土夯实
入口地面铺装剖面结构图
100宽50厚木板条
100*100方木龙骨预埋进垫层50（通长）
100厚C15砼垫层
150厚3：7灰土
素土夯实
6钢筋连接做沉头处理
亲水木平台剖面结构图

图5-5-5 某别墅庭院景观铺装剖面图

50宽150高抛光青石路边石
100宽20厚中国黑镜面花岗岩
200宽600长30厚荔枝面青石板
20-40白色雨花石铺装
园路铺装大样图
300 300 300
600
600
入口地面铺装大样图
600 600
水洗雨花石
30厚青石板
300 100 300 100 300
内庭地面铺装大样图

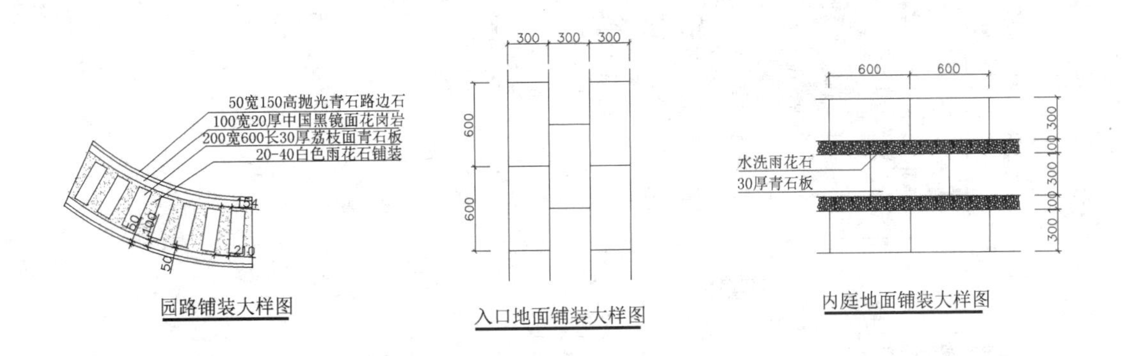

图5-5-6 某别墅庭院景观道路铺装大样图

（3）景观园林道路铺装放大图

① 重点结合部。

② 路面花纹（图5-5-6）。

5.5.4 景观园林山石工程图

景观园林山石工程图的内容一般包括平面图、立面图、剖面图、节点详图。它是景观园林山石施工的指导依据。

（1）景观园林山石平面图

表示山石平面位置、平面形状、周围地形等内容。主要内容包括以下几点。

① 山石平面位置、尺寸。

② 山峰、制高点、山谷、山洞的平面位置、尺寸及各处高程。

③ 山石附近地形及构筑物、地下管线及与山石的距离尺寸。

④ 植物及其他设施的位置、尺寸（图5-5-7）。

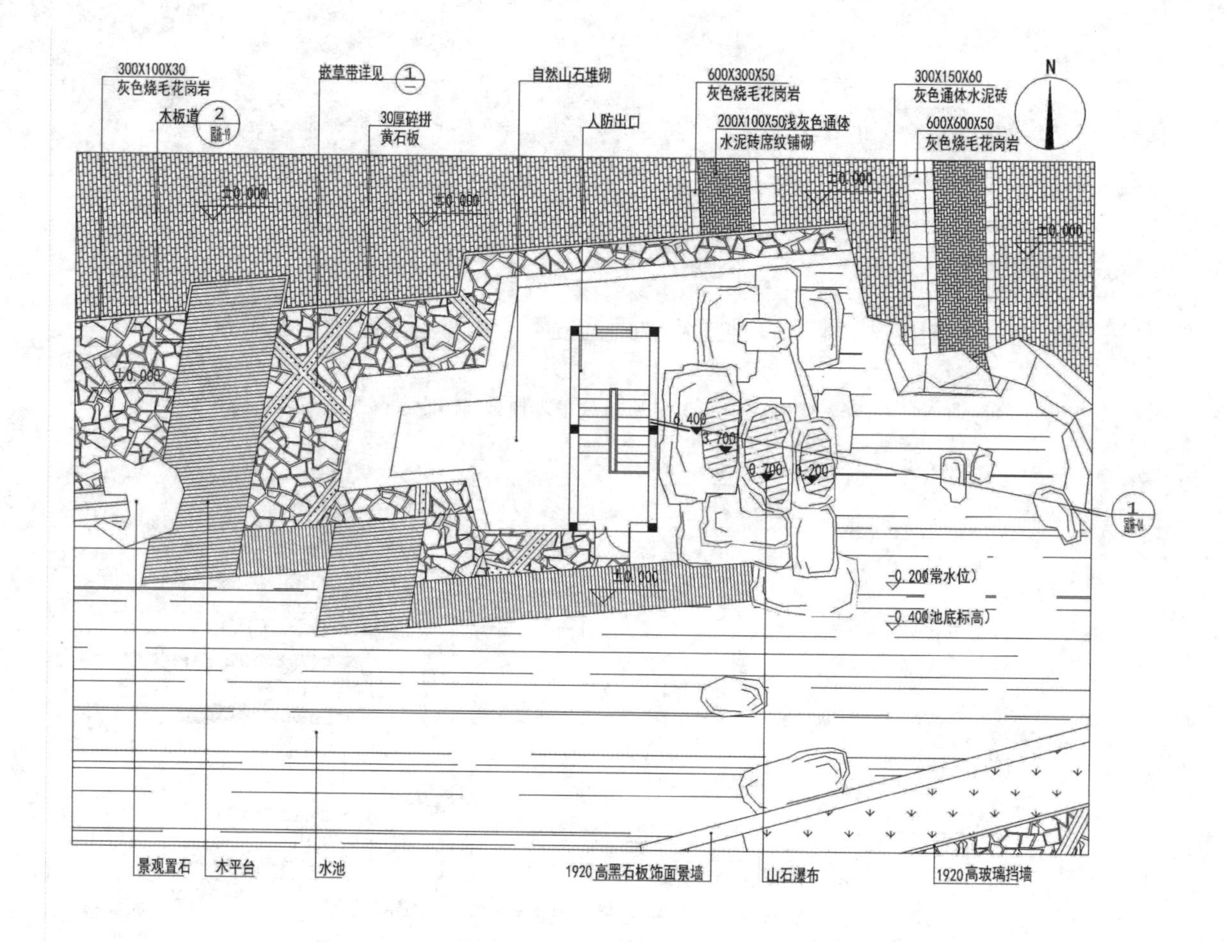

山石瀑布平面图 1:100

图5-5-7　山石瀑布平面图

（2）景观园林山石立面图

表示山石立面造型及高度，它常与平面图配合使用，以完整表示出山石的具体情况。主要内容包括以下几点。

① 山石层次、堆石手法及配置形式。

② 山石形状大小与山石纹理处理及接缝处理。

③ 与植物及其他设备的关系（图5-5-8）。

（3）景观园林山石剖面图

表示山石的内部构造、断面形式、材料做法和施工要求。主要内容包括以下几点。

① 山石各山峰的控制高程。

② 山石基础结构。

③ 管线位置、管径。

④ 植物种植池的作法、尺寸、位置（图5-5-9）。

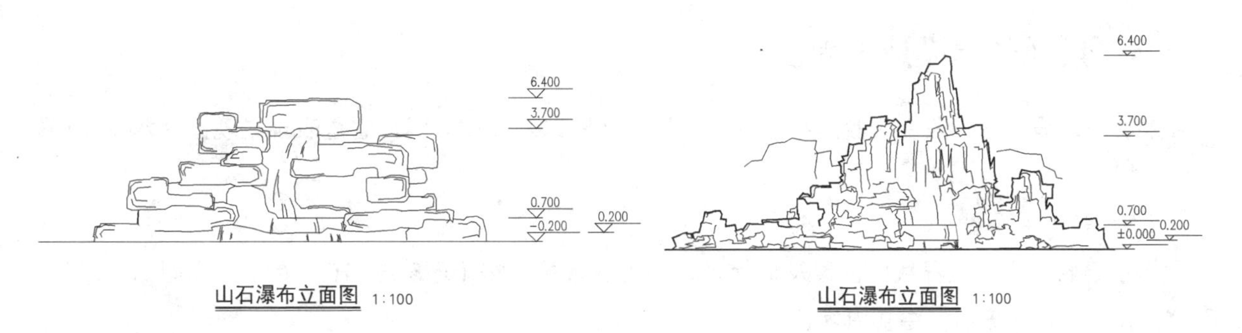

图5-5-8 山石瀑布立面图

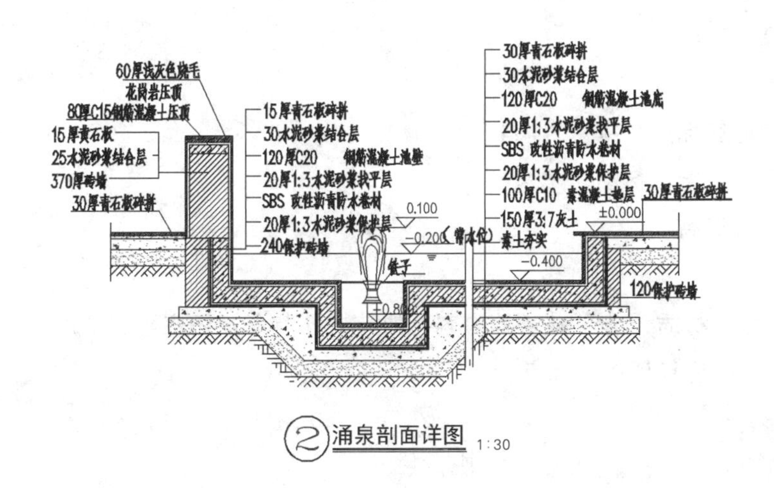

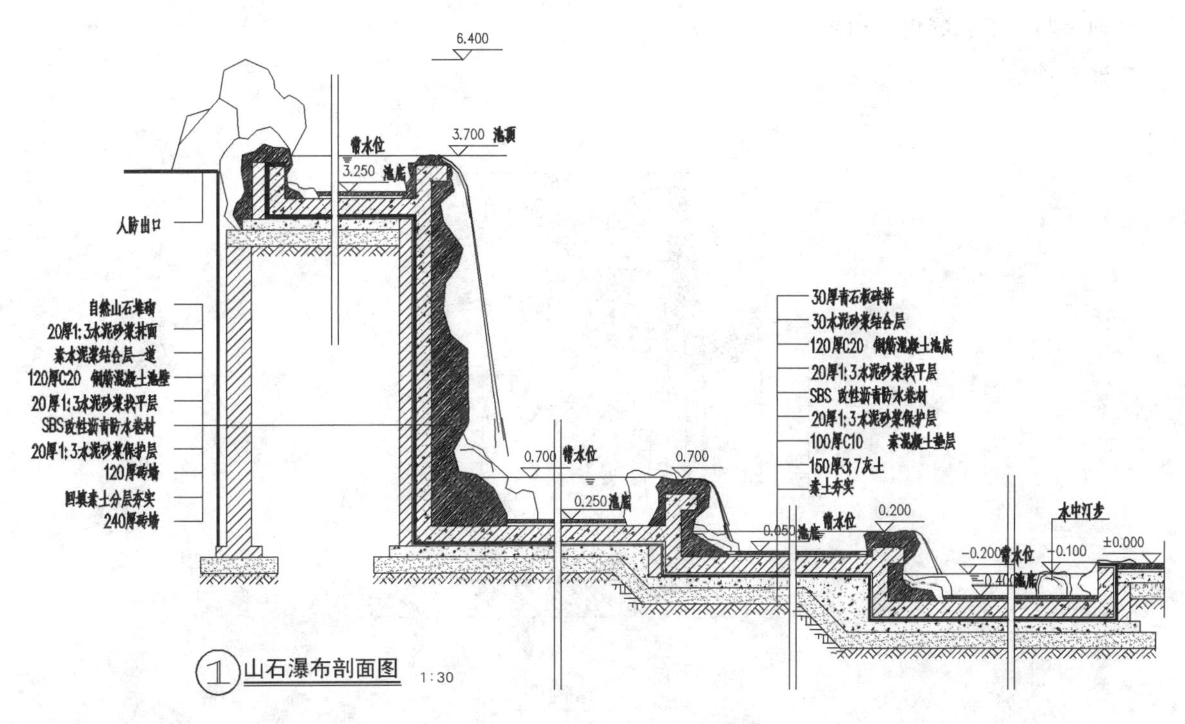

图5-5-9 山石瀑布剖面图

5.5.5 景观驳岸设计工程图

景观驳岸设计图一般包含驳岸平面图、驳岸剖面图以及节点详图，它是表现景观园林水系设计效果的依据。

（1）驳岸平面图

其主要表示水体边界线的位置及形状，是施工放线的依据（图5–5–10）。不同类型的驳岸要有区分，并标注详图索引。主要内容包括以下几点。

① 与周围环境、构筑物、地上地下管线的距离尺寸。

② 自然式水池轮廓可用方格网控制，方格网为2 m×2 m～10 m×10 m。

③ 周围地形标高与池岸标高。

④ 池岸岸顶标高、岸底标高。

⑤ 池底转折点、池底中心、池底标高、排水方向。

⑥ 进水口、排水口、溢水口的位置、标高。

⑦ 泵房、泵坑的位置、尺寸、标高。

（2）驳岸剖面图

其表示不同区段的构造、尺寸、材质、施工做法等内容，如有特殊节点，还应附加节点详图具体表述（图5–5–11至图5–5–13）。内容包括以下几点。

① 池岸、池底进出水口高程。

② 池岸、池底结构、表层（防护层）、防水层、基础作法。

③ 池岸与山石、绿地、树木接合部作法。

④ 池底种植水生植物作法。

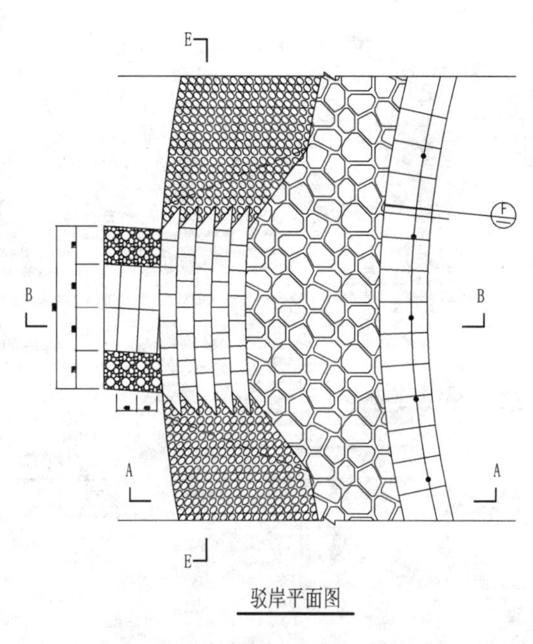

图5–5–10 驳岸平面图

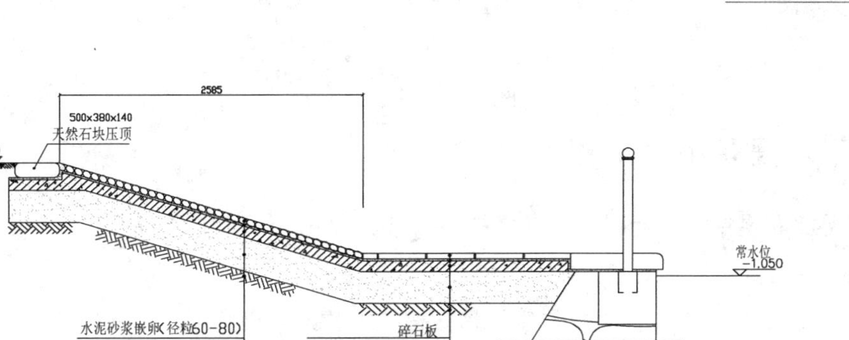

图5-5-11　驳岸剖面图1

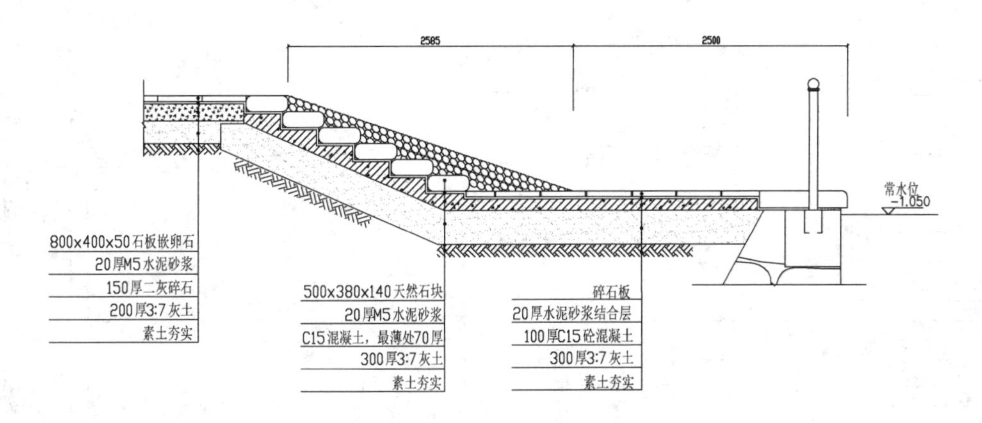

图5-5-12　驳岸剖面图2

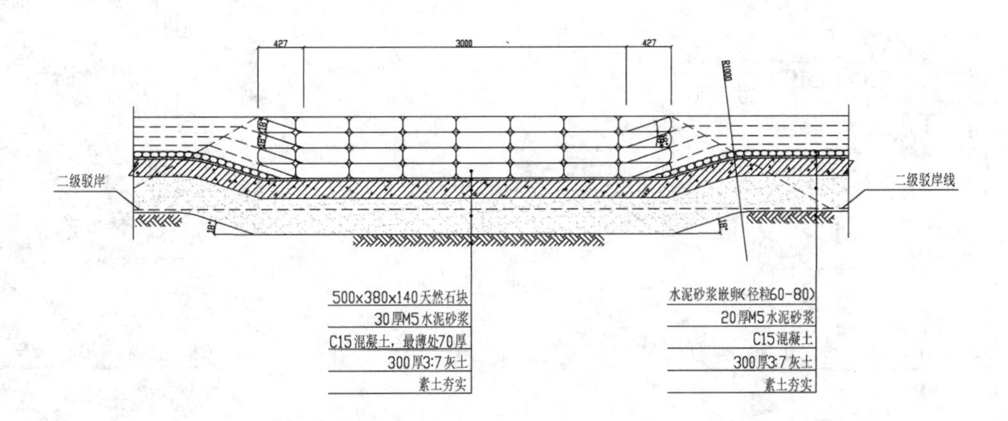

图5-5-13　驳岸剖面图3

5.5.6 景观建筑小品工程图

建筑小品工程图中应标明以下内容（图5-5-14至图5-5-16）。

① 总平面布置；

② 建筑小品的位置、坐标（或与建筑物、构筑物的距离尺寸）、设计标高；

③ 建筑小品的平、立、剖面图（材料规格、尺寸）、结构、配筋等；

④ 指北针；

⑤ 说明栏内应标明尺寸单位、比例、图例、施工要求等。

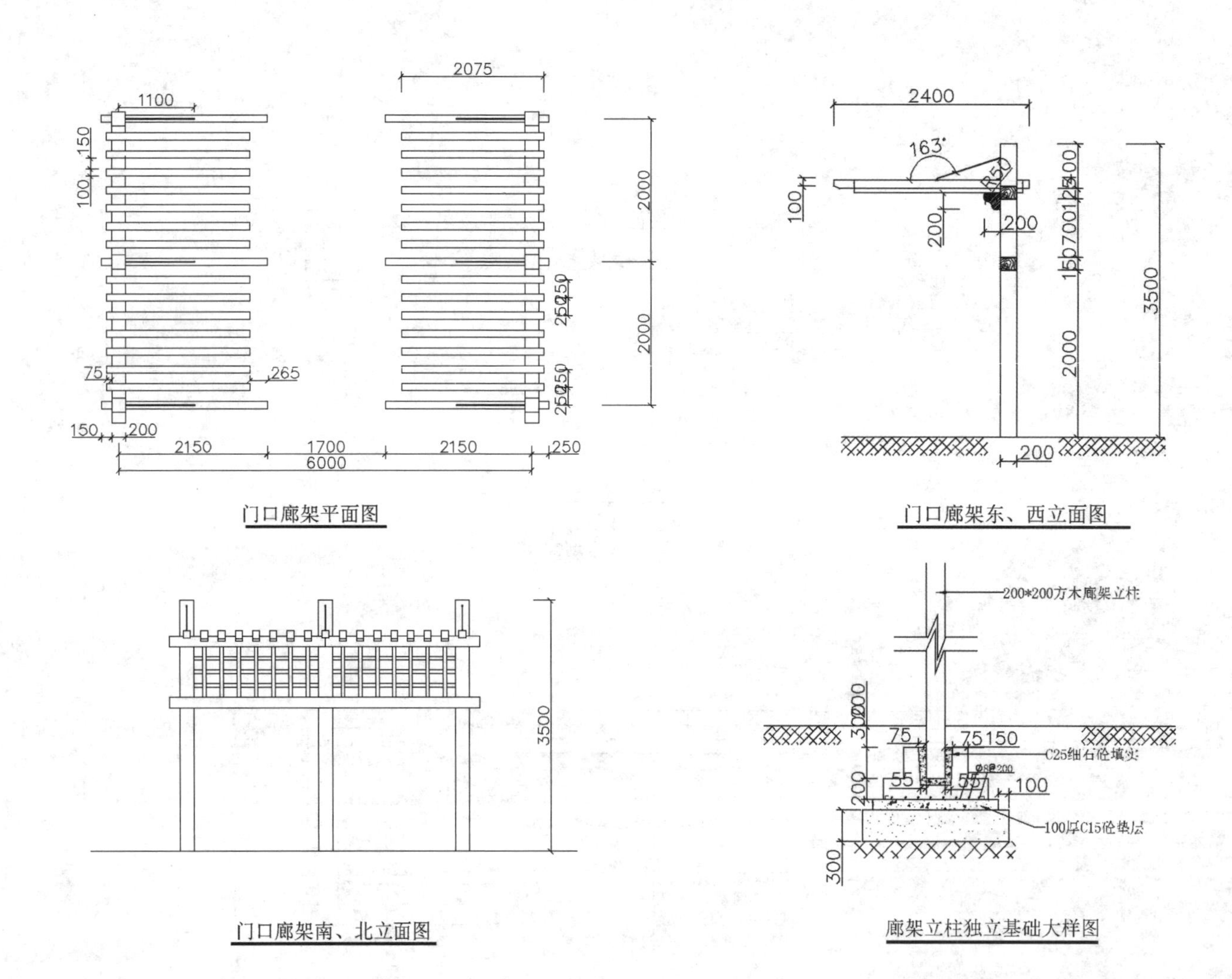

图5-5-14　某别墅庭院廊架施工图

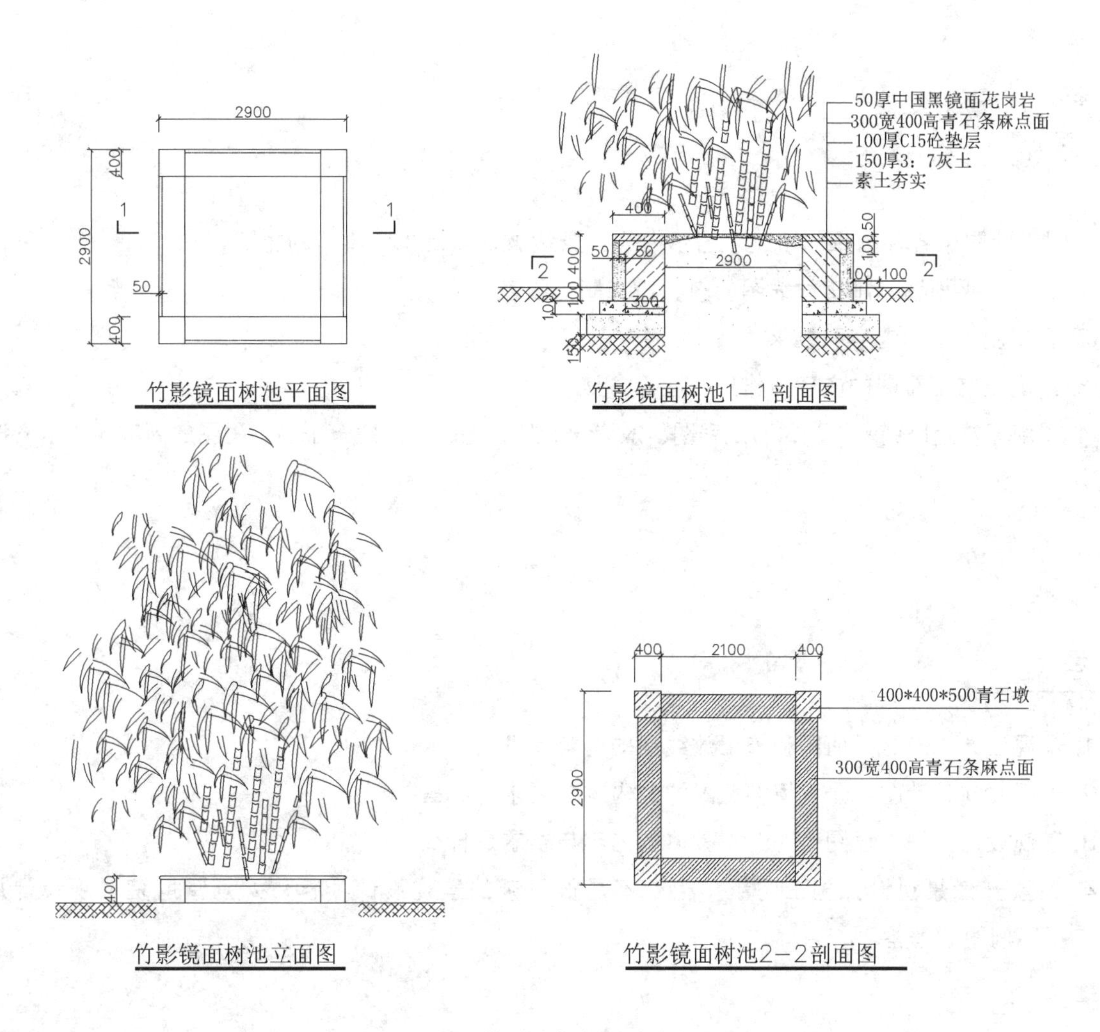

图5-5-15 某别墅庭院景观树池施工图

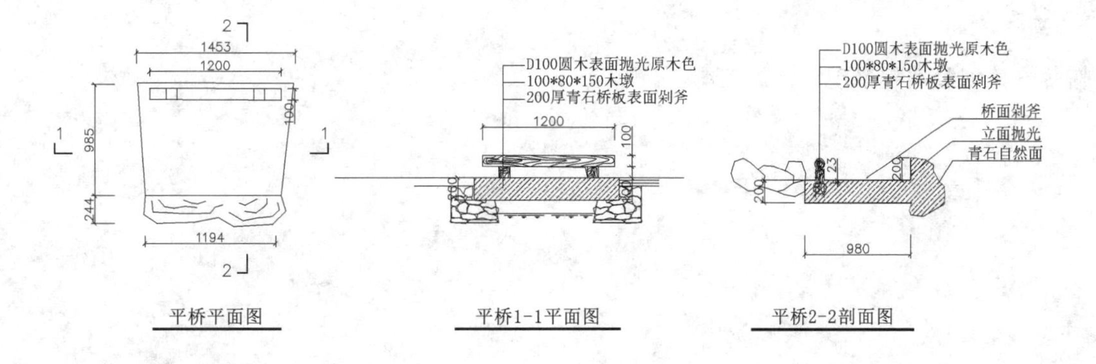

图5-5-16 某别墅庭院景观平桥施工图

景观设计图中各种图纸的用途、图示内容、表达方法，是本章学习的重点。

① 施工总平面图和施工放线图的内容、绘制方法及作用。

② 竖向施工图的内容和要求。

③ 景观植物配置图的内容与作用、图示方法。

④ 景观园林道路铺装图、山石工程图、驳岸设计工程图、景观建筑小品工程图的内容与图示方法。

思考题

1. 景观设计施工总平面图和施工放线图的内容有哪些?

2. 景观竖向设计图与景观植物配置图的内容与要求有哪些?

3. 景观设计其他工程图有哪些? 具体的内容与要求是什么?

4. 阅读一套景观设计施工图纸（相对不是很复杂的景观设计项目，如别墅庭院景观设计施工图），提出问题并解答。

临摹一套别墅庭院景观设计施工图。

参考文献

[1] 霍维国，霍光．室内设计工程图画法[M]．北京：中国建筑工业出版社，2001．

[2] 过伟敏．室内设计制图技法[M]．北京：中国轻工业出版社，2001．

[3] 顾世全．建筑装饰制图[M]．北京：中国建筑工业出版社，2000．

[4] 苏丹，宋立民．建筑设计与工程制图[M]．武汉：湖北美术出版社，2001．

[5] 宋立民．环境艺术设计制图[M]．合肥：安徽美术出版社，2006．

[6] 牟明．建筑工程制图与识图[M]．北京：清华大学出版社，2006．

[7] 赵晓飞．室内设计工程制图方法及实例[M]．北京：中国建筑工业出版社，2007．

[8] 陈雷，王珊珊，陈妍．室内设计工程制图[M]．北京：清华大学出版社，2012．

[9] 杜鹃．景观工程制图与表现[M]．北京：化学工业出版社，2014．

[10] 胡家宁，姜松华，马磊，等．环境艺术设计制图[M]．重庆：重庆大学出版社，2010．